U0288201

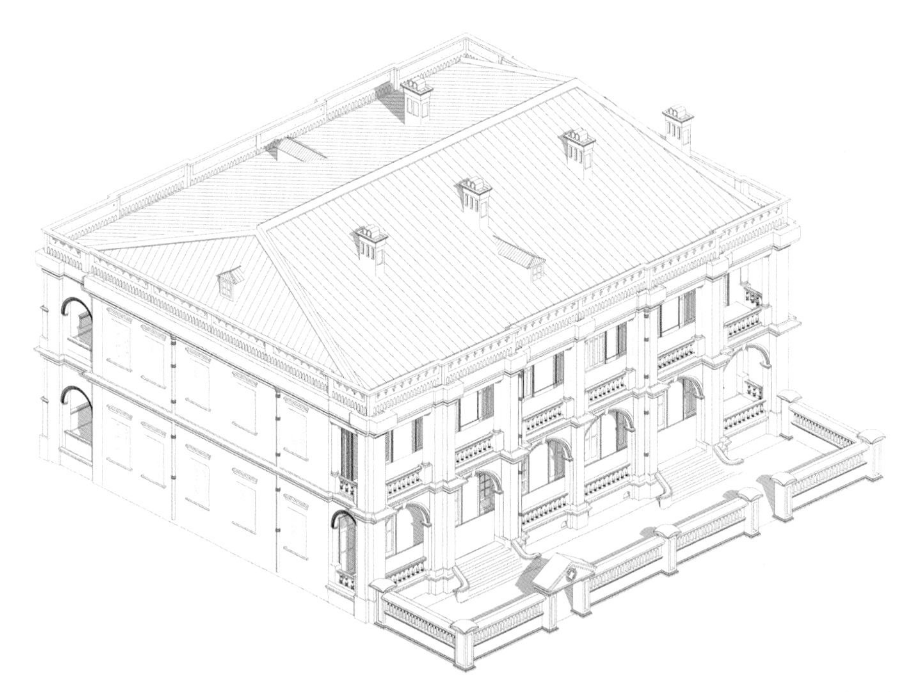

广州沙面大街10号保护活化实录

广州市城市规划勘测设计研究院　主编

中国建筑工业出版社

图书在版编目（CIP）数据

广州沙面大街10号保护活化实录 / 广州市城市规划勘测设计研究院主编. -- 北京 : 中国建筑工业出版社，2024. 6. -- ISBN 978-7-112-30002-0

Ⅰ. TU-87

中国国家版本馆CIP数据核字第20245H5589号

责任编辑：唐　旭
文字编辑：孙　硕
书籍设计：锋尚设计
责任校对：赵　力

广州沙面大街10号保护活化实录
广州市城市规划勘测设计研究院　主编
*
中国建筑工业出版社出版、发行（北京海淀三里河路9号）
各地新华书店、建筑书店经销
北京锋尚制版有限公司制版
北京富诚彩色印刷有限公司印刷
*
开本：880毫米×1230毫米　1/16　印张：16¾　字数：346千字
2024年6月第一版　2024年6月第一次印刷
定价：**196.00** 元
ISBN 978-7-112-30002-0
（43046）

编 委 会

主编单位：广州市城市规划勘测设计研究院

主　　编：邓兴栋

副 主 编：胡展鸿　陈志敏　孙永生　赖奕堆

编　　委：易照盟　汤文健　廖新龙　李紫妍　张　靖　李雯婷

　　　　　占　聪　冯业奔　伍冰洁　陈新狄　孙　琦　潘少芬

序 言

全国重点文物保护单位广州沙面建筑群之法国兵营旧址坐落于沙面大街10号。该处建筑的建设肇始于19世纪90年代，是沙面法租界最早建设的一批建筑之一，距今已有130余年的历史。2001年，“法国兵营旧址”作为广州沙面建筑群中49栋文物建筑之一，被列入全国重点文物保护单位。

这处文物建筑位于沙面原法租界内，毗邻沙面露德圣母堂，最早由巴黎外方传教会拍得并作为其附属建筑使用。租界时期，建筑几经易手，主要是为外国人提供活动场所的商住建筑。新中国的曙光洒落，建筑褪去了租界色彩，转型成为国企办公地，见证了中国电影发行公司、广州市供销合作社等国有企业的蓬勃发展。岁月流转间，其建筑结构和布局也不断调整，烙下了深深的历史印记。2007年，为迎接亚运会的到来，对建筑进行了文物保养维护与装修，并将现代设施设备引入建筑，先后作为酒店及母婴会所使用。在过去漫长的岁月里，历史影像中的它常常静默地伫立在露德圣母堂旁，成为一抹淡雅的背景。

时光荏苒，2023年广州市城市规划勘测设计研究院有幸承租该建筑，实施了保养维护与装修工程。在其保护活化利用的实践中，我们坚持如下原则：

加大文物开放力度，将百年历史的文物建筑由原来封闭运营的母婴会所修复活化为岭南城市文化交流展示和规划设计的创新场所，充分发挥文物的公共价值，成为城市开放空间的触媒；坚持修旧如故，修复用“减法”，拆除之前不当的加建改建，去伪存真，恢复100年前的建筑风貌，最大限度地保护历史上的房间布局，功能活化以不改变房屋的历史布局为前提；坚持真实性原则，与岭南传统工匠、非物质文化遗产传承人等合作，采用原材料、原工艺修复岭南柴窑陶瓷、水泥花阶砖、外墙抹灰等，在细节上践行工匠精神，促进文物延年益寿；坚持最小干预原则，在文物的活化利用过程中，确保所有附加设施与设备均利用其后期改建的钢筋混凝土及钢结构体系，不在原木楼板上加设一个钉子，不在原砖墙上新增一孔一洞。

如今，该建筑已转变为一处汇聚展览、沙龙与办公的多元文化空间，百卅余年老建筑焕发新生。它的历史变迁，恰如沙面岛发展历程的生动缩影。经历了一个半世纪的风雨洗礼，沙面岛从昔日的封闭租界，蜕变为今日广州的“万国建筑博物馆”、古树环绕的城市绿洲、爱国主义教育基地。越来越多的全国重点文物保护单位转变为公共文化场所向市民和游客开放，成为热门的打卡点，亦诉说着广州历尽沧桑的时代变迁。

《广州沙面大街10号保护活化实录》一书，是对这座历经百年风霜、见证时代变迁的建筑的一次系统性整理与记录。在此过程中，我们首次尝试对沙面法租界的历史沿革及其规划管理进行详尽的梳理，并深入研究其在不同历史时期的使用情况。此外，本书也真实且生动地记录了我们在保护利用工程中所遭遇的困境、产生的困惑、进行的思考以及解题的尝试。我们力求通过这一实录，为这座建筑以及整个沙面建筑群的历史文物价值和学术研究提供一份全面而客观的研究素材。我们衷心希望，本书的出版能够引发更多人对广州近代建筑的兴趣，加入到保护与利用工作中来。

目 录

第5章

空间艺术

第6章

室内装修

第7章

活化再生

第 1 章　沙面法租界

2023年伊始，我们初次踏入“法国兵营旧址”内部，彼时它还正在被母婴会所使用，内部装潢着富丽堂皇的大理石地面和繁复精致的石膏板吊顶，难觅历史踪影，我们不禁对这座建筑的历史和用途产生了浓厚的兴趣。它为何被称为“法国兵营”？其原状又是如何？

几天后，得知将有机会承租这座文物建筑并对其进行开展保护利用工作，我们欣喜又诚惶诚恐。关于沙面建筑群的资料并不十分详尽、全面，这给我们的工作带来了巨大的挑战。在随后的两百多个日夜中，修复工作依据详尽的现场勘察和对沙面建筑群中同类型建筑的研究来开展。

在调研沙面建筑群的过程中，始终有许多谜团萦绕在脑海中，这座建筑与法国军官住宅①有许多相似之处，这并不难理解。但它为何会与一墙之隔的露德圣母堂副楼，甚至是沙面南街的早期东方汇理银行②如此相似？空间是历史的载体，这些建筑之间的相似性并非偶然，必然蕴含着某种历史逻辑上的关联。

修复工作完成后，我们开始着手梳理沙面法租界的历史沿革。现有研究中对于广州沙面法租界发展历史的描写只有寥寥几笔。大部分关于沙面的研究都基于国内的记载，但关于其租界时期的规划建设、政策制定以及管理逻辑等细节却鲜为人知。除了原英租界工部局主席哈罗德·斯特普尔斯—史密斯（Harold Staples-Smith）编著的《沙面发展要事日记（1859—1938）》（*Diary of Events and the Progress on Shameen*，1859—1938）和《省城广州弃守前后沙面要事日记（1938年9月28日至1938年10月29日）》（*Diary of Events on Shameen Surrounding the Surrender of Canton City*，*28th September, 1938 to 29th October*，1938）中有记录外③，关于沙面英法租界的原始档案研究十分匮乏。

寻找法租界原始档案的过程困难重重，幸运的是，我们得到了《沙面要事日记》中文译者麦胜文先生、巴黎第一大学李新宇博士、南开大学外国语学院杨玉平老师以及波士顿大学利玛窦中西文化历史研究所的无私帮助。共同努力下，我们收集到了1861～1943年法国驻广州领事馆的完整档案，其中包括许多珍贵的历史地图和原始记录，这些资料为我们揭示了法租界各时期的演变、规划建设以及管理规章等重要内容。

受限于篇幅原因，我们无法在此将所获得的资料一一呈现。但我们期待能为沙面的历史研究提供新知，“拼图式”地还原历史样貌，拨开年代烟云，更好地理解和诠释广州近现代历史的前世今生。

---

① 法国军官住宅又名印度人住宅，位于沙面南街6号。

② 早期东方汇理银行位于沙面南街16号。

③ 这两本日记被翻译并合编为《沙面要事日记（1859—1938）》。

历史研究落在空间实体上，为我们揭开了许多谜团。在下文中，将分享我们的点滴心得，邀请各位读者一同踏上这场探秘之旅。

1.1 历史演变

沙面岛的修筑开始于1859年下半年，是年，清政府迁徙沙洲上的寮民，拆毁城防炮台，人工挖出一条宽40米、长1200米的小涌（即现在的沙基涌），用花岗石砌筑起堤岸，用河沙平整沙洲土地，历时两年，最终形成了面积334亩（0.2226平方公里）的岛区（图1–1）。

而沙面法租界的确立始于1861年9月17日[①]，沙面法租界的建设历程并非一帆风顺，其大致历程如表1–1所示。

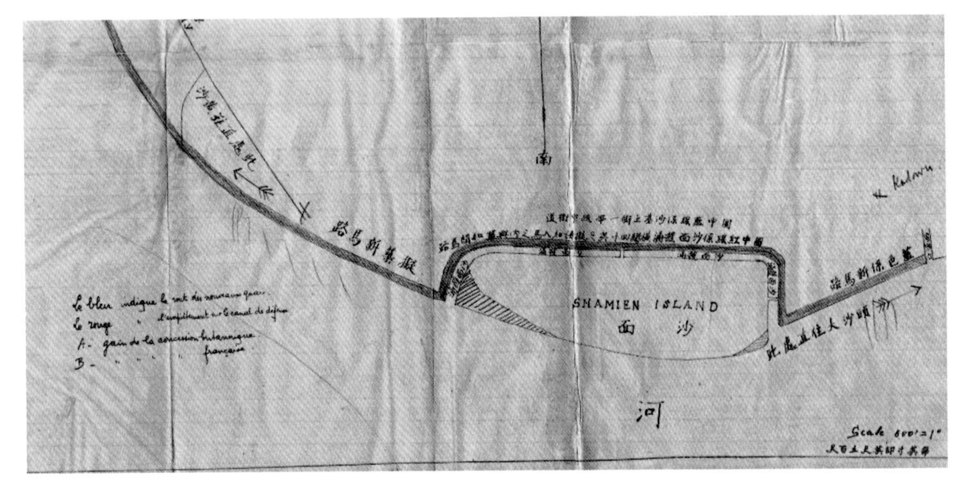

图1–1　沙面法租界区位示意图
（图片来源：法国南特外交档案中心 藏）

法租界发展历程梳理　　**表1–1**

时间	历史事件
1861年9月3日	英国与清政府签订《沙面租约协定》
1861年9月4日	英国领事馆拍卖英租界土地
1861年9月17日	法国与清政府正式签订租约
1861 ~ 1870年	英租界各种公共设施、楼堂馆所基本竣工，而法租界未建设
1883年	法租界第一位租客Auguste Raven租下24号地块建造冰厂
1889年	于雅乐被任命为新的法国驻广州领事，负责推进法租界建设
1889年	《巴黎日报》刊登文章《法国在广州商业利益的背叛》
1889年11月6日	法国领事馆效仿英国进行土地拍卖
1890年	露德圣母堂建成

① 当天法国以每年1500铜钱/亩的租金，向清政府永久租借五分之一的沙面东侧土地（约66亩，4.4公顷）作为法国租界，强迫清政府签订《沙面租借条约》。

续表

时间	历史事件
1890年	法国驻广州领事馆迁入沙面
1894年	法国公共花园建成
1909年	粤海关俱乐部（东红楼）竣工
1915年7月12日	“乙卯水灾”致使沙面被淹，许多建筑受损
1943年2月23日	法国宣布放弃在华治外法权，同意放弃在华租界
1946年10月	国民政府颁布《收回沙面前英、法租界为本市辖区令》
1996年11月	沙面建筑群被列为全国重点文物保护单位

1.1.1 多年沉寂（1861 ~ 1888年）

沙面法租界的发展建设相较于沙面英租界要晚二十余年。在1861年英国同清政府签订租约的第二天，英租界就进行了土地拍卖并迅速地开始了大兴土木。而法租界却一直沉寂，保持着荒废状态长达28年之久，甚至一度沦为英租界的牧场、垃圾场（图1-2）。1867年8月法国一旅行者到广州时，记述道：

“英租界地段上，到处是规模很大的商店和门面极为讲究的漂亮住宅。可是法租界则连一间茅草屋也看不见。”[①]

沙面法租界初期停滞的原因推测大致有三：①由于法国在1861年1月已向清政府取得原两广总督署（今一德路石室圣心教堂）为“永租地”，当时正全

图1-2 1883年沙面雕刻画（空地即为沙面法租界土地）
（图片来源：摘自文章《La concession française de shamian（1861-1946）》即《沙面法国租界（1861-1946）》）

① 钟俊鸣．沙面：近一个世纪的神秘面纱［M］．广州：广东人民出版社，1999.

力将在战争中被摧毁的两广总督署旧址改为天主教堂及附属楼宇住宅、育婴堂等，因工程浩大以致于1888年才竣工，法国无暇顾及沙面法租界的开发建设。②严苛的土地使用条件：最初法国为了保证在沙面的权益，规定沙面法租界的土地只能出售给法国人，且拍卖者除了支付每块土地的地价外，还要根据土地面积多少按比例分摊建岛时法国花费的72000美元建设成本，导致卖价几乎是地价的三倍，这样严苛的条件吓退了有意租界土地的买家，致使法租界长期无人问津，对沙面租界土地有意的买家们更倾向于买卖条件更加宽松的英租界。③1883年前后，法国与清政府之间关系紧张，时任两广总督的张之洞态度强硬，多任法国驻广州领事都被拒之门外，使得法国对于沙面法租界的诸多规划仅能停留于纸面。由于上述种种原因，沙面法租界的土地一直处于荒废状态。

由于沙面法租界一开始并没有成立管理机构，最早是由沙面英租界工部局政务会和广州公园基金会代为管理，英方从沙面岛整体的角度进行道路规划和园林绿化等建设。英国人效仿西方近代城市规划对沙面租界进行了城市规划：近似“刀”形的沙面岛采用主次道路纵横正交、环岛道路相连的道路系统。大小道路共八条：一条宽30米、东西走向的主道路（现沙面大街）贯穿全岛，南面还有一条东西走向的次道路（现沙面南街），另五条次道路（现沙面一、二、三、四、五街）南北走向，接通环岛道路（靠北的环岛道路现名沙面北街），于是沙面岛被分为12个区和4块公共用地。12个区内又划分若干地块，用于拍卖建房；4块公共用地用于建公园和运动场。

1861～1888年，法租界主要进行道路和绿化建设，1865年上半年，完成环沙面岛绿树带的种植。而与法租界一街之隔的英租界却在开展如火如荼地建设。1894年9月4日，由英国驻广州总领事主持英租界土地拍卖，根据英租界档案记载：英租界划分为82个地块，留下6个地块用以建设英国领事馆，将剩余的地块进行拍卖。1号地块因其宽阔的珠江视野和较大的面积，拍卖底价定为6500美元。其他地块拍卖底价为3000～4000美元，最终拍卖价格为3000～9100美元，紧邻英国领事馆的15号地块拔得头筹，成交价格为9100美元（图1–3）。[①]

1.1.2　发展起步（1889～1900年）

由于种种原因，法租界的建设一直处于迟滞中，多任法国驻广州领事都曾努力改变这一状况，但久久没有成效，他们的种种规划和策略都只能尘封在奥赛码头（法国外交部所在地）的文件箱里。法租界长期的荒废引起了法国商人的不满，曾多次要求采取措施使得租界土地得到利用。1889年在《巴黎日报》

---

① Ministère de l’Europe et des Affaires étrangères. Concession française de Canton. 1861-1883.

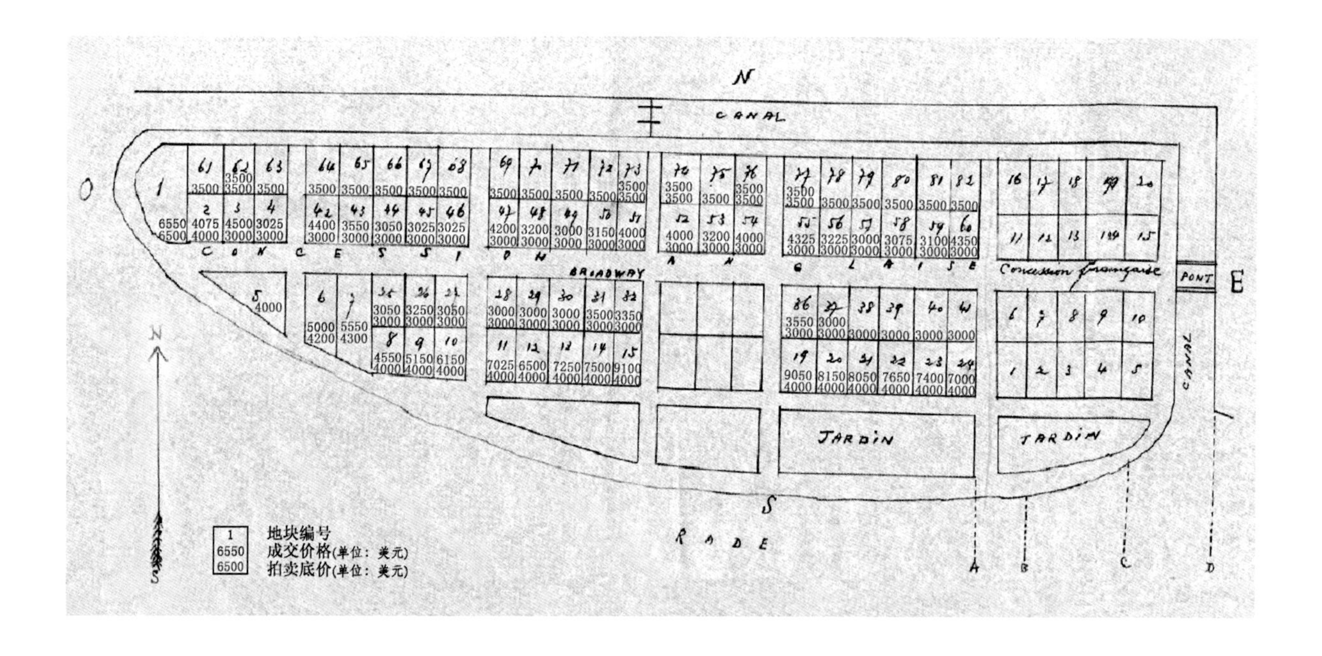

图1-3 沙面英租界拍卖地块、底价及成交价
（图片来源：底图来源于法国南特外交档案中心）

上发表的一篇名为《法国在广州商业利益的背叛》的文章中这样写道：

“唯一实际的解决方法就是通过建立工会办事处或银行的溢价，使得广州租界的土地可以供国家商业使用，这一延迟的补偿并不是我们商业利益所求的全部，必须努力确保当局对这些利益的重视；毫无疑问，外交部的职责受到了严格限制，但法国越来越受到发展和贸易壁垒的困扰。如果法国外交部不同意贸易代表的要求，法国贸易代表将采取更进一步的措施，建立一个合法的商业委员会，由商人工会划分在广州租界的土地。由于没有一个法国警察在广州看守租界，外交部部长将不得不允许工会代表在那里进行建设，除非海军部长派军队去广州打击法国的贸易。”

直到一个人的出现，法租界发展的僵局才被打破。他就是于雅乐（Camille Imbault-Huart），1889年1月7日被正式任命为新任法国驻广州领事。通过他出色的外交才能，与清政府官员建立良好的关系，使得法国在广州的建设活动变得顺利。

于雅乐采取了一系列措施推动法租界建设：法租界的土地被划分为24个地块，每个地块面宽27米、进深42米①，其中3号和9号地块被规划用于法国领事馆的建设。24号地块则已于1883年由德国人奥古斯特·瑞文（Auguste Raven）签下五年租约用来建造冰厂，他也是沙面法租界第一位租户。1889年5月28日，24号地块又被沙面酒店土地公司收购。于雅乐对1号、2号、4～8号、

① 《La concession frangaise de shamian》原文为：Chague lot a 27 mètres de face sur 42 metres deprofondeur。

10 ~ 23号地块制定了详细的拍卖条件，在他的筹划下，1889年11月6日，法国效仿英国对沙面法租界土地以公开拍卖的形式进行出租，租期为99年（13号地块被免费捐赠给巴黎外方传教会用以建造露德圣母堂），拍卖条件如图1–4所示。

24个地块的起拍价根据所在地段存在差别：靠珠江的南路地块投标底价为1000美元，靠近中央大街的北部地块的拍卖底价为800美元，而靠近沙基涌的地块拍卖底价仅为300美元（图1–5）。这大概是因为沿江的地块直面水面，视野开阔，风景更好且更靠近珠江侧的码头，而沙面租界北侧护涌的地块更靠近广州城，可能直面来自陆地的威胁，而沙基涌的河道里停满了疍民的小艇，只被允许停在靠近沙基路的一侧（图1–6）。

笔者根据法国外交和欧洲事务部的档案，整理拍卖结果如下（表1–2，原表详见附录一）。在实际参与拍卖的20宗土地中，有13宗被英国公民购买，其中11个地块由亚美尼亚裔英国商人香港置地（Hongkong Land）创办人吉席·保罗·遮打爵士（M. Paul Chater）拍得，只有7宗土地被法国人购买。成交价格由510美元至2100美元，总计19165美元，远低于1861年英租界土地的成交价格。

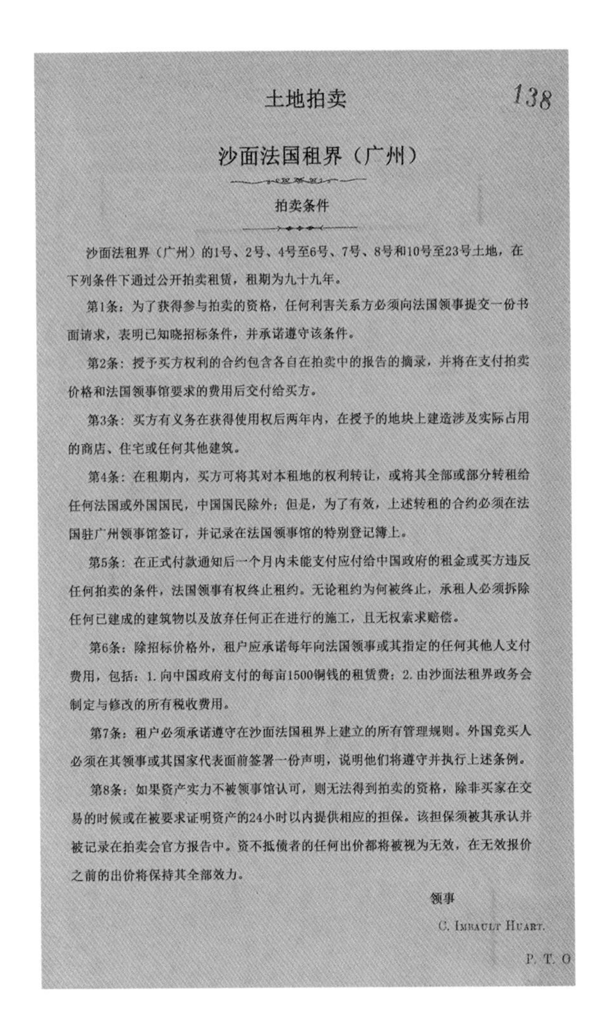

土地拍卖　　138

沙面法国租界（广州）

拍卖条件

沙面法租界（广州）的1号、2号、4号至6号、7号、8号和10号至23号土地，在下列条件下通过公开拍卖租赁，租期为九十九年。

第1条：为了获得参与拍卖的资格，任何利害关系方必须向法国领事提交一份书面请求，表明已知晓招标条件，并承诺遵守该条件。

第2条：授予买方权利的合约包含各自在拍卖中的报告的摘录，并将在支付拍卖价格和法国领事馆要求的费用后交付给买方。

第3条：买方有义务在获得使用权后两年内，在授予的地块上建造涉及实际占用的商店、住宅或任何其他建筑。

第4条：在租期内，买方可将其对本租地的权利转让，或将其全部或部分转租给任何法国或外国国民，中国国民除外；但是，为了有效，上述转租的合约必须在法国驻广州领事馆签订，并记录在法国领事馆的特别登记簿上。

第5条：在正式付款通知后一个月内未能支付应付给中国政府的租金或买方违反任何拍卖的条件，法国领事有权终止租约。无论租约为何被终止，承租人必须拆除任何已建成的建筑物以及放弃任何正在进行的施工，且无权索求赔偿。

第6条：除招标价格外，租户应承诺每年向法国领事或其指定的任何其他人支付费用，包括：1. 向中国政府支付的每亩1500铜钱的租赁费；2. 由沙面法租界政务会制定与修改的所有税收费用。

第7条：租户必须承诺遵守在沙面法国租界上建立的所有管理规则。外国竞买人必须在其领事或其国家代表面前签署一份声明，说明他们将遵守并执行上述条例。

第8条：如果资产实力不被领事馆认可，则无法得到拍卖的资格，除非买家在交易的时候或在被要求证明资产的24小时以内提供相应的担保。该担保须被其承认并被记录在拍卖会官方报告中。资不抵债者的任何出价都将被视为无效，在无效报价之前的出价将保持其全部效力。

领事

C. Imbault Huart.

P. T. O

图1–4　1889年由于雅乐签署的《沙面法租界土地售卖条件》（中文版）

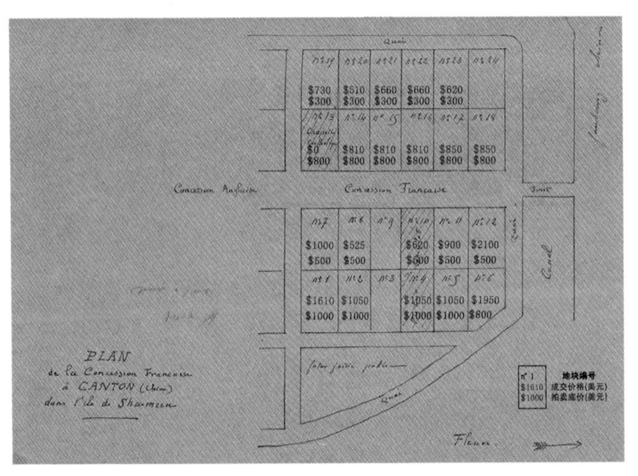

图1–5　1889年由法国驻广州领事于雅乐绘制的法租界拍卖地块、底价及成交价
（图片来源：改绘自档案 Ministère de l'Europe et des Affaires étrangères. Concession française de Canton. 1884-1890）

图1–6　1895年沙基涌
（图片来源：Harvard-Yenching University）

1889年法租界地块拍卖结果 **表1-2**

地块编号	成交价格（美元）	买家	买家国籍
1号	1610	M. Ulysee Pila	法国
2号	1050	M. Paul Chater	英国
4号	1050	M. Paul Chater	英国
5号	1050	M. Paul Chater	英国
6号	1950	M. Paul Chater	英国
7号	1000	M. Ulysee Pila	法国
8号	525	M. Paul Chater	英国
10号	620	M. Paul Chater	英国
11号	900	M. Paul Chater	英国
12号	2100	M. Paul Chater	英国
14号	810	M. E. P.（巴黎外方传教会）	法国
15号	810	M. Marty	法国
16号	810	M. Marty	法国
17号	850	M. Paul Chater	英国
18号	850	M. Paul Chater	英国
19号	730	M. E. P.（巴黎外方传教会）	法国
20号	510	M. E. P.（巴黎外方传教会）	法国
21号	600	M. Pallonjee Karanjia	英国
22号	600	M. Pallonjee Karanjia	英国
23号	620	M. Paul Chater	英国
总计	19165	/	/

（来源：法国外交和欧洲事务部网站，1884~1990年档案）

1889年11月23日的领事法令任命了一个由两名成员组成的临时市政委员会，由领事担任主席，委员会的两名成员须是一名法国人和一名其他国籍的外国人（如若没有法国人参选，则两名成员须国籍不同）。1890年1月21日法租界警察局成立。1890年，法国领事馆迁入今沙面南街18号，并于1915年在西侧（今沙面南街20号）另建新馆。

1894年的12月22日，在法租界的南侧，沿着码头的地带建造了一个公共花园（图1-7、图1-8）。

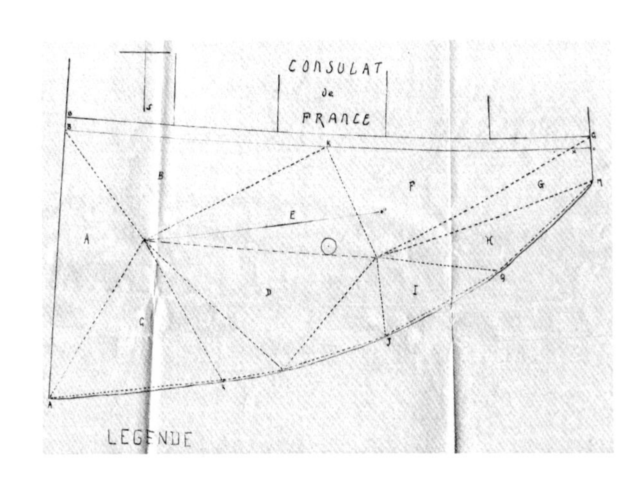

图1-7　法国公共花园图纸（1940年）
（图片来源：法国南特外交档案中心）

图1-8　法国公共花园（1900年左右）
（图片来源：《沙面法国租界（1861-1946）》）

1.1.3　有序开发（1900 ~ 1943年）

1889年拍卖结束后，法租界所有地块都有了业主，但产权归属并非稳定不变，很多地块还没开始建设就已经转卖给了其他业主。笔者根据法国外交部档案南特分馆藏资料，整理了沙面法租界24个地块的产权所有情况（表1–3）。

1904年，沙面法租界内已经建设完成20个地块，从当时由法国驻广州领事甘司东（M. Gaston Kahn）绘制的地图可以看到，沙面大街南侧的地块已经全部建设完成，其中主要包含有3号、9号地块的法国驻广州领事馆，4号、11号地块的东方汇理银行，5号地块的宝华义洋行，6号地块的法国邮政局，以及巴黎外方传教会所得的12号、13号、14号、18号、19号、20号及24号地块。剩余的15号、16号、17号地块以及23号的法国工部局地块处于空置状态（图1–9、表1–3）。

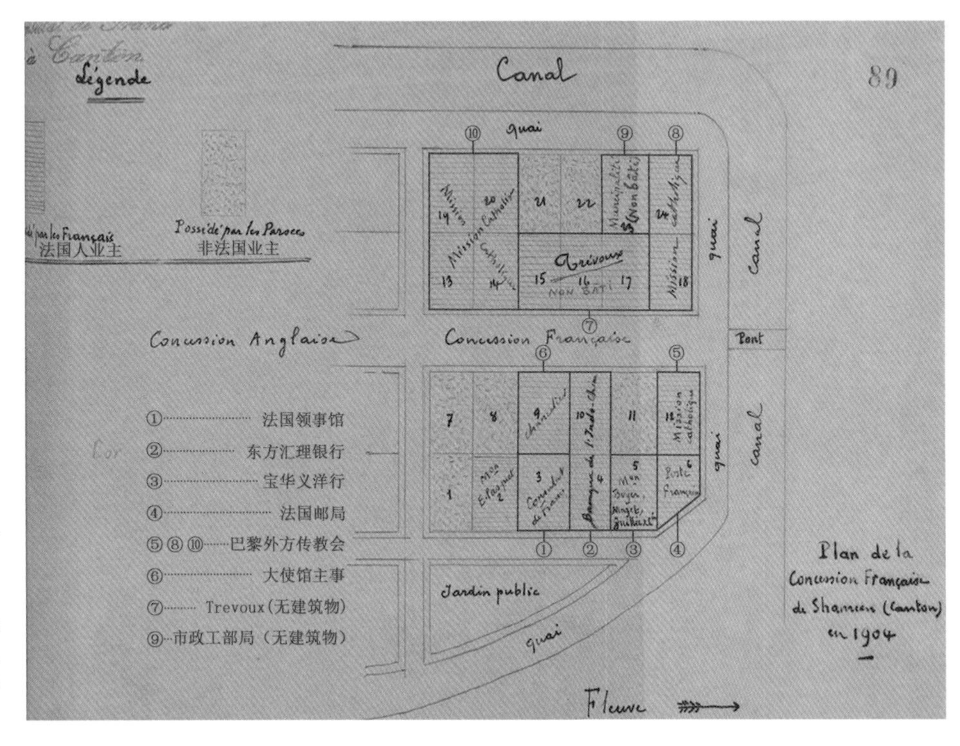

图1–9　改绘自1904年甘司东绘制的法租界地块
（图片来源：改绘自：Ministère de l' Europe et des Affaires étrangères. Concession française de Canton. 1900-1906）

沙面法租界地块产权情况 表1-3

地块	1904年产权所有	1921年产权所有	1938年产权所有	1943年产权所有
1号	非法国人（不详）	Hogg et Karanjia	泰和洋行	汇丰银行
2号	Albert住宅	中法实业银行	中法实业银行	远东房地产公司
3号	法国领事馆	法国领事馆	法国领事馆	法国领事馆
4号	东方汇理银行	东方汇理银行	东方汇理银行	东方汇理银行
5号	宝华义洋行	宝华义洋行	宝华义洋行	宝华义洋行
6号	法国邮政局	法国邮政局	法国海军	法国海军
7号	非法国人（不详）	Patell、Mogra、Kavarana	Futtakia占2/3 Kavarana占1/3	Futtakia Kavarana
8号	非法国人（不详）	M. N. Meleta、D. Chellaram	M. N. Metha占1/2 Thompson占1/2	M. N. Meleta Thompson
9号	法国领事馆	法国领事馆	法国领事馆	法国领事馆
10号	东方汇理银行	东方汇理银行	东方汇理银行	东方汇理银行
11号	非法国人（不详）	M. N. Meleta	D. D. Mehta占1/2 横滨正金银行占1/2	M.N.Meleta
12号	巴黎外方传教会	巴黎外方传教会	M. M. Pohomull Bros	M. M. Pohomull Bros
13号	露德圣母堂	露德圣母堂	露德圣母堂	露德圣母堂
14号	巴黎外方传教会	广州自来水股份有限公司	东方汇理银行	东方汇理银行
15号	M.Trevoux（法）	葡萄牙领事馆	葡萄牙领事馆	葡萄牙领事馆
16号	M.Trevoux（法）	粤海关	粤海关	粤海关
17号	M.Trevoux（法）	粤海关	粤海关	粤海关
18号	巴黎外方传教会	巴黎外方传教会	香港上海酒店有限公司	香港上海酒店有限公司
19号	巴黎外方传教会	台湾株式会社	台湾银行	台湾银行
20号	巴黎外方传教会	香港奶牛冰厂	香港奶牛冰厂	香港奶牛冰厂
21号	非法国人（不详）	Hogg et Karanjia	东方汇理银行	M.Noservan Bomangee
22号	非法国人（不详）	Hogg et Karanjia	东方汇理银行	远东氧气与乙炔公司
23号	沙面法国工部局	沙面法国工部局	沙面法国工部局	法国政府
24号	巴黎外方传教会	巴黎外方传教会	香港上海酒店有限公司	香港上海酒店有银公司

（来源：整理自Archives diplomatiques-Centre de Nantes & Ministère de l'Europe et des Affaires étrangères. Concession française de Canton.）

1.1.4 回归后的发展（1943年至今）

1943年，法国维希政权[①]宣布放弃在华治外法权，退出沙面。1946年2月28日法国正式将沙面租界交还给中国。广州解放初期，广州市军事管制委员会军事接管沙面，曾一度作为特区建制（图1-10）。

① 正式名为法兰西国政府，是第二次世界大战期间法国政权，存在于1940年7月～1945年，因实际首都在法国南部小城维希，故称为维希政权。

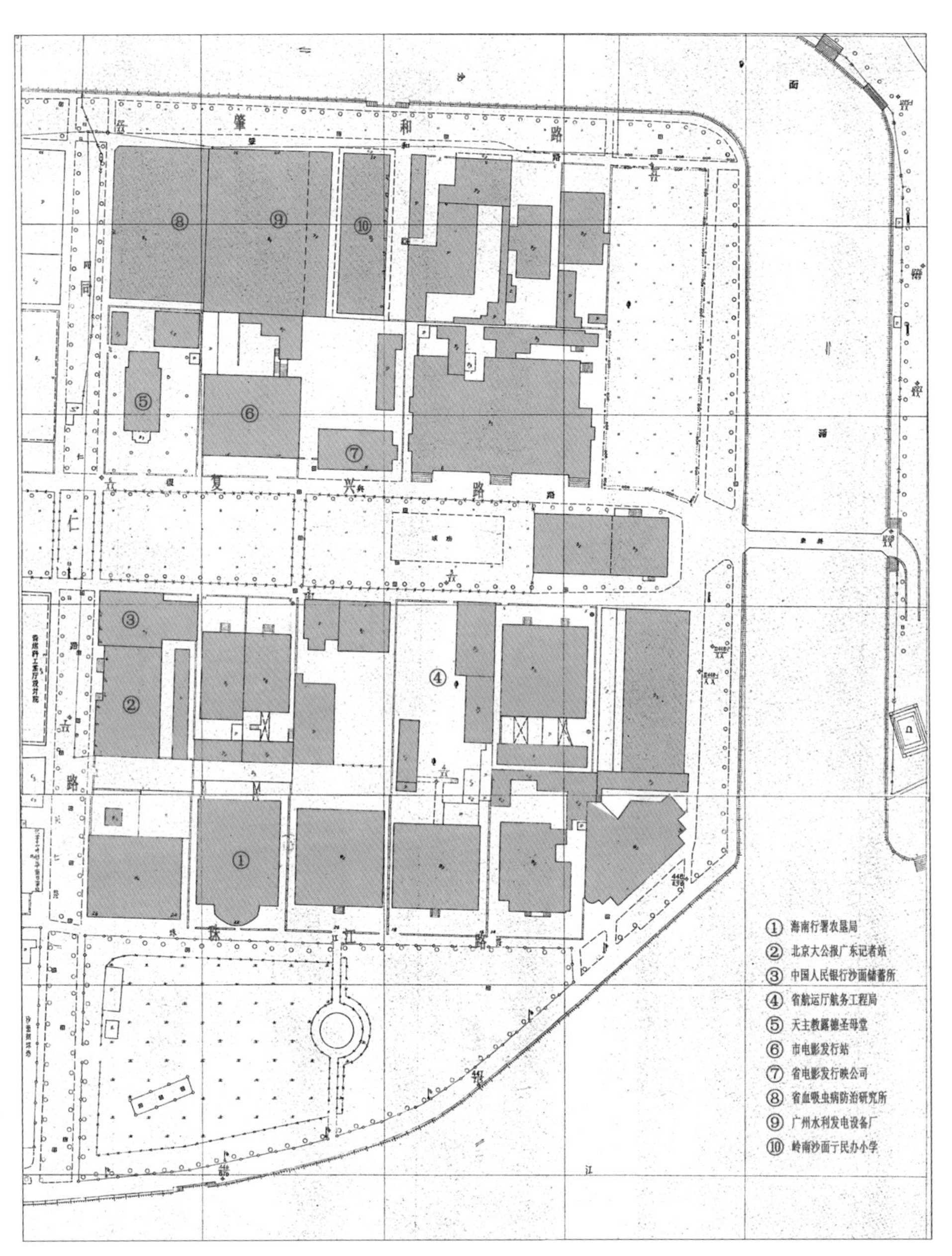

图1-10 1959年沙面原法租界平面图
（图片来源：改绘自广州市城市规划委员会制1959年地形图）

20世纪50年代中期，随着与友好国家外交关系的建立，当时的苏联、波兰、越南等国的领事馆和办事机构设在沙面，沙面又成为广州市的外事区，并采取半封闭式管理。法租界的建筑迎来了新的功能，诸如海南行署农垦局、省吸血虫防治研究所、广州水利发电站设备厂、岭南沙面街民办小学、省电影发行映公司、市电影发行站、中国人民银行沙面储蓄所、北京大公报广东记者站等（图1-11）。

而1959年至今期间，沙面法租界的建筑并没有太大的变化，主要是南侧法国公园地段，进行了部分改造，新建了中共广州市荔湾区委老干部局、广州市沙面公园管理室附属建筑。中央大街的公园景观也进行了改造。由2012年沙面地形图标注可知，这一时间段建筑功能再次更换，诸如荔湾区人民政府沙面街

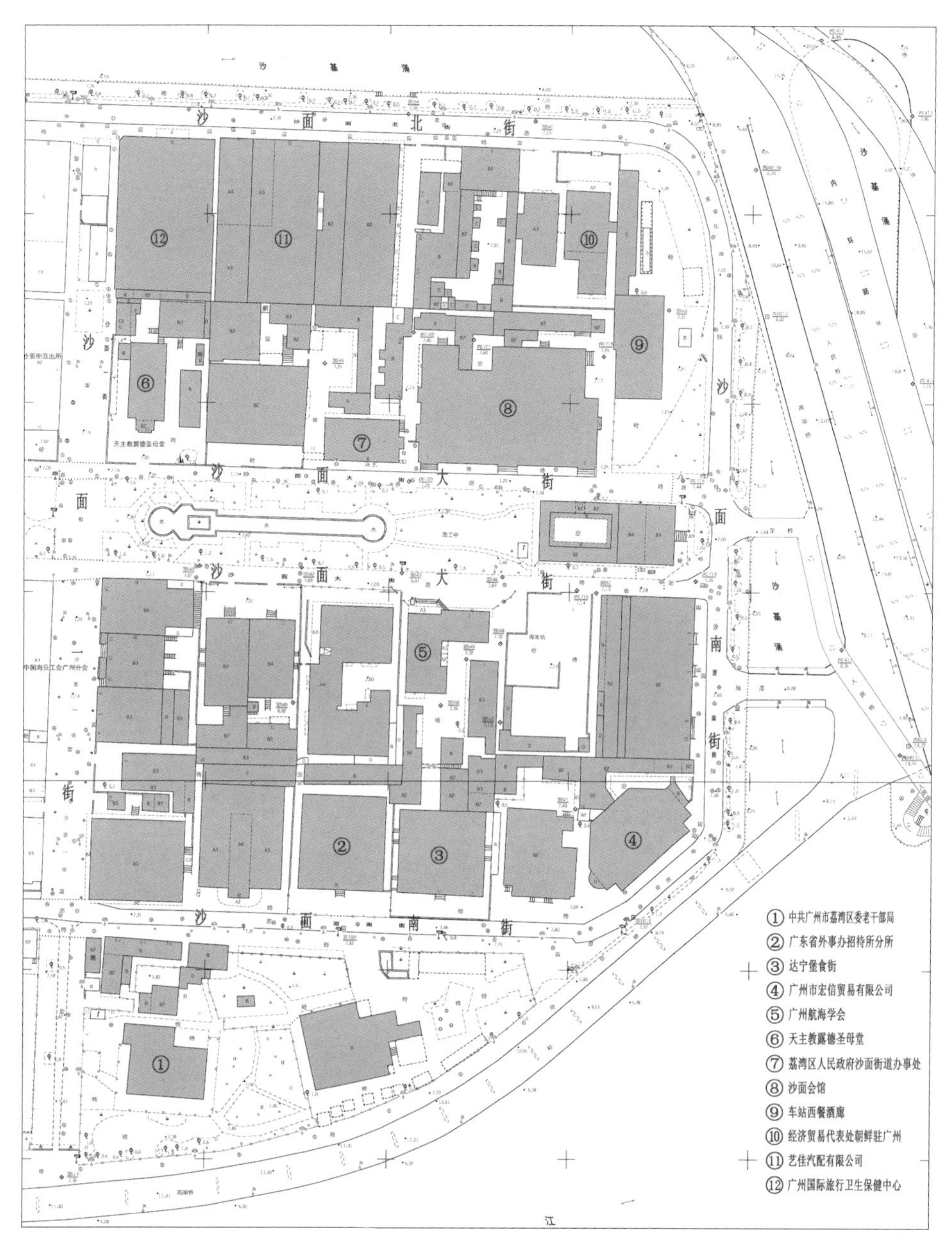

图1-11　2012年沙面原法租界平面
（图片来源：改绘自广州市城市规划勘测设计研究院2012年绘制沙面地形图）

道办事处、广州航海学会、广东省外事办招待分所、车站西餐酒廊、广州国际旅行卫生保健中心、达宁堡食街等功能。

1.2 管理机制

1.2.1 租界决策者——法国驻广州领事

法国驻广州领事是沙面法租界的最高管理者。在沙面法租界政务会成立之前，一直是由法国驻广州领事决定其发展方向。1861年沙面租界建立后，第一位接手沙面的领事是满斯理，据记载，从1861年至1949年，共派驻37届领事，共28人，名单如表1-4所示。每位领事的任期各不相同，任期长的如伯威（M. Joseph Beauvais）曾连续工作13年，也有部分领事任期仅有数月。下文主要介绍对沙面法租界的发展方向起重要作用的法国驻广州领事。

沙面法租界历任领事名单　　表1-4

任职时间	驻穗领事中文名	驻穗领事法文名
1858 ~ 1869年	满斯理	M. Gilbert de Trenqualye
1869 ~ 1870年	李天嘉	M. Henry Du Chesne
1870 ~ 1871年	戴伯理	M. Claude-Philibert Dabry de Thiersant
1871 ~ 1872年	—	M. Ernest Blancheton
1872年4月 ~ 6月	—	Comte de Chappedelaine
1872年6月 ~ 9月	—	M. Vincente Sales
1872 ~ 1873年	—	Comte de Chappedelaine
1873 ~ 1876年	—	M. Dabry de Thiersant
1877 ~ 1879年	—	M. Edmond de Lagrené
1879 ~ 1880年	—	M. Fernand Sherzer
1880年	李梅	M. Gabriel Lemaire
1881年	—	M. Vincente Sales
1881 ~ 1882年	白喇格	M. Léon Bellaguet
1882 ~ 1883年	—	M. Laurence de lalande
1883 ~ 1884年	林椿	M. Paul Ristelhueber
1884年7月	师克勤	M. Fernand Sherzer
1885 ~ 1886年	—	M. Hippolyte Frandin
1887 ~ 1889年	白藻泰	M. Gaston Bézaure
1889 ~ 1892年	于雅乐	M. Camille Imbault-Huart
1892 ~ 1893年	甘司东	M. Gaston Kahn
1893 ~ 1896年	于雅乐	M. Camille Imbault-Huart
1896 ~ 1897年	安迪	M. Léonce Flayelle
1897年	于雅乐	M. Camille Imbault-Huart
1897 ~ 1900年	安迪	M. Léonce Flayelle
1900 ~ 1902年	哈德安	M. Charles Hardouin
1902 ~ 1903年	祁理恒	M. Fernand Guillien
1903 ~ 1904年	杜理芳（署）	M. Alphonse Doire
1904 ~ 1906年	甘司东	M. Gaston Kahn

续表

任职时间	驻穗领事中文名	驻穗领事法文名
1906 ~ 1908年	魏武达	M. Paul Véroudart
1908 ~ 1909年	伯威	M. Joseph Beauvais
1909 ~ 1910年	—	M. Raphaël Réau
1910 ~ 1923年	伯威	M. Joseph Beauvais
1924 ~ 1925年	—	M. Georges Dufaure de La Prade
1925 ~ 1929年	—	M. André Danjou
1929 ~ 1939年	—	M. Laurent Eynard
1940 ~ 1945年	—	M. Philippe Simon
1945 ~ 1950年	—	M. Paul Viaud

（来源：整理自法国驻穗领事馆网站及参考文献［5］）

1．于雅乐（M. Camille Imbault-Huart）

于雅乐，本名卡米尔·英博-瓦特（Camille Imbault-Huart），19世纪末外交官、语言学家兼汉学家，代表作《福尔摩沙之历史与地志》（1893）。曾经三度担任驻广州领事（1889 ~ 1892、1893 ~ 1896、1897），是推动沙面法租界发展建设的开拓者（图1-12）。

于雅乐于1878年毕业于巴黎东方语言学院（Ecole des langues orientales）后，准备赴华担任见习通译，但由于当时法国驻华外交单位没有该项职缺，于是被安排到上海领事馆担任初级专员，从1878年10月28日开始正式工作，当

图1-12　于雅乐（1857-1897年）及其著作
（图片来源：网络）

时月薪5000法郎。1880年8月12日，正式取得通译的任命，从三等通译开始做起。1880年9月前往北京担任副通译。

1882年8月，于雅乐被任命为署理翻译官，原本要被调到广州领事馆工作，但因为当时上海总领事傅赉世等人的要求，而最终未上任，继续留在上海领事馆工作。1883年3月，他升为二等通译，他的工作表现受到当地法国外交官的一致认可。

由于法国驻广州领事馆深陷困境，1888年他临危受命，结束了为期半年的休假，离开法国前往广州任职。1889年1月7日，一份正式的人事任命下发，将于雅乐正式派驻到法国驻广州领事馆，接替白藻泰（Georges Gaston Servan de Bézaure，1852—1917年）。于雅乐到任后，很快与张之洞等中国官员建立起了良好的互动，改善了之前紧张的两方关系，使得沙面租界的相关事宜推进变得顺利。于是1889年，于雅乐成功改善了法租界的土地使用条件，在取得法国政府同意后，促成了沙面法国租界开始拍卖土地。1892年5月，于雅乐因病发电报请假回法国休养，将领事馆事务交给署理翻译官甘司东负责，同年他晋升为二等领事。1893年，于雅乐在巴黎完成了关于中国台湾岛的研究著作《福尔摩沙之历史与地志》后，又重返广州任职。

1894年12月22日晚，沙面法租界内的公共花园举办了一场盛大的落成庆典。此次活动由法租界工部局及租界内居民共同筹办，旨在邀请各界人士共襄盛举，同庆这一重要时刻，在派对上：大家均对于雅乐赞不绝口，期待他能有高升的机会。与会者们对法租界翻天覆地的变化表达了由衷的感慨。曾经的破败不堪已然被如今的繁荣景象所取代，整齐划一的建筑群落展现出广阔的商业前景。在这场庆典中，领事的功绩备受瞩目。他首先着手解决了法租界内的积水问题，然后开始了道路、路灯的建设，并种植了树木，最后还建设了如此宜人的庭院。领事的最大贡献莫过于对法租界土地出售制度的改革，并获得法国政府的许可，将租界划分为若干个地块并且出售。

1896年7月，于雅乐再次请假回到巴黎，直到1897年4中旬返回。回到中国后，他晋升为一等领事。但1897年10月31日，他因痢疾而住进香港青山医院，最后因肝囊肿于当年11月29日在医院病逝。

于雅乐的一生对中国有着极其浓厚的情感，对中法文化交流有着重要的贡献。除领事外，他还是一位颇有影响力的汉学家，亦是一位喜爱中国话的领事。在沙面工作期间，他出版了《京话指南》（*Cours Eclectique Graduel et Pratique de la Langue Chinoise Parlée*，共4卷，1887～1889年出版）（图1-13）。他翻译了中国诗坛上知名诗人作品的《译自中文的现代中国诗歌》（*Poésies Modernes Traduites du Chinois*，1892年出版），并对苏轼极为推崇，认为苏轼是“力图将诗歌从庸俗、炫博和浮华之风中挽救出来的诗人”。[①]

① 许光华. 法国汉学史［M］. 北京：学苑出版社，2009.

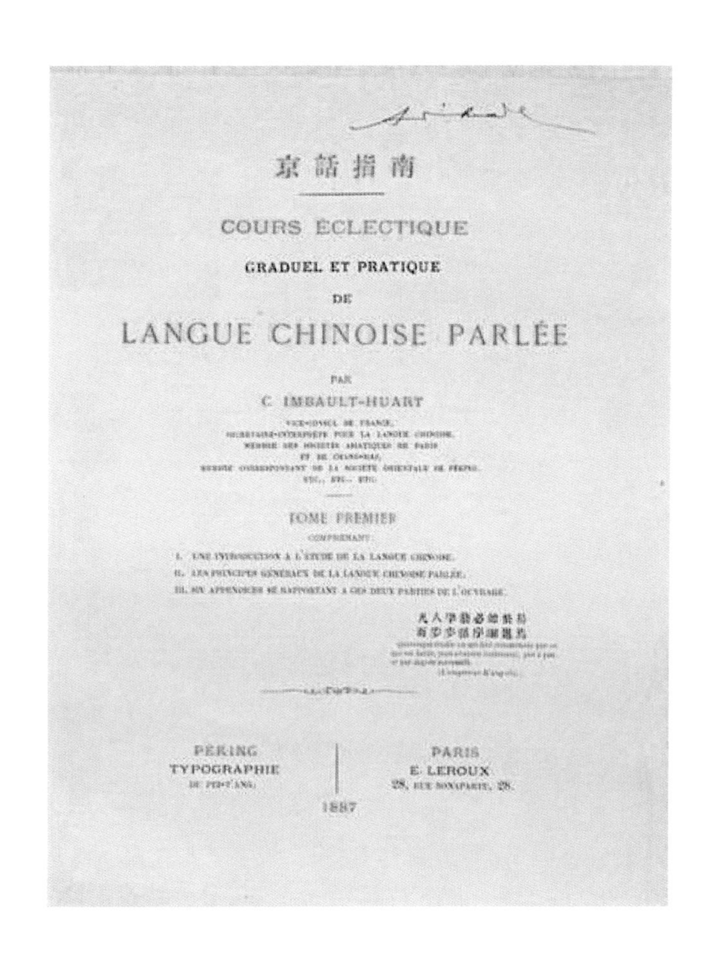

京話指南

COURS ÉCLECTIQUE

GRADUEL ET PRATIQUE

DE

LANGUE CHINOISE PARLÉE

PAR

C. IMBAULT-HUART

TOME PREMIER

COMPRENANT

I. UNE INTRODUCTION À L'ÉTUDE DE LA LANGUE CHINOISE.

II. LES PRINCIPES GÉNÉRAUX DE LA LANGUE CHINOISE PARLÉE.

III. SIX APPENDICES SE RAPPORTANT À CES DEUX PARTIES DE L'OUVRAGE.

PÉKING
TYPOGRAPHIE

PARIS
E. LEROUX
28, RUE BONAPARTE, 28.

1887

图1-13 于雅乐出版的《京话指南》
（图片来源：网络）

于雅乐领事绝对是一位在法租界建设史上至关重要的人物，通过他出色的外交才能，与清政府官员建立良好的关系，打破了法租界建设的僵局，放宽了土地使用的条件，推动了法租界的土地拍卖，法租界真正开始大规模建设是从他这一任领事开始的。

2．甘司东（M. Gaston Kahn）

甘司东，法国外交官，1864年出生于法国巴黎的一个中产阶级犹太人家庭，毕业于巴黎东方语言学校。曾于1886年在Tonkin（今越南北部地区）从事翻译、安南学校副督察等工作，1892年在广州担任署理翻译官的他，暂替休假回法国的于雅乐掌管法国驻广州领事馆事务，1904～1915年间，先后成为三个中国法租界的领事：广州（1904～1906年）、天津（1909～1912年）、上海（1913～1915年）。1918年，被任命为驻曼谷全权公使，后任外交领事督察、法国驻外事务处处长。

在驻广州的两年期间，甘司东对于《沙面法租界市政组织章程》（*Règlement d'Organisation Municipale de la Concession Française de Shameen*）进行了修订。甘司东同时也是天津与上海法租界城市建设法规的修订者，1912年制定了天津法租界第一部针对租界情况而编制的法规集，对广州、天津和上海法租界的管理法规完善起到了至关重要的作用。

1.2.2　市政管理机构——法租界工部局

租界内设一个称为工部局的机构负责行政管理。工部局不是哪个国家派来的，而是租界内部的外国人“民主”产生的。他们在租界里组织了一个所谓“外人纳税会”，只要缴纳一定的税费，就是纳税会的会员了。纳税会产生政务会（或称董事会），政务会的主席是工部局的首脑。租界内拥有军队、法院、警察、监狱、市政管理机关和税收机关，使租界成为一个独立于中国法权之外的政治实体。政务会由主席、政务会议员组成，凡是租界里的问题，都要由政务会讨论、表决，通过后以工部局的名义公布执行，政务会的主席则负责工部局的日常工作。政务会议员通常由一些大的银行、洋行、公司董事长或社会名流组成。工部局是具体管理沙面治安、行政事务的机构。下辖巡捕房，负责各自租界的日常治安保卫工作及签发租界出入证等事务。法租界雇用越南人任巡警，后期雇佣俄罗斯人，负责界内治安及看守东桥。

早期沙面英法租界由英租界政务会统一管理，直至1885年，沙面法租界成立政务会后，法租界才由法国自己管理。在法租界土地拍卖之前，1889年8月20日，法国驻广州领事馆还为沙面法租界专门制定了《沙面法租界市政组织章程》（*Règlement d'Organisation Municipale de la Concession Française de Shameen*）。①

1.2.3　租界控制办法——管理条例

在1885年成立法租界政务会之前，法租界由英租界政务会管理。1871年（清同治十年）9月25日，英国驻穗领事颁布《沙面英租界土地章程》（*Land Regulations of British Concession, Shameen*）②以及《沙面公共租界的土地章程与条例》（*Bye-Laws Land Regulations for the Foreign Settlement, Shameen*）③，这是沙面租界最早的土地章程。土地章程是英租界的根本法规，是租界管理的纲领性文件，被称为租界的“小宪法”④。

1889年，法国驻广州领事于雅乐签署颁布了《沙面法租界市政组织章程》，每年法租界工部局根据《沙面法租界市政组织章程》主要负责讨论：市政议员的选举名单、工部局收支预算；税率制定；批准减免税款事项；公产的

---

① 章程中文名称系参考《上海法租界公董局组织章程》（*Règlement d'Organisation Municipale de la Concession Française*）翻译。

② 章程中文名称系参考《天津英租界扩充界土地章程》（*Land Regulations of the British Municipal Extension, Tientsin*）翻译。

③ 章程中文名称系参考《上海法租界公共租界土地章程与条例》（*Land Regulations and Bye-Laws for Foreign Settlements in Shanghai*）翻译。

④ 费成康. 中国租界史［M］. 上海：上海社会科学出版社，1991：118.

购入、卖出；批准辟筑道路，兴建公共事业设施，规划城市发展；整顿交通，改善租界卫生；法国领事交付讨论的事宜。

依据法国外交部馆藏1889年的档案，翻译《沙面法租界市政组织章程》原文如下：

沙面法租界市政组织章程

法国驻广州领事

顷奉法国外交部部长阁下训令，现公布以下条文，即日起在沙面法租界范围内适用：

第一条

沙面法租界工部局委员会,应由法国驻广州领事和通过选举确定的一名法籍委员及一名外籍委员组成。

工部局委员任期为两年；每年改选半数。

凡死亡、辞职或离任使委员缺席，则立即选举新委员以补替。

若法国人不参选，可由外侨代替其当选，但该外侨国籍须与已当选或将当选的其他外籍委员的不同。

第二条

一切法国人和其他外侨，凡年满二十一岁而符合下列四项条件之一者，均列为选举人：

1. 拥有法租界内地产而执有正式契据者；
2. 租用法租界整栋或部分房屋，年纳租金一千法郎以上者；
3. 居住在法租界内，每年进款达四千法郎以上者；
4. 每年至少纳税10%以上。

第三条

领事每年开列与修正选民名单，并召集选举人大会。

选举程序由委员会检查。

第四条

凡年满二十五岁的选民均有资格。

任期期满的委员可以连任。

第五条

选举于每年一月一日举行。

投票为不记名。

选举应用名单投票。每张名单必须包括法籍与外籍各一名候选人，若无法籍候选人，则必须包括两名不同国籍的外侨。

法籍候选人，以得票最多者当选。外籍候选人或仅有外籍候选人时，亦以得票最多者当选。

投票是严格的个人投票。缺席的土地所有者的代理人将有权代表他们投票。

第六条

委员会仅在领事召集时才开会。

如有半数成员以书面要求时，亦可召开会议。

领事认为有必要时可以随时召集开会。

第七条

工部局委员会主席依法由领事兼任。

委员会应有一名财务主管，该职位每年由委员会从其成员中选举产生。

领事馆的现任或临时书记员担任秘书。

决议以多数票通过。如票数相等，领事的投票起决定性作用。

第八条

领事有权停止或解散工部局委员会，但应立即呈报法国外交大臣及驻华公使，后者经法国政府批准后，可宣布解散该委员会。

工部局委员会暂停期限不得超过三个月。如系解散，选举会议须在委员会停会日起六个月内召开。停会期间，工部局委员会由领事紧急任命的临时委员会代理。

第九条

工部局委员会议定下列事项：

1. 工部局收入和支出预算。

2. 工部局各项捐税的税率。

3. 纳税人纳税义务的分配。

4. 请求免捐或减捐事情。

5. 征收捐税的方法。

6. 工部局产业的购进、卖出、交换和租赁。

7. 开辟道路和公共场所，计划起造码头、堤坝、桥梁、运河、以及规划路线走向等。

8. 改善卫生与整顿交通的工程。

9. 出于公共事业原因的土地征用。

10. 路政和卫生章程。

11. 由领事交议的事项。

第十条

工部局委员会决议案，未经领事明令公布，不得执行。

凡关于前述第1至6条各项事宜的决议案，领事应在八日内命令执行。

领事可拒绝执行工部局委员会对前述第7至11条所列事项决议案，但应立即呈请法国驻华公使核准。

此项决议案的中止执行直至公使馆回讯到时为止。

第十一条

工部局委员会会议可以公开，非公开的会议讨论，经委员会特准，领事批准后可公开。

若非工部局委员会过半数成员反对，工部局委员会决定的年度收入与支出预算的会议总是公开的。

第十二条

工部局委员会应负担道路、排水和供水、街道照明、管理和维护工部局的不动产，实施公用事业工程、绘制地籍册、确立税收表和征收捐税等行政事务。还负责诉究迟纳税金的纳税人。

工部局委员会经领事批准，可任命工部局各部门职员，且可停止或免除该职员的职务。

第十三条

领事应负担维护租界秩序和公共安全的一切任务。

巡捕房的开支费用虽由工部局承担，但应绝对受领事的指挥。领事可委派、停止或革除巡捕房人员的职务。

第十四条

凡违犯路政章程的诉讼，由工部局代表审理，但须上诉于领事。

凡违犯警务章程的诉讼，由领事或领事馆官员审理。

凡诉究迟纳税金的诉讼，工部局税收官须向领事法庭控告该纳税人。

第十五条

如因前述三个原因之一而被起诉的不是法国人，且被告对审判官的裁判提出质疑，须立即将其移交给原管辖法庭审理。

第十六条

凡由法官或外国法庭发出的逮捕令、判决、扣押令等，欲于法租界范围内执行，除非极其紧急的情况，都必须先请示法国领事或巡捕房总巡捕。后者应派一名或多名巡捕时刻陪同执行对象，并为其提供必要的协助。

第十七条

领事认为必要时，在征得工部局委员会同意后，可以召集所有选民，以及居住在租界的法籍居民和非选民外国人举行特别会议，就例外提出的有关公共利益的问题征询意见。

第十八条

如遇领事职位空缺或公出时，本章程规定赋予领事的所有职权均由代理领事代行之。

1889年8月20日，广州

领事C. Imbault Huart.

1.3 重要业主

1.3.1 巴黎外方传教会

法租界的土地所有权大体分为三方，以法国驻广州领事馆为代表的官方机构、以巴黎外方传教会为代表的教会势力，以及以英国人为代表的商人势力，其中尤以教会最盛，曾拥有近三分之一法租界土地的所有权。

1．广州教区历史沿革

巴黎外方传教会（Missions Étrangères de Paris，简称M. E. P.）是法国天主教的男性使徒生活团，1659年成立于巴黎，1664年得到教宗的批准，总部设在巴黎。它与传统的天主教修会不同，是历史上最早全力从事海外传教的天主教组织。巴黎外方传教会主要在亚洲从事传教工作，包括越南、柬埔寨、泰国、韩国、日本，以及我国台湾、香港等地。

历史上，中国的西南地区、两广地区和东北地区，乃至西藏地区，都是巴黎外方传教会的重要传教区。1848年5月10日，圣座从澳门教区划出广东、广西两省教务由巴黎外方传教会负责，并成立粤桂宗座代牧区，巴黎外方传教会驻香港办事处李莫瓦神父出任首任宗座代牧。但是，由于葡萄牙的抵制，直到1858年澳门教区才正式把两广教务移交给巴黎外方传教会接管，由明稽章主教出任粤桂宗座代牧。1875年8月6日圣座颁发通谕，宣布将粤桂宗座代牧区一分为二，分别成立广东宗座代牧区及广西宗座监牧区，明稽章主教留任成为首任广东宗座代牧。1914年4月6日，圣座将广东宗座代牧区以教座所在地方更名为广州宗座代牧区，同时从广州宗座代牧区划出广东省西部潮州、汕头和汕尾地区设立潮州宗座代牧区，以下是历任广州教区主教名单（表1–5）。

广州教区宗座代牧名单　　表1–5

法国名字	在任年份	中国名字
Philippe François Zéphirin Guillemin	1853 ~ 1886年	明稽章
Augustin Chausse	1886 ~ 1900年	邵斯
Jean–Marie Mérel	1901 ~ 1914年	梅致远
Rayssac	1915 ~ 1917年（临时主事）	实茂芳
Jean–Baptiste–Marie Budes de Guébriant	1916 ~ 1921年	光若翰
Antoine–Pierre–Jean Fourquet	1923 ~ 1947年	魏畅茂
Gustave–Joseph Deswazières	1947 ~ 1951年（临时主教）	祝福

当时传教士有权在中国内地购买和租赁房产，但必须以天主教传教的名义，而不是以牧师个人的名义，购买的财产只能应用于宗教目的。

1865年，法国驻华大使贝瑟米与清政府衙门协商，传教士在中国内地购买土地和房屋的手续契据只需要包括卖主的姓名，并声明卖主愿意将其物业出售给天主教会，作为教会公共财产的一部分即可，不需要得到当地政府的批准，此规定又被称为《贝瑟米公约》。

而在1871年，清政府对所有在华外国传教士制定了一套完整的规定，并具体规定了他们在中国购买房产的做法：如果传教士想要购买一块土地来建造教堂或租用房屋作为住所，他们应该在交易结束前向当地当局核实财产。当地官员将检查该建筑周边生活环境。只有在所有居民都不反对的情况下，这笔交易才能敲定。在购买房产时，不允许使用除真实购买者以外的名字。

1865～1895年，法国和清政府总理衙门就此事的实际程序进行了30年的辩论。尽管限制重重，天主教会仍通过各种方式在广州购买土地，宣传教义，广州天主教区也因为一座座教堂、学校、住宅的修建逐渐发展壮大。沙面法租界就是教会一大发展地。

2．在沙面的购地与建设

天主教会在沙面的建设始于露德圣母堂，与过去对露德圣母堂建设时间的普遍认知有所不同，档案资料为我们提供了新的线索。1886年，时任沙面英租界工部局委员的F.B.史密斯先生在一封关于河堤修缮的信件附件中，已经将13号地块标记为天主教堂。在1890年5月7日法国驻穗领事馆写给天主教广州教区主教邵斯的信件中提到，目前13号地块已经归巴黎外方传教会所有，以及在那里建造一座教堂的项目。[①]由此可以推断，露德圣母堂的用地选址早于1886年，且建成晚于1890年。

随后，巴黎外方传教会在沙面进行了大规模的地产扩张。1889年，他们通过拍卖会成功购得与13号地块相邻的第14号、19号、20号地块，计划用作传教士的住宅及其他教会附属建筑。1895年，教会又购置了24号地块。[②]到了1899年，教会的地产规模达到了顶峰，他们相继获得了4号、12号、13号、18号地块的产权，使得教会在法租界内持有的地块总数达到了八个，每年需向中国政府缴纳33.04美元的租金。[③]在1904年，教会就已经完成了这八个地块的建设（图1–14）。

在早期沙面法租界内，天主教会与法国政府的利益紧密相连，共同追求着

---

① Ricci Archives. F2.1 030. 原文中为“to build a chapel there”，可见此时还正是在计划建设或者建设中，尚未建设完成。

② Ricci Archives. F6.7 030.

③ Ricci Archives. F2.1 027. 原文为：parvenir le montant de la rente due au Gouvernement Chinois（année 1899）pour le lots 4. 12. 13. 14. 18. 19. 20. 24 soit une somme de $33.04.

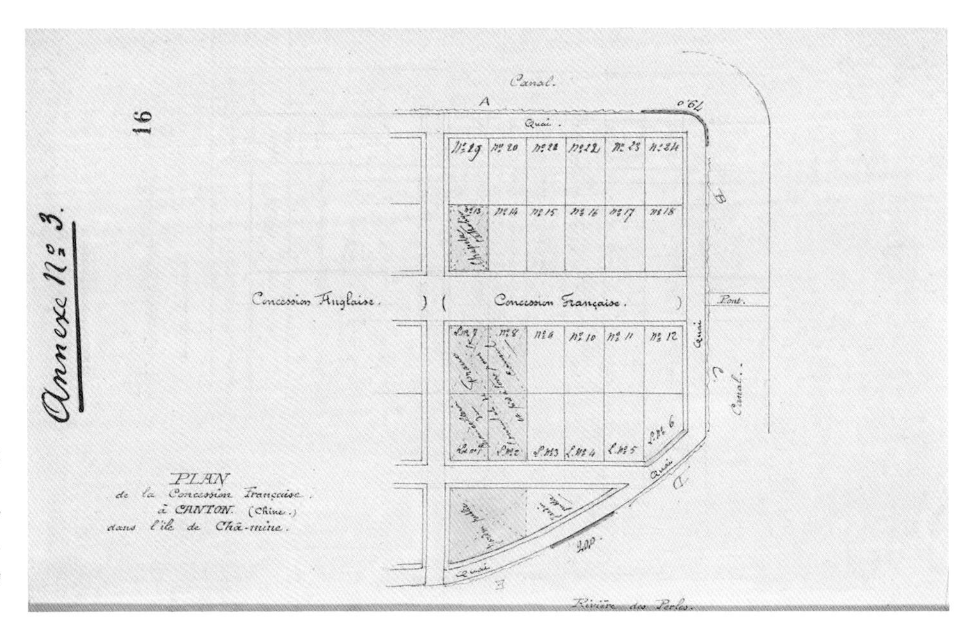

图1-14　1886年法租界地块
（图片来源：Ministère de l' Europe et des Affaires étrangères. Concession française de Canton. 1884-1890）

法国在中国的“更高利益”。为了达到这一目的，天主教会通过法国政府的支持在中国购置了大量土地，不断扩大法国在中国的影响力。①同时，法国政府也借助天主教会的力量来维持和扩大其在中国的影响力。在购置和转让土地的过程中，天主教会与法国驻华领事保持着密切的合作关系。例如，在教会出售土地给M.Trevoux的合同中，会明确声明买方不得出售土地，不得卖给非法国公民。如果卖给非法国人，那么他们需要提前三个月通知法国领事。②他们不愿意把他们的财产卖给非法国人的原因是，这可能会导致法国租界的一部分损失。③

由于法国驻华领事对天主教会的大力支持，教会早期在法租界内获得了巨大的经济利益。根据法国土地买卖契约登记的记录，在1904年4月8日，教会从Trevous手上以1万美元的单价购买了15号、16号、17号地块，1905年2月13日又以1.5万美元的单价将16号、17号地块转售给了粤海关的罗伯特·哈特爵士（Sir Robert Hart）。④这样一来，教会在短短一年内就实现了50%的涨幅，赚得盆满钵满。

好景不长，随着时任两广总督岑春暄对教会的消极态度，使得教会在土地的交易中愈加困难重重，新形势的出现使得教会的物业开始不受欢迎。1906年4月14日，时任主教梅致远（Merel）在写给法国领事的一封信中认为，“建筑物的管理对于宗教人士来说过于微妙，某些租户明知自己不会被驱逐，却恶意

① Auguste Gérard, Ma Mission En Chine（1893-1897）（Paris, Plon-Nourrit et cie, 1918），p. VII.

② Ricci Archives. F6.06_001.

③ Ricci Archives. F6.5_029，dated April 13，1906.

④ 法国南特外交档案中心。

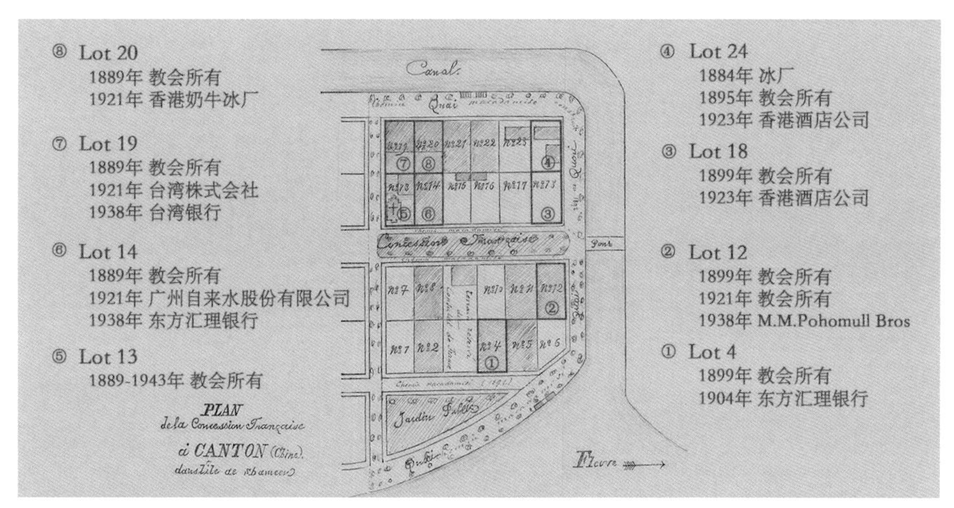

图1-15 教会在沙面的产权变化

（图片来源：底图来源于Ministère de l' Europe et des Affaires étrangères. Concession française deCanton. 1891-1899）

行事。”[①]于是，教会开始陆续将这些物业转手给其他业主。到了1921年，产权档案里只剩下13号、18号、24号地块归天主教会所有。在1923年的记录里，当时新上任的主教魏畅茂（A.Fourquet）成功地将临近东面河涌的18号和24号地块以20万美元的价格抵押给了香港酒店有限公司（The Hongkong Hotel Co., Ltd.）。[②]到了1938年，教会已经售出了所有地块，仅保留了教堂的产权。至此，天主教会在法租界内的利益也画上了句号（图1-15）。

1.3.2 东方汇理银行

1．东方汇理银行广州分行在中法贸易中的作用

东方汇理银行（Banque de l'Indochine）广州分行自1902年3月1日[③]设立以来，在19世纪末至20世纪初的远东贸易版图中，在中法贸易的走向与格局中承担了重要的金融角色。

1901年，东方汇理银行印制了第一张针对中国的纸币，并于1902年投入流通。每张纸币都是英语/法语双语，货币上印有美元/皮阿斯特两种。沙面的广州分行发行的纸币则是由5000张1皮阿斯特、4000张5皮阿斯特、8000张10皮阿斯特和5000张100皮阿斯特组成（图1-16）。

广州分行的设立正值中国南方商品贸易蓬勃发展的时期，成立后的第二年，1903年分行经办的业务就高达16352415瑞士法郎。[④]在日常业务中，广州

① Archives diplomatiques - Centre de Nantes.

② Ricci Archives. Canton Archives Folder. F2.9：1018.

③ BANQUE DE L'INDOCHINE agences de Hong-Kong et Canton东方汇理银行 香港和广州办事处［EB/OL］.（2023-07-16）［2024-03-17］. https://www.entreprises-coloniales.fr/inde-indochine/Bq_Indoch._Hong-Kong.pdf

④ 同上。

图1-16　东方汇理银行沙面分行发行的皮阿斯特纸币

分行积极参与本地及外汇业务。在本地业务层面，分行提供出口或进口货物的预付款以及本地银行的预付款服务，为商家解决资金问题，促进贸易的顺利进行。[①]广州分行也与法租界有着密切合作，在1934年，由于部分码头倒塌和重建需要大笔金额，东方汇理银行向法租界工部局支付了预付款13000港币，而后每年偿还预付款和利息。[②]

在外汇业务层面，分行则专注于特定产品出口业务，广州主要出口丝绸和茶叶等。广州的丝绸贸易尤为繁荣，东方汇理银行广州分行通过提供与丝绸运输有关的跟单汇票贴现等金融服务，进一步推动了该地区丝绸贸易的发展。据记载，1910年广州的丝绸出口量达到了惊人的3.3万包，其中近一半运往法国的里昂市场。通过提供专业的金融服务和支持，分行持续推动了中法之间的贸易发展。

2．东方汇理银行在沙面

随着天主教会在法租界势力的式微，东方汇理银行逐渐成为法国驻穗领事馆的利益伙伴。东方汇理银行最早是在1902年左右获得4号、10号地块的产权，并自用4号地块的部分作为办公空间，剩余部分均为出租使用。然而在1921年之前，该行在地产领域的扩张步伐并未加速。推测受到1934年法租界与工部局合作的影响，至1938年，东方汇理银行的地产权益骤然扩展，囊括了4号、10号、14号、21号及22号五个地块，并且其房租和地租都要低于其他同类型地块。遗憾的是，租赁市场表现并未如预期，[③]于是又在1942年前将21号、22号地块易手他人。至此，东方汇理银行所持有的其余物业一直维系至中华人民共和国成立后期。

我们所熟知的沙面岛上的东方汇理银行旧址其实是位于英租界范围内的沙面一街3号（即英租界55号地块），因其建筑的宏伟与装饰的精致，素有“沙

---

① 向亚洲大市场的扩张（1897–1913年）；转变为“混合银行”。

② 法国南特外交档案中心档案，广州，1934年7月9日。

③ 法国南特外交档案中心。

面第一楼”之美誉。

根据英领事馆的档案资料，55号地块①最初并非东方汇理银行所有。其最早的业主为宝顺洋行②（Dent & Co.），然而，到了1901年，这块地块的所有权发生了变更，由宝顺洋行转让给了印度商人Bai Jeevanbai③。随后的10余年间，该地块又经历了数次所有权的转移和抵押。先是1913年Jivanbai Bomanji Karanjia去世后，其子Nusserwanji Bomanji Karanjia继承了该地块；接着在1914年，N. B. Karanjia将地块抵押给了香港置地公司④（Hong Kong Land Reclamation Co., Ltd.）；而在1917年，地块又被抵押给了香港火灾保险公司（H.K. Fire Insurance Co., Ltd.）。

直到1941年，55号地块最终成为东方汇理银行的物业。1941年4月27日，东方汇理银行广州分行致函沙面特许行政办公室（Shameen Special Administrative District Office），就英租界内54号、55号地块的土地租金和房租急剧上涨问题表达了强烈的不满。据信函所述，1941年时，55号地块的土地租金为1220港币，房租为419港币。到了1942年，这两项费用却分别飙升至819日本军票和2815日本军票。考虑到当时的货币兑换情况，即38日本军票可兑换100港币，那么1942年的租金实际上相当于1941年的583%。

东方汇理银行在信函中明确表示，这些高昂的租金使得他们难以为继。尤其是在55号地块的马文治大厦（Bomanjee Building）中，仅仅居住着4名日本租客，而54号地块的加兰治排屋（Kanrajia Terrace）则情况更为惨淡，仅有一个葡萄牙家庭居住，受太平洋战争的影响，这位租客失业后无力支付如此高昂的租金，导致银行的收入锐减。

尽管东方汇理银行在法租界的地产活动因介入时期较晚且受到日本侵华战争和第二次世界大战的影响，未能带来显著收益，但其在中法贸易交流和法租界建设方面提供的金融支持更为重要，成为沙面英法租界内不可或缺的金融机构。

---

① 英租界新编号为55号，1922年前的地块旧编号为44号。

② 宝顺洋行又名颠地洋行、甸特洋行、邓特洋行、甸德洋行。这是一家由英国人约翰·颠地（John Dent）于19世纪在广州创立的著名英资洋行。在19世纪中叶，宝顺洋行凭借其在鸦片、生丝和茶叶贸易中的主导地位，成为当时在华最重要的洋行之一。

③ 档案中对55号地块业主的名称记录有Bai Jeevanbai、Bomanjee、Jivanbai Bomanji Karanjia等，应为同一人，即在港穗经商的印度商人，其在香港注册的公司名为Bomanjee Karanjia & Co., Ltd.,《近代中国专名翻译词典》翻译为“马文治洋行”，1926年上海出版的《中国商务名录》中，马文治洋行的大股东是加兰治（N.B.Karanjia）。

④ 香港置地公司1889年3月2日成立之初的名为The Hong Kong Land lnvestment and Agency Company Limited，与档案中的英文名称Hong Kong Land Reclamation Co., Ltd. 并非完全相同。其创始人保罗·遮打（Paul Chater）在香港曾提出海傍东填海计划（Praya East Reclamation Scheme），且保罗·遮打在沙面购置大量土地，推测这两个英文名称应意指同一公司，档案名应很可能是公司在特定时期或特定项目中使用的别名或分支机构名称。

第 2 章　百年建筑

2.1 租界教会地产

在建设之初，“法国兵营旧址”所在的14号地块便因紧邻露德圣母堂而受到天主教会的青睐。与其他地块频繁易主、作为私人宅邸的命运不同，它始终都是各种重要机构和组织争相竞夺的热门地块。究其原因，无外乎是其优越的地理位置和宜人的景观条件，既可悠然俯瞰沙面大街的榕树婆娑，又能远离水患。巴黎外方传教会、广州自来水股份有限公司、东方汇理银行……这些与沙面法租界利益紧密相连的主体，都曾在这座建筑留下印记。

1886年，巴黎外方传教会获得了毗邻英租界、南邻中央大街的13号极佳地块，用以建设法租界内的天主教堂（图2–1）。三年后的1889年11月6日，在法国驻广州领事于雅乐的统筹规划下，沙面法租界内进行了地块拍卖，此次拍卖涉及了法租界尚未出让的20个地块。其中，巴黎外方传教会（Missions Etrangères de Paris，M. E. P.）则成功购得了与教堂地块相邻的14号、19号、20号三个地块（图2–2），每个地块的地价为810美元，并需支付财产税20美元[①]。

在圣心大教堂（建设时间1863～1888年）竣工之后，教会开始着手建设沙

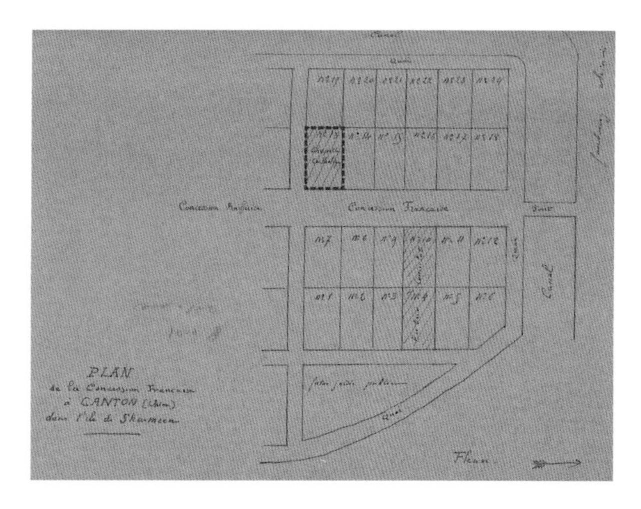

图2–1　露德圣母堂地块范围（1889年）
（图片来源：Ministère de l’ Europe et des Affaires étrangères. Concession française de Canton. 1884-1890）

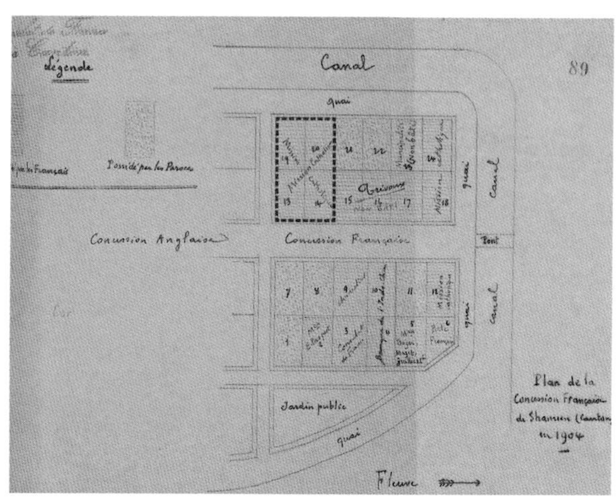

图2–2　露德圣母堂及周边三个地块（1904年）
（图片来源：Ministère de l’ Europe et des Affaires étrangères. Concession française de Canton. 1900-1906）

① Ricci Archives. F2.1 015. 原文为：“Municipalité Française de Shameen. Impôt pour l’année prenant fin le 31 décembre 1890,” filled-out property tax form of the French city of Shameen for lots #14，19，20，$20 each for a total demand of $60，addressed to Monseignieur Augustin Chausse, representing the Catholic Mission in Guangdong, signed by L. Flayelle, dated 24 September 1890.
“法国沙面工部局1890年12月31日的年度税”，提交的沙面法租界财产税，14号、19号、20号地块均为20美元，总计60美元。致天主教会广州教区主教奥古斯丁·邵斯（Augustin Chausse），由M. Léonce Flayelle（1897～1900年期间法国驻广州领事）签名。

面租界的露德圣母堂，该教堂于1890年左右建成，建筑采用哥特复兴风格。教堂风格与细部与19世纪末巴黎外方传教会在其他租界地所建的教堂如出一辙，彰显了法国天主教会在广州地区的正统地位。

土地拍卖以后，教会所得的相邻地块也迅速投入建设。到了1893年（图2–3），教堂东侧的14号地块以及北侧19号地块的建筑均已竣工。形式统一的院墙将各处建筑的前院与林荫道分隔开来，教堂东侧的"法国兵营旧址"（14号地块）与教堂院落之间由院墙相隔。两座建筑均采用典型的早期西方外廊式风格，首层券廊、二层柱廊，四坡屋顶上有烟囱伸出，女儿墙上的装饰元素与教堂保持一致，均采用了圆形四叶草图案。在教堂及附属用地的布局上，14号地块的建筑面南而立，朝向中央大街，其立面设计为首层券廊搭配二层塔司干倚柱柱廊；相较之下，16号地块的建筑则西向面对英法租界的边界，其立面下层为券廊，二层为柯林斯柱廊，柱式选择更为考究。教会在拍地之初便有所考量，地块之间既相互独立又有关联，可分可合，为日后的出让和出租提供了良好的条件。

在波士顿大学利玛窦中西文化历史研究所（Ricci Institute for Chinese-Western Cultural History, Boston University）收录的关于广州教区档案中，一封1899年的书信揭示了14号地块的信息。信件由沙面法租界工部局（Stationary of the Municipalité Française de Shameen）撰写，致函广州教区主教奥古斯丁・邵斯，其内容提及：

图2–3　1893年的露德圣母堂及周边建筑
（图片来源：Harvard-Yenching Library）

提请阁下注意，位于沙面法租界内教会的14号地块的住宅，该房屋目前是Alvéz先生在使用，水管破裂污秽，亟待修补①。

事实上，当时天主教会在广州打造了庞大的房地产帝国，教会购买了大量土地、住宅或商铺。据记载，仅1861～1892年，广州教区便购置了130块大教堂周围的房产，这些房屋多出租给外籍人士或天主教家庭。②上述信件虽为我们提供了14号地块1899年的使用者信息，然而，关于Alvéz先生的具体身份，却并未有详细记载。他或许是教会的工作人员，亦或许是普通的租客。

那么，14号地块究竟最原始用途是什么？它又为何被冠以“法国兵营”之名？

据《广州文史资料》第44辑所载，露德圣母堂旁曾设有传教士寓所③。我们推测这较有可能是14号地块的最初用途。教会在建造自用物业时，往往会使用其独特的哥特复兴式建筑元素。例如，在露德圣母堂副楼及圣心大教堂的传教士住宅等自用物业上，可以看到它们采用了与教堂相似的四叶草纹样。而在地砖纹样上，圣心大教堂主教府亦采用了相同的三叶草纹样波打线砖。这些细节都能在“法国兵营旧址”上找到痕迹，彰显了建筑的宗教属性，提供了辨识教会自用物业的重要依据。

在《全国重点文物保护单位——广州沙面建筑群保护规划》中，14号地块被命名为“法国兵营旧址”。通过走访编制组，我们得知2000年前后在编制保护规划的过程中，当为沙面大街10号前座文物建筑溯源时，关于这座建筑的用途并无确凿的书面证据。据编制组成员们回忆，当时他们曾依据当地老人的描述，得知法国巡捕房的士兵曾在此居住，并在南侧的中央大街上操练。因此，这座建筑被命名为“法国兵营”。类似的，沙面建筑群中还有一处被命名为“法国军官住宅”的建筑，在很长一段时间内（约1899～1924年）也都属于教会物业。推测应是由于教会曾将这些物业出租给在东桥守卫的法国巡捕房军官与士兵使用。

故此，沙面大街10号（法租界14号地块）最初于1889年被巴黎外方传教会

---

① Ricci Archives. F2.1. 原文为：“… l’ attention de Votre Grandeur sur l’état de saleté et de degradation dans lequel se trouve la maison appartenant à la Mission sur le lot No. 14 de la Concession Française et occupée en dernier lieu per Mr. Alvéz,” hand-written letter to Augustin Chausse邵斯, Prefect Apostolic of Guangzhou, on stationary of the Municipalité Française de Shameen [Shamian沙面], dated Guangzhou 31 January 1899, about the filthiness of lot #14, occupied by a Mr. Alvéz, mainly due to broken sewage pipes, as reported by the municipal chief of police, request to proceed and undertake necessary repairs, written by the municipal secretary, illegible signatur.

② XIANG H Y. LAND, CHURCH, AND POWER:FRENCH CATHOLIC MISSION IN GUANGZHOU, 1840-1930 [D]. Philadelphia: The Pennsylvania State University, 2014.

③ 中国人民政治协商会议广州市委员会文史资料研究委员会. 沙面的租界与洋行 [M]. 广州：广东人民出版社，1992.

购得，并于1893年前完成建设，至少至1904年教会都在持有这处物业。[①]究其功能，最早应为教会的自用物业，可能是作为法国传教士的住宅使用。而后，教会可能在某个时期将其出租给了法租界巡捕房内的士兵使用，逐渐成为我们所熟知的“法国兵营”。

2.2 民国时期私有物业

2.2.1 广州自来水股份有限公司

在法国外交部档案馆南特分馆中的法国驻中国领事馆一份1921年的档案中，14号地块业主登记为“Cie Gale d’Ex. C.”——即广州自来水股份有限公司（Compagnie Générale des Eaux de Canton）的缩写，地块估值从3840美元飙升至5000美元，相应的税费从192美元增长到了250美元[②]。

广州自来水股份有限公司的前身为广东省河自来水公司，成立于清朝光绪三十一年（1905年）10月，为上海商人与两广总督岑春煊发起合股筹建，分别在上海成立董事局和在广州成立董事会，并于现在的人民南路新亚酒店购置办公楼。当时勘定以位于广州西部的增埗河为原水取水点。1906年6月，“增埗水厂”（即现在的西村水厂）动工，1908年6月，增埗水厂建成试运行[③]。

增埗水厂是广州市第一个自来水厂，整个工程都引发了极大的关注。在法国驻广州领事与法国外交部的通信记录中，广东自来水公司盛情邀请沙面岛上的欧洲居民及相关部门参加1908年8月16日的揭牌仪式。当时，增埗水厂的供水能力已达到每小时1350吨，足以满足广州市区西关、南关和禺山市等区域的需求。

在1912～1913年期间，沙面水塔和自来水供水系统开始建造[④]。不久后的1916年，沙面水厂也顺利落成。该自来水系统由英法租界内各户集资、英工务局筹建而成，有东西两方面来水，采用“坎迪（Candy）过滤系统”方案，供应沙面租界内各地块用户的生活用水。增埗水厂和沙面水厂先后建设，成为广东在中华人民共和国成立前仅有的两家投入使用的自来水厂。

---

① 根据附图3中法租界地图（1904年）推测。

② Archives diplomatiques-Centre de Nantes. 原文为打印字体“Cie Gale d’Ex.O.”，应为笔误。

③ 广州自来水今年届百岁［N］. 广州日报，2005-05-18.

④ 哈罗德·斯特. 沙面要事日记：1859−1938［M］. 普尔斯−史密斯，麦胜文，译. 广州：花城出版社，2020.

1915年（民国四年），广州自来水公司改成商办企业，改名广州自来水股份有限公司。全部股本重新计算，股东大会将收回的官股（清时拨付）6万股出让给十三行银业界和南洋采胶业华商。1916年盈利9万多两白银，1922年盈利15万两。[①]正是在这一时期，广州自来水股份有限公司成为沙面14号地块业主。

依据现有史料，我们大致推测了这段历史脉络：1908年增埗水厂的成功建成与运营，为广东省河自来水公司赢得了英法租界领事及居民的信任；沙面地区长期缺乏自来水而面临的困境，促使英法租界向该公司发出建设邀请。四年后，沙面水塔和水厂相继落成。这可能解释了为何在1921年的档案中，我们会看到广州自来水股份有限公司成了法租界14号地块的产权人。

2.2.2 东方汇理银行

根据1938年的档案记载，14号地块的产权人变更为东方汇理银行（Banque de l'Indochine），税费维持在250美元，房产租金为494美元[②]。东方汇理银行是法国政府授权在远方投资的少数机构之一，在法租界内拥有着广泛的影响力。除了14号地块，它还同时投资了法租界内的多个地块。作为法租界的主要业主之一，它一直与法租界的利益紧密相连。在其鼎盛时期，它不仅是法国政府在远东地区的重要金融机构，还是众多外商企业在华业务的重要合作伙伴（图2-4、图2-5）。

图2-4 位于4号地块的早期东方汇理银行

（图片来源：ARNOLD W. Twentieth century impressions of Hong-kong, Shanghai, and other treaty ports of China[M]. London: Lloyd's Greater Britain Pub. Co., 1908: 792.）

图2-5 东方汇理银行旧址现状

① 广州自来水流淌110年［N］. 广州日报.

② Archives diplomatiques-Centre de Nantes. Etat Des Recettes Pour Les Impots Locatif Et Foncier Annee 1938.

2.3　中华人民共和国成立后国有公房

1949年中华人民共和国成立后，上海东方汇理银行被政府批准为外汇业务的“指定银行”。然而，随着外商企业纷纷撤出上海，东方汇理银行的业务日益惨淡。1955年，这家历史悠久的银行不得不向中国政府提出申请停业清理的请求，并最终获得了批准。14号地块的产权人也随之变更为“地外字17号黄能德（法）”，后因政府出台产权不再允许代管的规定，“法国兵营旧址”在1956年转为公产。

2.3.1　中国电影发行公司（1951 ~ 1969年）

现存于沙面街道办事处的一份1952年档案中，时任中国电影发行公司华南分公司副经理的丁达明向东方汇理银行续租了位于复兴路10 ~ 12号（现沙面大街10 ~ 12号）的“法国兵营旧址”，租约由东方汇理银行和丁达明签署（图2-6）。

租约内容为：

“双方同意，本租约照原订条款，延长两年，由一九五二年九月一日起，延长至一九五四年八月三十一日止。

出租人：BANQUE DE L’INDOCHINE ANGECE DE CANTON东方汇理银行广州分行”

1954年8月23日的租值计算表显示：

房屋面积为1420平方米，租金约为4194561元，土地面积为1201平方米，租金为1261400元，房地产月租合计5455961元，在此基础上浮增加20%的设备租金。整栋建筑合计租金约6547200元[1]（图2-7）。

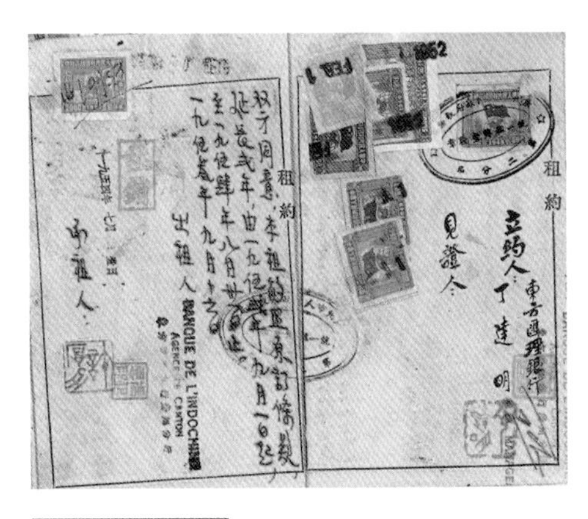

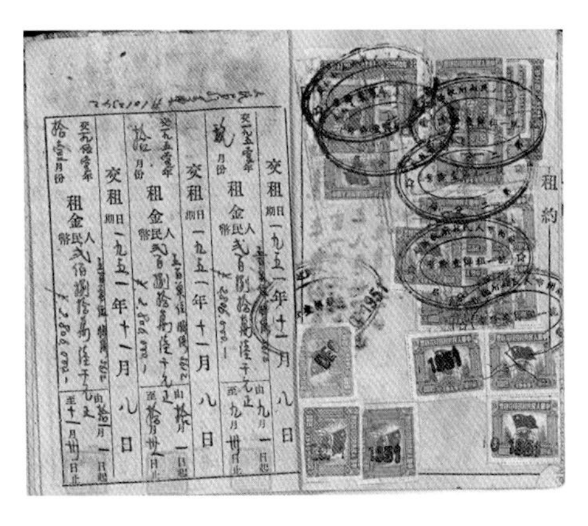

图2-6　1951年租金记录

图2-7　1954年租约

（图片来源：沙面街道办事处档案）

① 1955年前后通货膨胀严重，1955年3月，中国人民银行印发第二套人民币，1元新币等于10000元旧币。

1969年12月1日，省电影幻灯服务站（原中国电影发行公司华南分公司）申请退租位于此处物业，迁往越秀中路125号，此时每月租金仍维持在654.70元。

在此期间，“法国兵营旧址”与东侧的沙面大街8号（今沙面街道办事处）一同作为中国电影发行公司的华南分公司，成了新中国电影发行事业的重要地点。丁达明在华南工作期间，主要致力于新中国电影发行事业的筹建工作。中华人民共和国成立伊始，国营厂出品的故事影片在市场上数量尚少，处于劣势地位。丁达明等通过统一排映、扩大宣传等行动扩大了国产影片的影响。这时的中国电影发行公司华南分公司主要负责国产电影的发行宣传、基层电影放映工作，为华南地区电影事业的蓬勃发展奠定了坚实的基础。

1959年，“法国兵营旧址”作为广州市电影发行站，与东侧的广东省电影发行放映公司一同作为电影发行与放映的办公场地。为满足大空间放映的需求，中国电影公司对其进行了大刀阔斧的改造。

1962年2月21日，广州市人委沙面办事处组织对复兴路10、12号进行了测绘工作，这是已知最早的测绘图纸。然而非常可惜的是，由于当时作为放映厅使用，其内部空间已经经历了较大的调整。

仔细研究其平面图，我们可以识别历史信息与改造痕迹：

1．小空间到大空间的转变

建筑原有的单元式住宅布局被改变，取而代之的是宽敞的电影放映厅和集体办公空间。首层的东南侧两个房间被合并成一个宽敞的空间，原有的分隔墙体和壁炉被拆除，部分原有墙体被保留作为墙垛，支撑新增的钢筋混凝土梁。这些梁的断面较小，两侧还保留着原天花装饰线条（图2-8、图2-9）。在首层展厅中，我们仍然可以观察到这些历史的痕迹。

图2-8　20世纪50年代后加混凝土梁

图2-9　梁两侧的天花装饰线条及透气带纹样痕迹

在平面布局上，重新组织了平面功能并且形成了三条主要的流线。西侧的一组四个空间构成了办公区，通过主入口进入，同时又将内部划分为两个较大的办公区域，并且通过门洞相连；第二条流线则通过中间的入口直接通往二层，并在入口与楼梯间的右侧新增墙体，形成了一条完全独立的流线；第三条流线则通往右侧的两个大空间，图纸上未明确其功能，根据其平面布局推测可能为展厅或者另一个办公区。由此，在首层平面组织区分了内部办公流线以及二层观影流线（图2–10）。

建筑的二层为放映功能，南侧四个房间被改造成为放映厅与放映机房。其中，西侧三个房间打通作为大型的放映厅。东北角和西北角则各设置了一组放映室（图2–11）。由于东北角原状一直是大空间的格局，在后续历年的使用中改动并不大，此处的内部装饰元素得以完整保存。直至2001年的测绘图中，壁炉和推拉门依然清晰可见。

在屋面平面图中，我们可以看到建筑的四坡顶已经被改造为两组双坡顶，并在南北两侧和中间设有平台（图2–12、图2–13）。1968年的航拍图与测绘图相互印证，尽管航拍图并不清晰，但依然可以辨认出屋面的改建痕迹，屋顶上的烟囱已经不复存在（图2–14）。

2．结构体系调整

在平面功能调整的过程中，业主拆除了不少承重横墙，对屋顶结构进行了改造，并重新构建了结构体系，使得建筑由砖木结构转变为砖混结构。然而，受限于当时的技术条件，加固技术在实施过程中尚不成熟。在增加混凝土梁的过程中，缺乏缜密的计算过程，这导致加固的实施结果并未形成一个

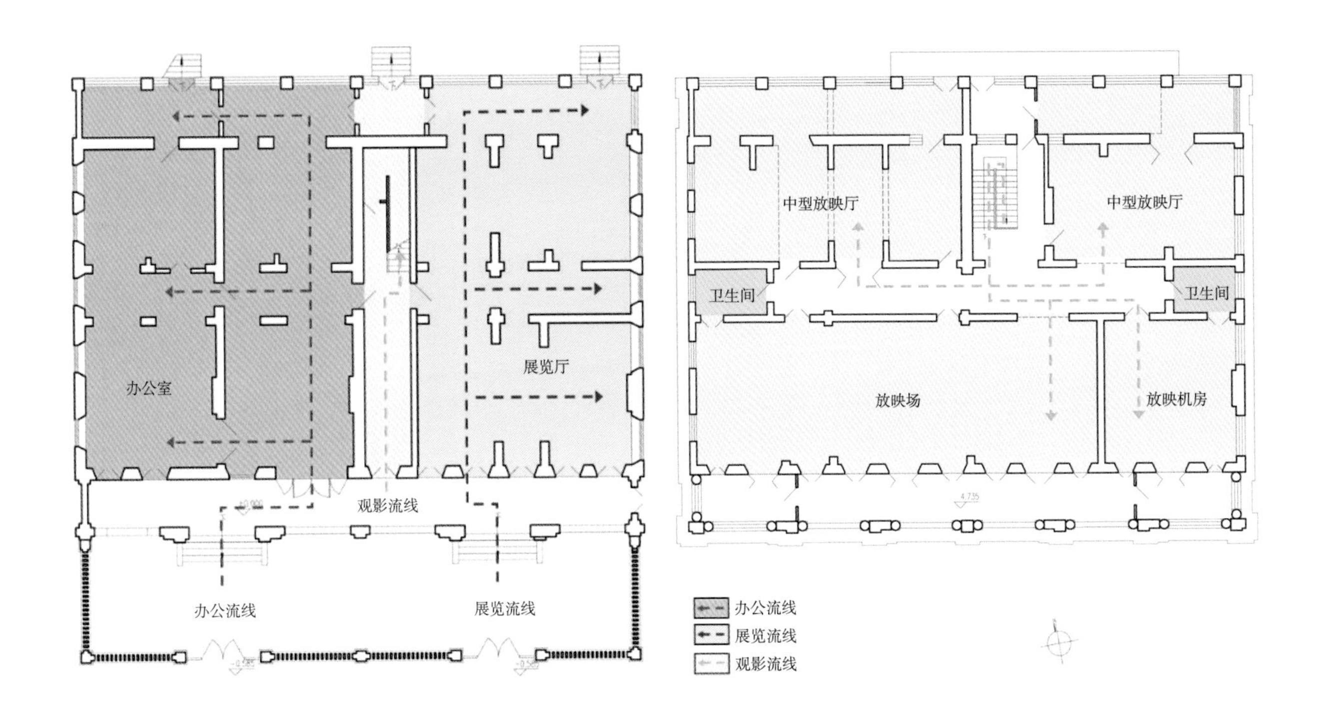

图2–10　首层功能分区及流线分析
（图片来源：据1962年档案重绘）

图2–11　二层平面图功能及流线
（图片来源：据1962年档案重绘）

完整的体系。

此次增加的梁具有几个明显的时代特征：首先，其断面较小，截面接近方形，尺寸仅为240毫米（w）×450毫米（h）；其次，从裸露的钢筋来看（图2-15），当时采用的钢筋为方钢，这是20世纪中叶钢筋的典型特征。

此外，在拆除二层横墙后，原木屋架因失去竖向支撑结构而无法维持稳定。为确保建筑安全，整个屋面不得不进行重建。这也正是1968年影像图中显示四坡顶被改建为两个双坡顶的原因所在。

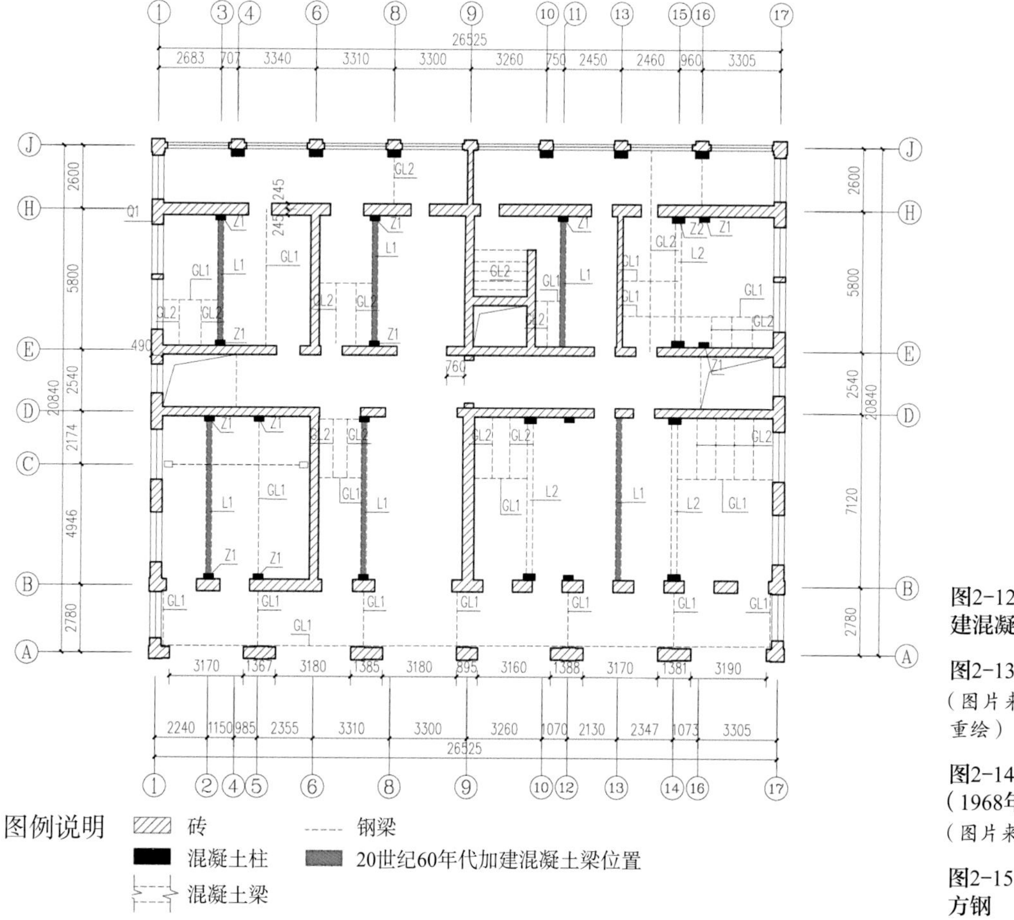

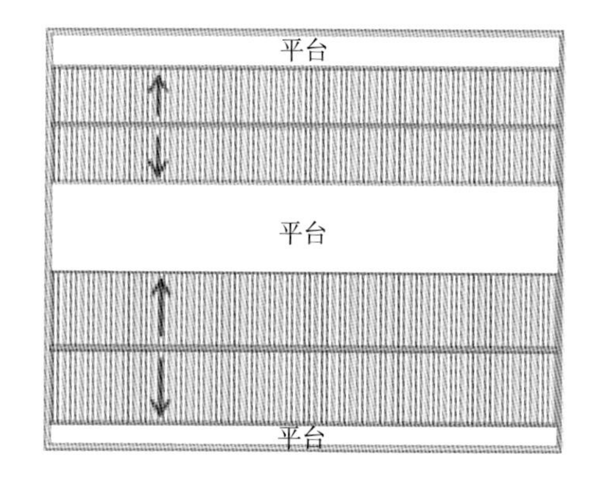

图2-12 20世纪60年代加建混凝土梁位置

图2-13 屋顶层平面图
（图片来源：据1962年档案重绘）

图2-14 沙面航拍图（1968年）
（图片来源：网络）

图2-15 混凝土梁内的方钢

图2-16　露德圣母堂及相邻地块历史照片（1893年）
（图片来源：Harvard-Yenching Library）

图2-17　沙面航拍图（1932年）
（图片来源：网络）

3．周边场地情况

首层平面图显示，建筑的西北角和东北角均有一组建筑。西北角是一座窄长的单层仓库，进深约15米，宽度约3米。然而，根据1893年的历史照片（图2-16），这一位置原本应该是一处二层进深约8米的副楼。因此，我们合理推测，现有的单层仓库并非原始建筑，而是后期的重建。

在场地的东北角建有一组L形的外廊式建筑，该建筑在二层通过楼梯与主楼后加的飘台相连，档案中描述其为砖木结构。通过1932年的航拍照片来判断（图2-17），当时在建筑东北角就已经存在一栋副楼。结合历史照片以及此副楼的房间尺度、建筑高度以及结构形式判断，这栋建筑有较大可能性是原状保留下来的副楼。

2.3.2　广州市供销合作社（1971～2003年）

1971年5月1日，广州市供销总社申请承租此栋房屋，当时每月的租金仍然维持654.70元（图2-18）。在1984～2003年期间，它又被市供销合作社下属的广州市物资回收公司和广州市再生资源开发公司相继租用。与20世纪70年

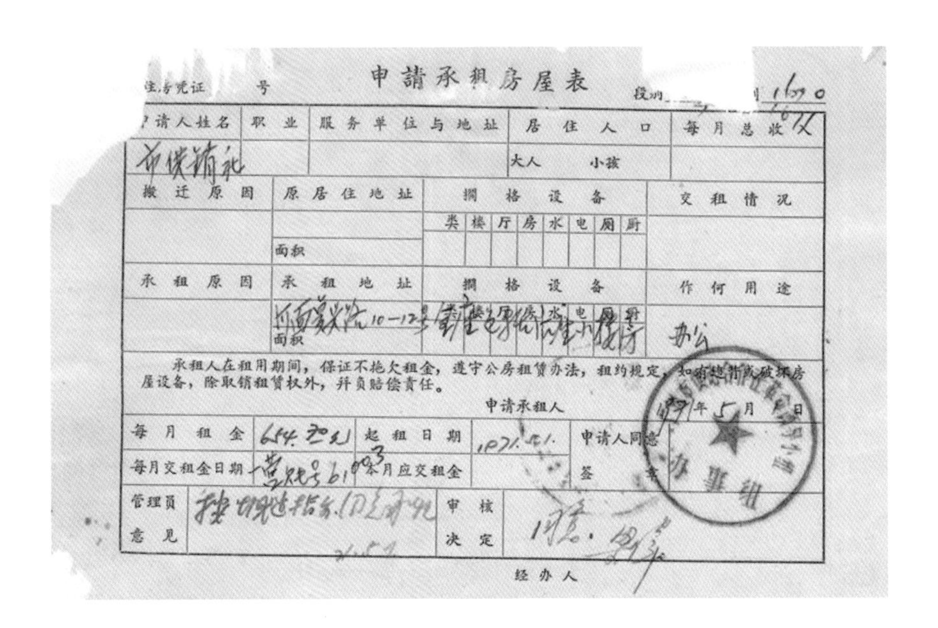

申請承租房屋表

住房凭证　号

申请人姓名	职业	服务单位与地址	居住人口	每月总收
市供销社			大人　小孩	
搬迁原因	原居住地址	搁格设备		交租情况
	面积	类 楼 厅 房 水 电 厕 厨		
承租原因	承租地址	搁格设备		作何用途
	面积			办公

承租人在租用期间，保证不拖欠租金，遵守公房租赁办法，租约规定，如有违背或破坏房屋设备，除取销租赁权外，并负赔偿责任。

申请承租人

年　5　月　日

每月租金	654.70元	起租日期	1971.5.1.	申请人同意
每月交租金日期		本月应交租金		签章
管理员意见		审核决定		

经办人

图2-18　广州市供销总社申请承租房屋表（1971年）

代稳定租金不同，1987年的评定月租就已经增长至4667.10元，1988年大涨至6931.33元，1991年飙升至16834.51元。

1985年的历史照片中显示，建筑前院用作旅游公司，当时围墙的形式和高度经过了改建。再聚焦照片中的建筑局部，建筑立面为黄色石灰水，壁柱颜色为突出的正红色，比对1893年的历史照片，壁柱色彩明度与立面颜色并无如此大之差异，红色壁柱应为后期不当粉刷，其原本颜色材质可能与立面黄色石灰水不同。照片局部还显示了更多建筑细部：一层拱券的上部还有三角形白色装饰线条，券心石有多层线脚，壁柱基座有与花岗石扶手相呼应的放大线条，铸铁落水管原为铸铁灰色，绿色琉璃陶瓶上承花岗岩条石扶手。

1987年的街道档案显示，房屋面积登记为1189.34平方米，到了1991年，天台就出现了335.38平方米的加层。天台的加建也增加了1497.8元的租金[①]。因此，建筑拆建原屋面并加建三层的建设时间应是1987～1991年。

依据2001年9月的测绘图档与2004年的结构鉴定报告，该建筑为适应办公需求进行了加建与结构调整。具体改动包括：加建三层楼，采用现浇钢筋混凝土梁板结构与钢屋面；在首层与二层间增设截面尺寸为200毫米×400毫米和

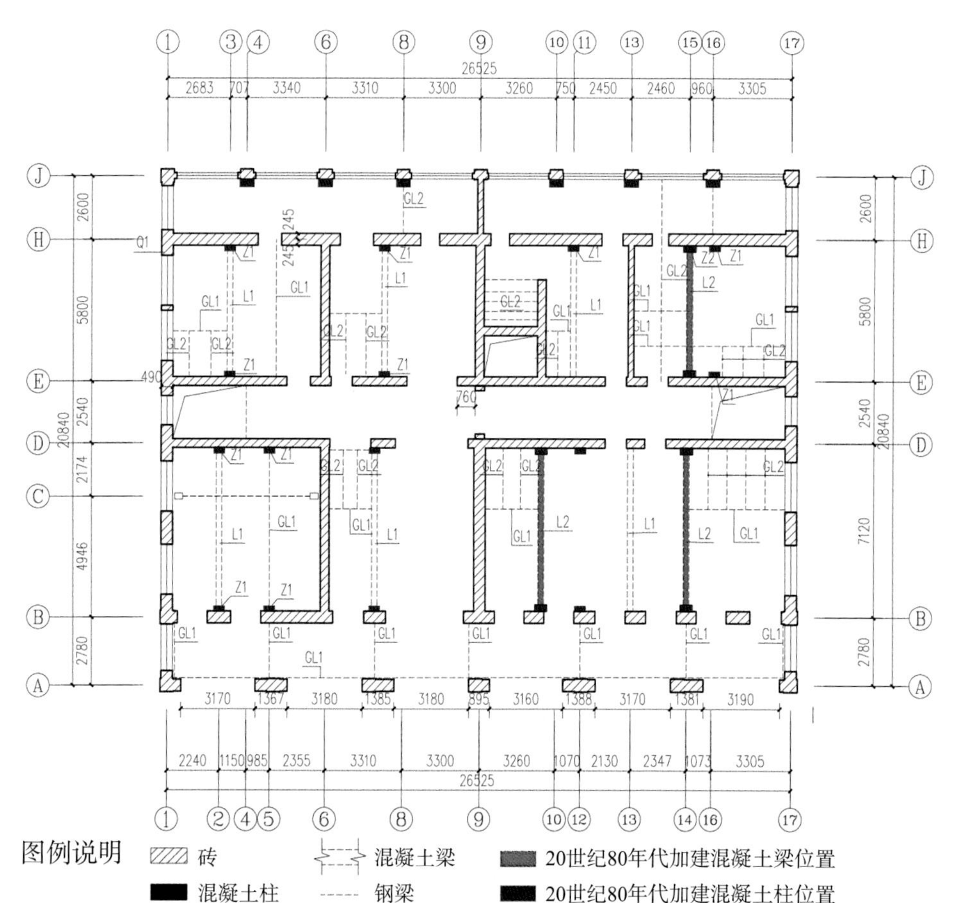

图2-19　20世纪80年代加建混凝土梁柱

① 沙面街道办事处档案。

250毫米×500毫米的混凝土柱，与原有砖砌体共同承重；同时增加截面尺寸为250毫米×600毫米的钢筋混凝土梁；并在首层拆除承重墙处使用加气混凝土砌块进行修补，恢复了小开间格局（图2-19）。

1998年照片显示建筑立面已经过翻新，建筑立面改为灰色水刷石，水刷石的痕迹现今在基座部分仍有保留，二层花岗石横梁粉刷为灰色，首层和二层的花岗石扶手粉刷为白色，壁柱柱身和部分装饰线条粉刷绿色，壁柱柱础的装饰线条被取消。由于外廊上加建了防盗网和玻璃窗扇，首层券廊的券心石被取消；加建三层结构和雨篷，原本镂空女儿墙变为实墙。2009年修缮前的照片中，封闭外廊的门窗框颜色改为深棕色，拱券和壁柱改为白色（图2-20～图2-22）。

图2-20　1985年荷兰人Aad van der Drift（阿德·范德·德瑞夫特）拍摄的“法国兵营旧址”庭院

图2-21　1998年拍摄的文物建筑南立面
（图片来源：文物档案）

图2-22　2009年亚运工程施工前/施工后

2.3.3　私用商业（2004～2023年）

进入21世纪以后，沙面的大部分建筑开始转型为经营性场所。沙面大街上聚集了不少烧烤摊档，本栋建筑曾一度用作卡拉OK娱乐场，其立面因此经历了较大的改动，失去了原有的历史风貌。

在2009年亚运工程的沙面建筑群保养维护契机中，这座建筑的立面得到了修复和重现，院墙、外廊、木百叶门窗、镂空女儿墙以及拱券线条和券心石等建筑构件和装饰元素都被一一恢复，立面主体恢复为黄色，文物本体部分颜色与三层加建和恢复的女儿墙部分略有不同。2010～2017年，这座建筑作为威斯顿酒店使用，其室内格局为适应酒店功能和消防要求而进行了较大调整。2017

年该建筑作为母婴会所，再次装修后投入使用。

2010年，“法国兵营旧址”改为威斯顿酒店对外经营使用。在获得经营许可证前，酒店必须通过消防验收。因此，在改动过程中，平面布局和结构经历了显著变动（图2-23、图2-24）。

图2-23　2017年所摄母婴会所使用时期
（图片来源：文物档案）

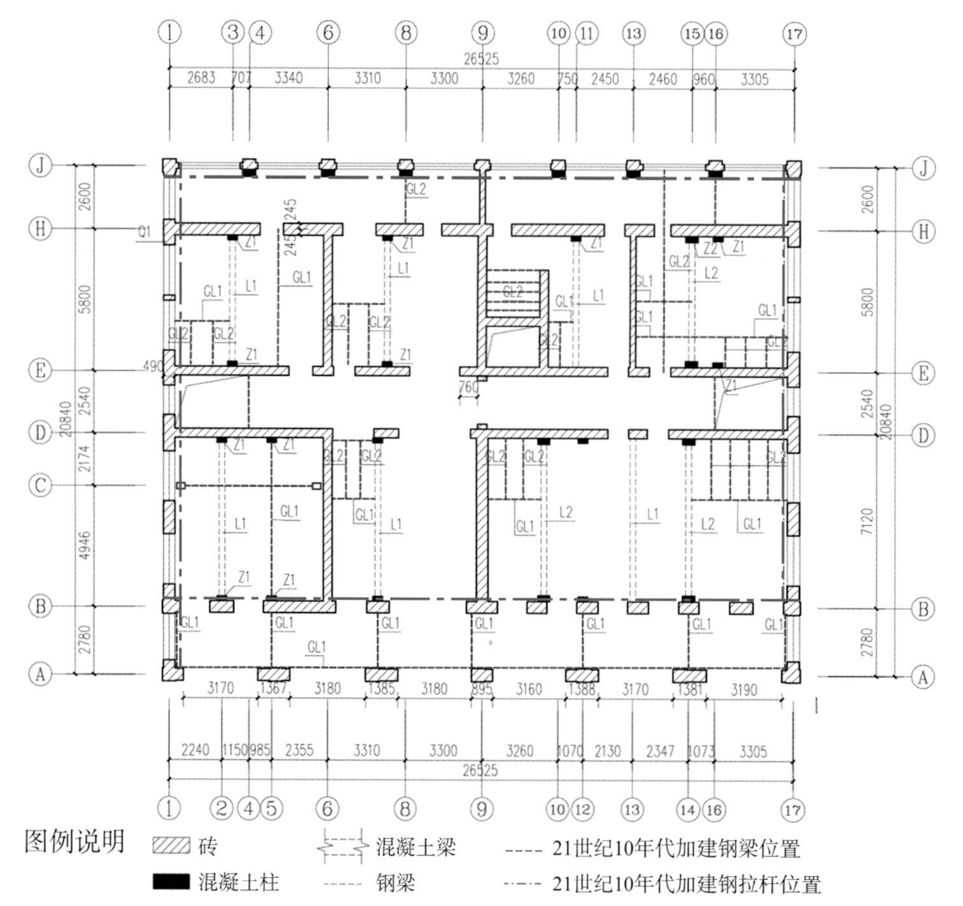

图2-24　21世纪10年代加建钢构件

1．平面交通及疏散流线的调整

为了满足消防规定中关于疏散楼梯的设置要求，酒店拆除了原状极具价值的木楼梯，并在内廊两端新建了钢结构楼梯。同时，原楼梯位置被改造为电梯空间，以满足酒店的运营需求。

2．消防系统的增设

改造过程中，酒店引入了完备的消防系统和设施。由于建筑内部空间的限制，酒店在南侧庭院中开挖了一个尺寸为9300毫米×3900毫米的消防水池。消防水泵房被设置在楼梯间的北侧，配备了必要的消防设备。此外，酒店在室内和南廊处都增设了喷淋系统。在南廊处还增设了一条*DN*100毫米的主管与室外的水泵接合器相连，影响了南廊的完整性。最终该项目顺利通过了消防审批，成为沙面建筑群中屈指可数能通过消防审批并验收的项目。

3．钢结构的引入

为了满足酒店客房配备独立卫生间的需求，酒店需要在每个房间内新增卫生间设施。为支承各客房内新增的200毫米厚加气混凝土砌块墙体，酒店在每个卫生间下方都加装了工字型钢梁。

2.4　使用记录

沙面“法国兵营旧址”建筑距今已有130余年的历史，随着其作为租界住宅、国企办公室、私营场所的功能转变，历任业主都对其进行了不同规模的改建。建筑虽然饱经风雨，建筑结构经过改建，局部建筑构件灭失，但是建筑原初的砖构承重墙体、木构楼板仍大部分保留了下来，作为时间的见证（表2–1）。

“法国兵营旧址”历史沿革　　表2–1

时间	地块业主	建筑用途	建筑改造
1889年	巴黎外方传教会 M. E. P.	较有可能是传教士住宅	1889～1893年间建成
1921年	广州自来水股份有限公司 Cie Gale d’Ex. C.	—	—
1938～1954年	东方汇理银行 Banque de l’Indochine	—	—

续表

时间	地块业主	建筑用途	建筑改造
1954 ~ 1969年	广州市荔湾区沙面街道办	中国电影发行公司、广州市电影发行公司、广东省电影幻灯服务站	二层房间打通用作放影场，首层房间隔墙取消作为大空间，屋顶形式改变
1971 ~ 1984年		广州市供销合作社	加建后座建筑，院墙改建
1984 ~ 2003年	广州市荔湾区沙面街道房管科	广州市物资回收公司、广州市再生资源开发公司办公室	建筑加建3层轻钢结构，建筑结构整体加固，建筑立面改为灰色和绿色，外廊封闭为室内
2004 ~ 2009年		某文化公司	—
2010 ~ 2017年		威斯顿酒店	建筑整体改造，恢复南外廊、院墙，加建电梯、改建楼梯，房间加建卫生间
2017 ~ 2023年		母婴会所	庭院外侧整体抬高，院墙和立面油漆因台风雨水浸泡而重刷

第3章　建筑艺术

3.1 风格与格局

自18世纪后半叶至20世纪初，外廊式建筑在印度、东南亚、东亚、澳大利亚以及太平洋群岛等与东亚紧密联系的地区广为流行。远至非洲的印度洋沿岸、南非、中非的喀麦隆，乃至美国南部和加勒比海地区，都能见到这种建筑风格[①]。外廊式建筑最早由印度、东南亚等地，通过广州十三行传入中国[②]；在中国澳门和香港，此类建筑曾广泛应用于军事、市政、商业等公共建筑中。

“法国兵营旧址”建于19世纪90年代，是沙面法租界最早建造的一批建筑，也是沙面目前历史最为悠久的建筑之一。建筑南立面设六个开间，首层券廊设置了两处凸出于立面的入口，辅以台阶，引导人拾级而上；二层采用塔司干小柱的柱廊；北立面设八个开间，与室内四个房间相对应，两层皆为券廊，是当时流行的外廊式风格的典型代表。

3.1.1 外廊式建筑风格

1. 样式发展：从广州十三行到沙面

广东是外廊式建筑传入中国的最初地点[③]，外廊式建筑最早登陆中国，是通过十三行商馆区。十三行设立于清康熙二十五年（1686年），是清政府与西洋贸易的官方关口。在清乾隆二十二年（1757年）实行粤海关“一口通商”以后的八十余年，十三行是中国对外贸易的唯一关口。

洋商乘着季风来到珠江河口，他们的中国之旅始于澳门的港口，再由水官带领沿着前航道经过广州城、停靠十三行驳岸。行商是中国商人和外国商人的中间人，得到户部的官方许可，负责担保外商的食宿和经商行为。

最早期的洋行是岭南传统形式的，由本地行商建造、租赁给外商。十三行于1743年发生了严重火灾，在此以后西方商人参与了重建工作。“经过1767年之翻修，（在十三行之）法国洋行……借用了17世纪及18世纪法国建筑的古典巴洛克和新古典主义的特征，从而表达对古典式图纹有节奏地复制，并以明显

① 藤森照信. 外廊样式——中国近代建筑的原点［J］. 张复合，译. 建筑学报，1993.

② 汪坦，藤森照信. 中国近代建筑总览 广州篇［M］. 北京：中国建筑工业出版社，1992.

③ 李传义. 外廊建筑形态比较研究［C］//汪坦，张复合. 第五次中国近代建筑史研究讨论会论文集. 北京：中国建筑工业出版社，1998.

对称的方式组织起来。典型的图案包括山墙、立柱、壁柱及柱廊的使用。整个立面呈现出粤式与西式元素的合奏。”[①]在流行于1760～1800年的广州城全景图中，细致描绘了十三行商馆区沿岸商馆的景致——商馆区既是他们短暂停留的港湾，也是他们对于广州的全部印象。早期商馆建筑首层为青砖立面，以壁柱、门楣山花装饰，二层则设置拱廊配以宝瓶栏杆；而新英国馆则首层、二层均采用柱廊式，这种外廊式建筑的实践甚至早于香港，成为西方建筑在岭南本土化建造重要的范式来源（图3–1～图3–3）。

在十三行时期，建筑以青砖承重墙和坡屋顶砌筑，在立面的门楣上添加西式山花、在建筑二层砌筑柱廊。“在洋行的上层，通常有一个回廊，有时会以云石铺砌……”[②]说明本土发达的石作技艺已经充分参与到商馆的建造中。

从十三行到沙面租界的转变，主要是《南京条约》和《沙面租借条约》签订以后发生的，洋商开始利用设立在珠江后航道的仓储建筑存储货物，而不囿于十三行的竹筒屋，商业行政空间与仓储空间分离。19世纪中叶，洋行冲脱了东印度公司的垄断束缚，取代了商馆经营完整的代办业务。沙面租界划分给英法以后，将地块出卖给这些洋行。沙面租界的规划受到花园城市的影响，以林荫大道和公共公园组织公共空间，体现了外国商人体面的生活和办公的需求。彼时，驻地沙面的跨国公司终于可以彻底而自由地采用西方建筑风格和建造技术，借助中

⑤荷兰馆

图3-1　《广州全景图》局部
（图片来源：1760年，大英图书馆藏，佚名）

图3-2　从集义行（荷兰馆）顶楼眺望广州全景
（图片来源：香港艺术馆藏）

图3-3　广州法庭外景（绢本·油画）
（图片来源：（美国）亨利·弗朗西斯·杜·庞特·温特玛博物馆藏，（中国）史贝霖（传）作）

---

① Schopp, Susan, “Sino-French Trade at Canton, 1693-1842”, Hong Kong University Press, 2020, P96. 译文转引自 工匠设计及保育事务所有限公司. 沙面前东方汇理银行大楼保护管理计划书[M]. 香港: 誉德莱教育机构（香港）有限公司, 2022.

② Downs, Jacques, “The Golden Ghetto, The American Commercial Community at Canton and the Shaping of American China Policy, 1784-1844”, Hong Kong University Press（HK）, 2014，P27. 译文转引自 工匠设计及保育事务所有限公司. 沙面前东方汇理银行大楼保护管理计划书[M]. 香港: 誉德莱教育机构（香港）有限公司, 2022.

国澳门、香港的本土建造经验，并且在新技术的加持下充分展示自身实力与建造水平。沙面洋行等建筑的建造开启了西方建筑样式传入岭南地区的新范式。

2．范式传入：从印度、东南亚到我国澳门和香港

（1）"外廊式"建筑的传入

在18～19世纪的英法殖民地，建筑正面临着模仿正统范式与适应在地条件之间的平衡。"殖民地建筑"（Colonial Architecture）主要以当时英国流行的乔治亚风格建筑为原型，荷兰、法国、德国等地的建筑风格也逐渐流行开来。[①]

其中，"外廊样式"（Veranda Style）在中国被广泛应用于香港、上海、天津等地的外国商馆、旅馆、海关、外国公馆、住宅等建筑。中国现存最早的外廊式建筑是香港三军司令官邸（建于1846年）[②]，这种风格既带有英国新古典主义的影子，又是乔治亚时代风格（Georgian Style, 1714～1830年），在中国以简洁而富有节奏感的形式为显著特征（图3-4）。

外廊（Veranda）是指建筑物外墙前附加的开敞式自由空间。中国"外廊式"建筑的定义可归纳为如下三个方面：①时间上，"外廊式"建筑在中国出现于18世纪末的十三行，在20世纪之后则被更地道的古典主义所完全替代；②外廊是由进口红砖、石材或者混凝土建造的，这些材料和建造工艺都非本土所固有，有时需从外国引进；③"外廊"还带有文化上的含义，即外廊成为其居民日常生活不可分割的一部分。在岭南和东南亚地区的早期外廊式建筑是由砖木结构建造的，局部辅以花岗石基座，这种结构形式与各地古老的用砖传统相契合；而外廊的生活方式也和亚洲建筑传统相契合，并且体现了气候的适应性。

（2）模式与风格的选择

自文艺复兴以来，类似帕拉第奥（Andrea Palladio，1508～1580年）的《建筑四书》（I quattro libri dell'architettu）等著作因阐述了古典理论、数学公式和

图3-4　香港三军司令官邸现状
（图片来源：晶报app）

---

① 王维仁，李建铿．大澳警署的建筑背景：风格、形态与发展［Z］//旧大澳警署之百年使命与保育：大澳文物酒店开业纪念刊物．香港：香港文物保育基金有限公司，2012：49.

② 彭华亮．香港建筑［M］．香港：香港万里书店，1989.

其他技术发展的插图而成为贵族或地主的珍贵藏品；到了18～19世纪，伴随着殖民地的扩张，数千种图案书得以生产，他们被出售给美国、印度、澳洲等各地建筑师、建造者和工匠，这些专业人士能够遵循书中概述的既定模式，并在当地的设计中重新运用。这种图集开本可以让建筑工人方便地装进口袋，指导工程快速建造。英国殖民地在北美的建筑工程，由皇家委任的军队工程师负责监管和建造①。当中主要参考的样式指南主要是各类“模式手册”（Pattern Books）（图3-5、图3-6），一种18～19世纪流行于英语地区的乔治亚风格建筑范式图集。乔治亚时期传播的建造范式成为一种早期广泛采用的建筑风格，并且一直延续至维多利亚时代。

19世纪的工业革命彻底改变了西方的建筑艺术，各类建筑百科全书、图案书、建造手册和专业期刊等新型建筑出版物不断涌现。其中一些书籍被广泛传播，介绍各种建筑类型的建造技术，并根据当地气候或多或少地推广新的建筑技术和材料以及本国的建筑设计和装饰②。

（3）范式的本土化演变

在印度、东南亚等地，乔治亚时代后期的摄政风格（Regency Style）建筑立面连续的柱廊形式被广泛利用。建筑常常采用柱廊或拱廊配合木百叶门遮阳，这种配置对热带湿热多雨的气候十分适应，以至于成为东南亚港口和住区房屋的标准模式——开敞的前廊阻隔了阳光的直射，房间前的灰空间提供户外片刻阴凉的同时，也有利于带动建筑室内空气流通；百叶窗则同时具备遮阳和通风功能。这种建筑形式所依赖的砖木结构和拱券技术，在当地恰好也十分成熟。藤森照信认为，英国殖民者在印度的建造活动是中国近代建筑的原点③；

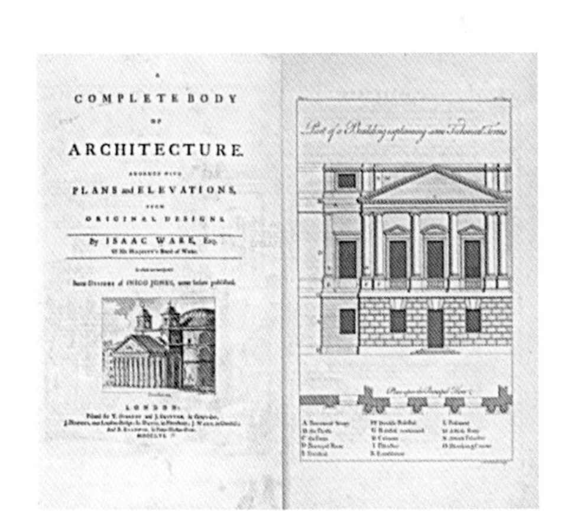

图3-5　范式手册“*The Modern Builder's Assistant*”页面
（图片来源：The RIBA Rare Books Collection）

图3-6　范式手册“*A Complete Body of Architecture*”（1756）
（图片来源：The New York Public Library Digital Collections）

① 马冠尧．香港工程考——十一个建筑工程故事（1841—1953）[M]．香港：三联书店（香港）有限公司，2011：30.

② COOMANS T. A pragmatic approach to church construction in Northern China at the time of Christian inculturation: The handbook “Le missionnaire constructeur”, 1926 [J]. Frontiers of Architectural Research, 2014（3），89-107.

③ 藤森照信．外廊样式——中国近代建筑的原点[J]．张复合，译．建筑学报，1993（5）：33-38.

外廊样式在被类似于英国工务署的部门推广至各租界①。

摄政风格建筑装饰简洁，造型以柱廊或壁柱划分立面节奏，采用帕拉第奥式的古典传统形式，熟铁栏杆、拱形窗、阳台被灵活而广泛地应用。

香港建筑的建设模式是在欧洲成熟范式的指导下，由本土建造商与英国建造商共同参与的。而在澳门，中国工匠已经广泛参与到租借地的房屋建造活动中，教会建筑师仅作指导和参与设计建造工作②。沙面岛英租界的建设则直接参考了香港工程的经验，聘用的香港承建商已经能够熟练地提供建造所需的图纸，并且参与了沙面岛的建设③（图3-7）。

需要强调的是，“模式手册”等范式书籍只是为建筑柱廊、门窗、装饰细部样式提供了参考，整体的建筑结构以及构造仍然基于本土的建造材料及结构形式——以青砖砌筑的承重墙结合木楼板为主。对于岭南传统建筑来说，砖拱柱廊在当时是一种全新的建筑形式，在澳门的建筑是以曲木作圆券。在岭南地区，工程师或许是从传统建筑的石作中取得灵感，以整块花岗岩条石作为横梁的结构材料。将本地花岗岩石材还成熟地运用在地基基础、平梁、扶手栏杆等结构和立面构成当中，这是我国粤港澳建筑风格不同于东南亚的建造方式之一，体现了本土工匠对岭南地区石作技术在建筑中的成熟运用。

外廊式建筑最初由广州十三行及香港、澳门引入内地，并逐渐传播至

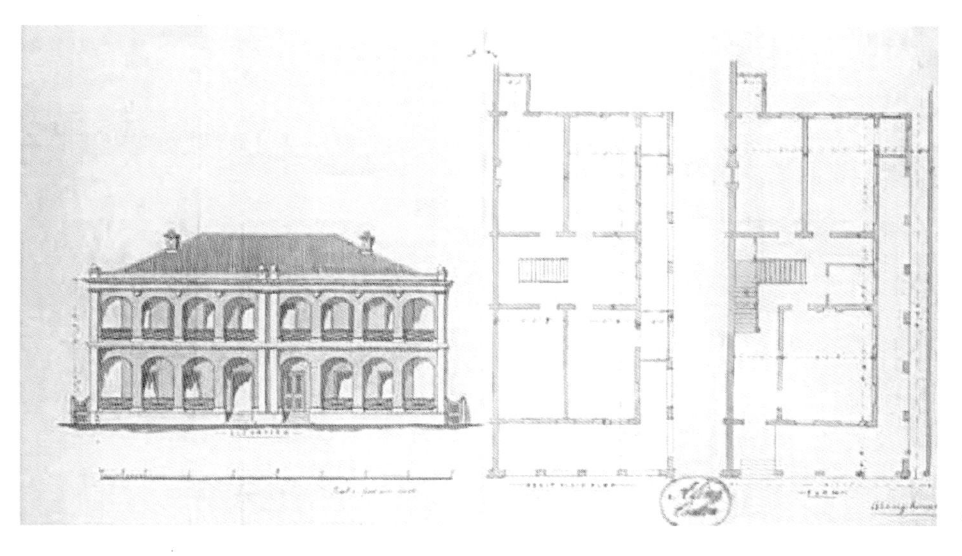

图3-7 沙面伦敦传道会住宅（1871年设计图纸）
（图片来源：见脚注③）

① 彭长歆．现代性·地方性：岭南城市与建筑的近代转型［M］．上海：同济大学出版社，2012：158.

② 彭长歆．现代性·地方性：岭南城市与建筑的近代转型［M］．上海：同济大学出版社，2012：37.

③ Farris, Johnathan, “Enclave to Urbanity - Canton, Foreigners, and Architecture from the late Eighteenth to the Early Twentieth Centuries”, Hong Kong University Press（HKU）, 2016，88. 该图纸由中国承建商Aling绘制，表明当时中国建筑师已经成熟掌握西式外廊式建筑的设计。该建筑后来未按此方案建成。

上海、武汉、天津、烟台等开埠城市。中国各城市的气候环境存在显著差异，外廊式建筑并不适合所有地区，特别是在冬季北风凛冽、阳光宝贵的城市。因此，在这些地区外廊式建筑逐渐退化为一种纯粹的建筑符号①（图3-8、图3-9）。

3.1.2 广州沙面10号建筑风格

早期沙面建筑兴起于1861年清政府签署租约之后，直至19世纪末20世纪初方得以大规模发展。英租界之建设较法租界为早，初期建筑类型与数量均显有限，涵盖工部局（警察局）、领事馆、洋行、银行、俱乐部、邮局、教堂及若干民居等。

此时的沙面建筑风格，除教堂外，普遍采用“外廊式”风格，即一至二层楼高之砖木混合结构，附带二面或三面环绕之外廊（图3-10、图3-11）。建筑风格统一：两层楼高，四坡屋面上散布多个烟囱，正立面均设外廊（或为券廊，或为柱廊）。主体结构以砖木为主，局部结合花岗岩石材。低矮的建筑隐伏在浓密的绿树之中，功能多为商住混合。受建筑技术与材料的限制，建筑以砖木结构为主，立面采用浅白或者浅黄色的抹灰方式进行表面处理，室内采用西方古典风格进行装饰。广州沙面10号即为此时期之典型代表。

图3-8 香港域多利军营A-E栋
（图片来源：John Thomson摄，1868～1872年）

图3-9 旧域多利军营华福楼（Wavell Block）
（建于20世纪初期，花岗岩扶手、瓷瓶组成的栏杆已成为当地成熟的做法，在遗存中可见）

图3-10 历史照片中的沙面早期建筑
（图片来源：University of Bristol - Historical Photographs of China reference number: Ha-n03. The Imperial Maritime Customs Service（IMCS）Commissioner's House, on Shameen Island（Shamian Island or Shamin Island），Canton（Guangzhou）. 1870-1880.）

图3-11 历史照片中的沙面早期建筑券廊
（图片来源：University of Bristol - Historical Photographs of China reference number: FD-s239. The boat is flying a Hongkong and Shanghai Bank pennant, 1915.）

① 刘亦师. 中国近代“外廊式建筑”的类型及其分布［J］. 南方建筑，2011（2）：36-42.

1. 平面：以外廊作为建筑空间组织的核心

（1）总平面

从规划角度来看，每个地块用地均呈窄长形，东西宽27米，南北长42米。在这样一个狭长地块上布置一个南北朝向、面宽约25米的主体建筑后，其东西两侧的拓展空间受限（介于2～6米之间），而南北方向则留有较大余地。鉴于此，主体建筑前通常会布置一个庭院，作为南北向道路与建筑主体之间的缓冲与过渡。同时，地块内侧的剩余空间常被用来设置副楼。这种布局方式在沙面建筑群中尤为常见。

沙面早期建筑的地块单元通常由以下要素组成（从前往后依次排列）：街道、低矮围墙、前院、主楼、内院、副楼、另一段低矮围墙以及后邻屋。部分建筑与后邻屋之间还隔有花园，与左右两侧的邻屋则以矮围墙和小巷相隔。由于南北向空间较为宽敞，建筑物通常在南北向设置外廊，而东西向则较少设置廊道，以最大化利用地块的面宽，也偶有个别建筑在顶层设置一段转角外廊或是四面廊。

沙面早期建筑普遍采用砖木结构，且历史上曾遭遇多起火灾，因此总平面布局特别注重防火需求。在总平面上分设主、副楼，其中主楼供主人居住或办公，副楼则专用于炊事、烧水及佣人居住，实现寝炊分离，有效降低主楼火灾风险。主、副楼之间又以外廊与楼梯连接，有助于保持安全的防火间距，阻止火灾蔓延。

这些廊道同时也起室内外空间过渡的作用：南外廊主要用于通风纳凉，作为半户外的休憩场所；北外廊则与楼梯紧密相连，用于通往后院。外廊与室内均通过落地百叶窗相连通，构成室内空间的半室外延伸。南外廊、庭院及中央大道共同营造了一个多层次的景观空间。

该建筑布局亦遵循此例。结合第2章的2.1节中的历史档案分析，该建筑南侧紧邻宽达30米的沙面大街。穿过5米余宽的庭院后，即抵达宜人的南廊，进而可步入建筑内部。北廊则衔接起进深15米的宽敞北院，北院内还设有两栋副楼，分别位于建筑的西北角与东北角。建筑北面以矮墙为界，与20号地块（后为香港牛奶冰厂）相隔（图3-12）。

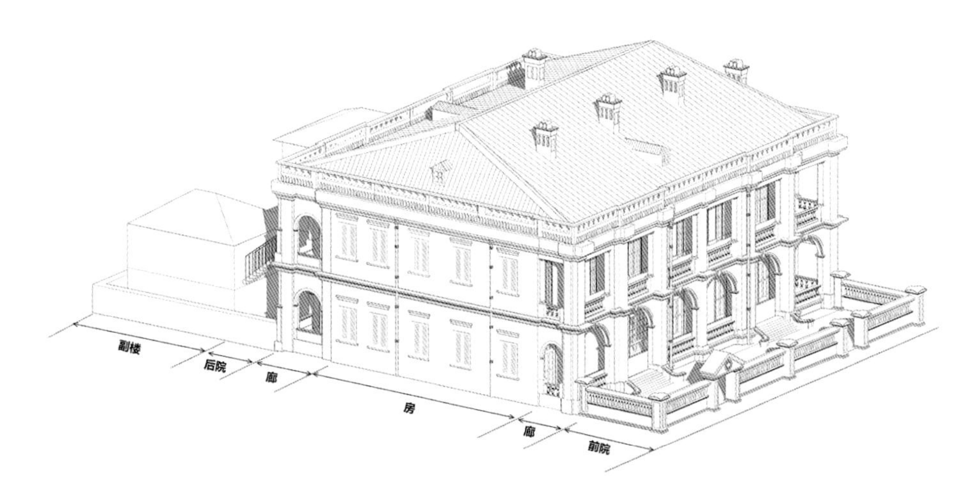

图3-12　复原的广州沙面大街10号总平面布局

图3-13 建筑师帕内和夫人在万国宝通银行外廊休息
（图片来源：李穗梅. 帕内建筑艺术与近代岭南社会［M］. 广州：广东人民出版社，2008.）

（2）建筑平面

沙面早期建筑主楼的平面空间组合形式主要是南北向外廊。这些南北外廊在平面布局中扮演了重要角色：

生活空间的延伸。外廊作为重要的生活空间，可用来进行喝茶、吸烟、休息等交往与休闲活动。外廊上方覆盖了屋顶，且与室内屋顶为连续的一体。宽阔的外廊既可以遮阳也可以避雨，还提供了通透宽敞的半室外空间，特别适应岭南的气候条件（图3-13）。

外置的交通空间。外廊不仅作为生活空间，更串联起各个内部房间，形成了流畅的交通动线。由于砖木结构的限制，房间尺寸往往较小且均匀布置。因此，沙面建筑普遍采用类似布局：外廊连接多个规整内部空间，每间房内均设有壁炉。在布局上，一些建筑选择通过垂直方向的廊道将内部空间串联起来，适用于房间较少的情况（如泰国人俱乐部旧址等）；而另一些则通过水平方向的廊道系统，形成了南、中、北三个层次的空间布局。这种设计方式不仅实现了空间的流动与贯通，还在视觉与功能上赋予了建筑更多的层次感与深度。

广州沙面大街10号与同期建设的沙面大街2～10号印度人住宅、沙面南街16号早期东方汇理银行旧址等建筑均采用了前后外廊的平面组织模式。这些外廊宽度均为2.2米，既作为休憩场所又承担交通功能，确保了每个房间都能直接通往外廊。对于较长的外廊或面向内院的背立面外廊，设计者还会在中部对称地设置带拱门的墙体，以增强整体结构的稳定性（表3-1）。

通过以上研究分析，结合现场遗存、沙面街道办档案室存档的1962年的测绘图以及2001年广州大学测绘图纸，我们对广州沙面大街10号建筑的原始平面进行了复原（图3-14）。

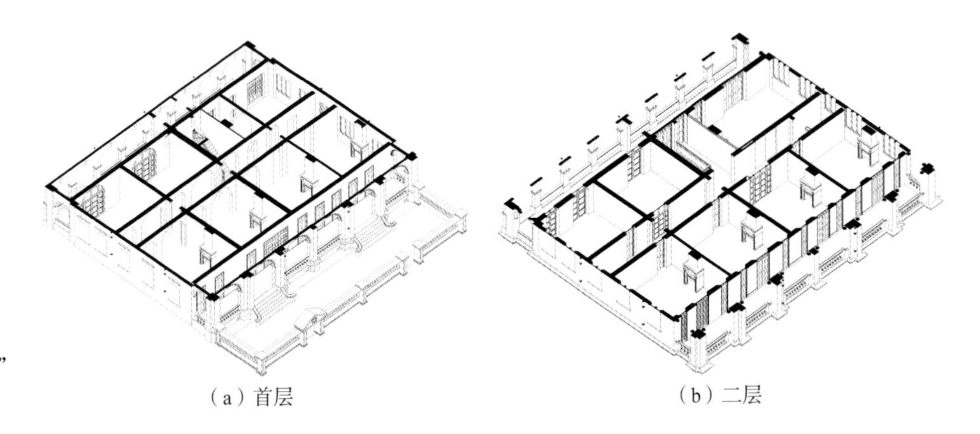

（a）首层　　（b）二层

图3-14 “法国兵营旧址”首层、二层复原轴测图

沙面早期建筑的外廊式布局　　表3-1

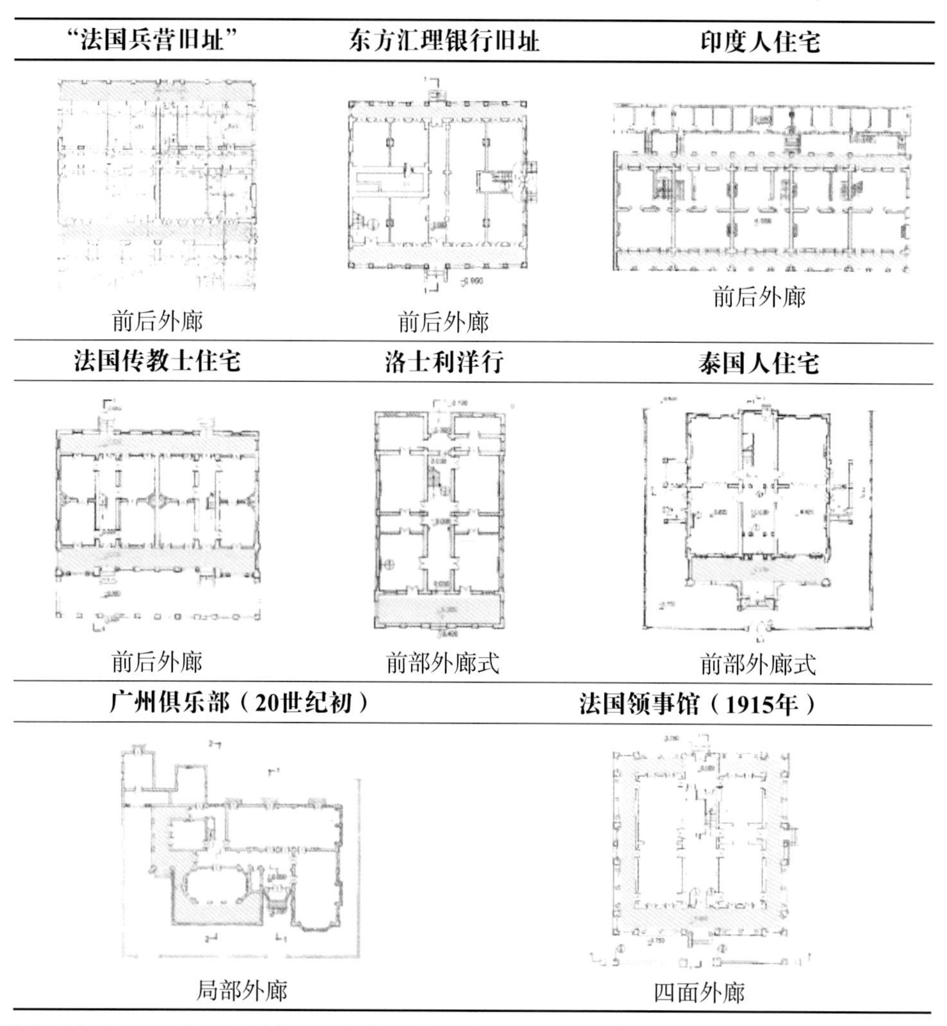

（底图来源：汤国华. 广州沙面近代建筑群 艺术·技术·保护[M]. 广州：华南理工大学出版社，2004.）

建筑首层布局规整，共设有七个房间，其中南侧四个房间内均配置有精美的壁炉。北侧则设置有三个房间，左侧两个房间未设壁炉；右侧则由一个宽敞的楼梯间和一个带壁炉的大房间构成。楼梯平台下方连接北廊，北廊楼梯间两侧的横墙上开设拱洞，在北廊塑造了既通透又富有节奏感的空间效果。此外，北廊还设有三个与室外相通的出入口，分别通向西侧副楼、北侧庭院和东侧副楼。

北侧设有三个房间，左边一组两个房间不设壁炉，右面由楼梯间和一个带壁炉的大房间组成。中间的楼梯平台下面可以通往北廊。北廊在楼梯间两侧的横墙上设有拱洞，形成通透又富有节奏的北廊。北廊设有三处通往外侧的出入口，分别进入到西侧副楼、北院和东侧副楼。二层平面布局亦是如此。作为砖木结构建筑，首层建筑墙体厚达490毫米，横墙设置开洞较少。而纵墙在过道和北外廊开有较多拱形门洞，推测原为拱门木门扇分隔房间。

2．立面：券廊与柱廊组合的立面形式

沙面早期建筑立面保持欧洲传统建筑的古典竖向三段式构成：下部为基座与台阶，中部为拱券、柱式、栏杆、外墙及门窗，上部为檐口和山花。基座部分不高，多为架空层，一般露出地面70～100厘米，墙身每开间开一个通风透气口，并装防盗铁枝花隔；墙体部分一般两层，每层高4～5米，首层比二层略高（表3-2）。

沙面早期外廊式建筑立面 **表3-2**

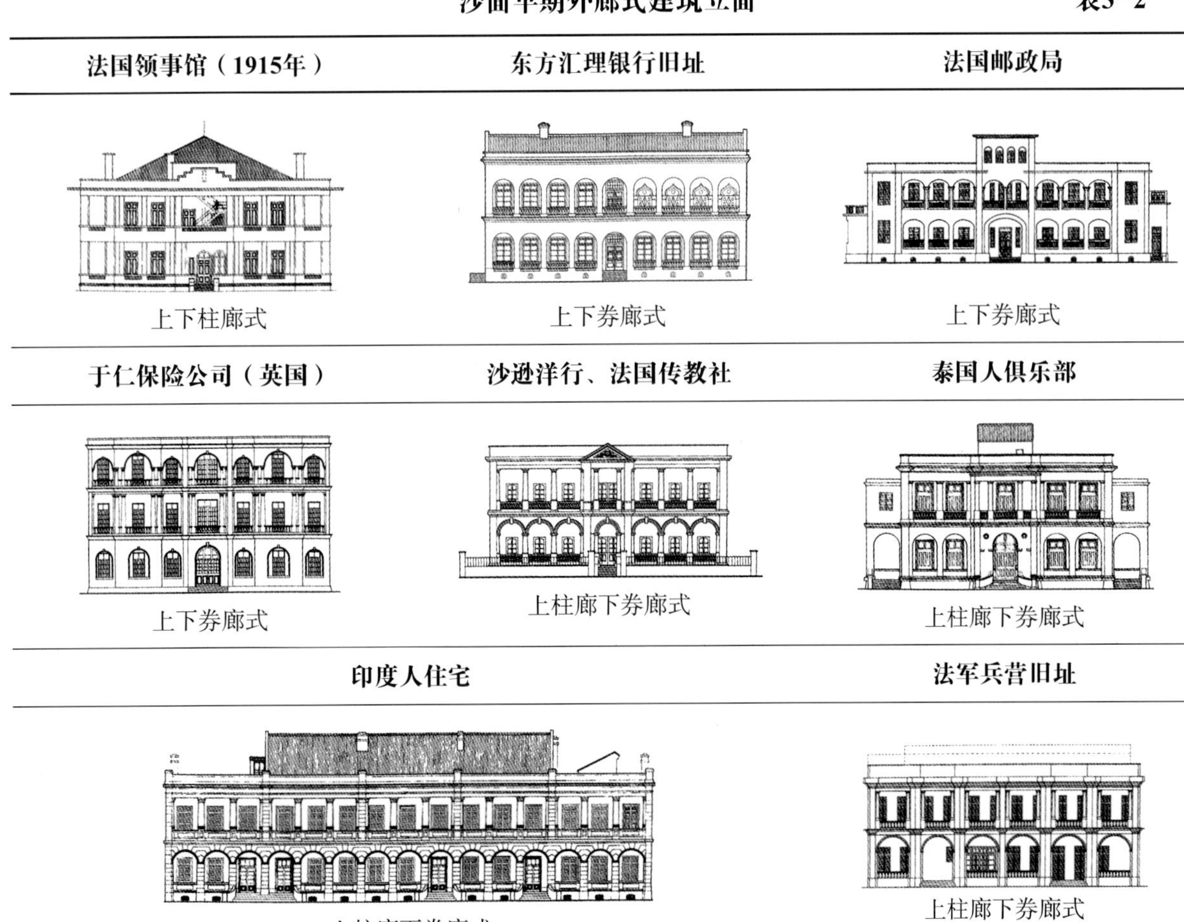

法国领事馆（1915年）	东方汇理银行旧址	法国邮政局
上下柱廊式	上下券廊式	上下券廊式
于仁保险公司（英国）	沙逊洋行、法国传教社	泰国人俱乐部
上下券廊式	上柱廊下券廊式	上柱廊下券廊式
印度人住宅		法军兵营旧址
上柱廊下券廊式		上柱廊下券廊式
法国巡捕房 	洛士利洋行（英）	法国传教士住宅
上下券廊式	上柱廊下券廊式	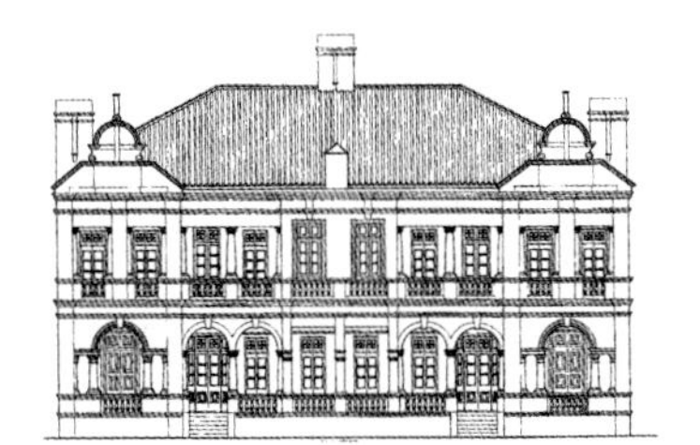 上柱廊下券廊式

续表

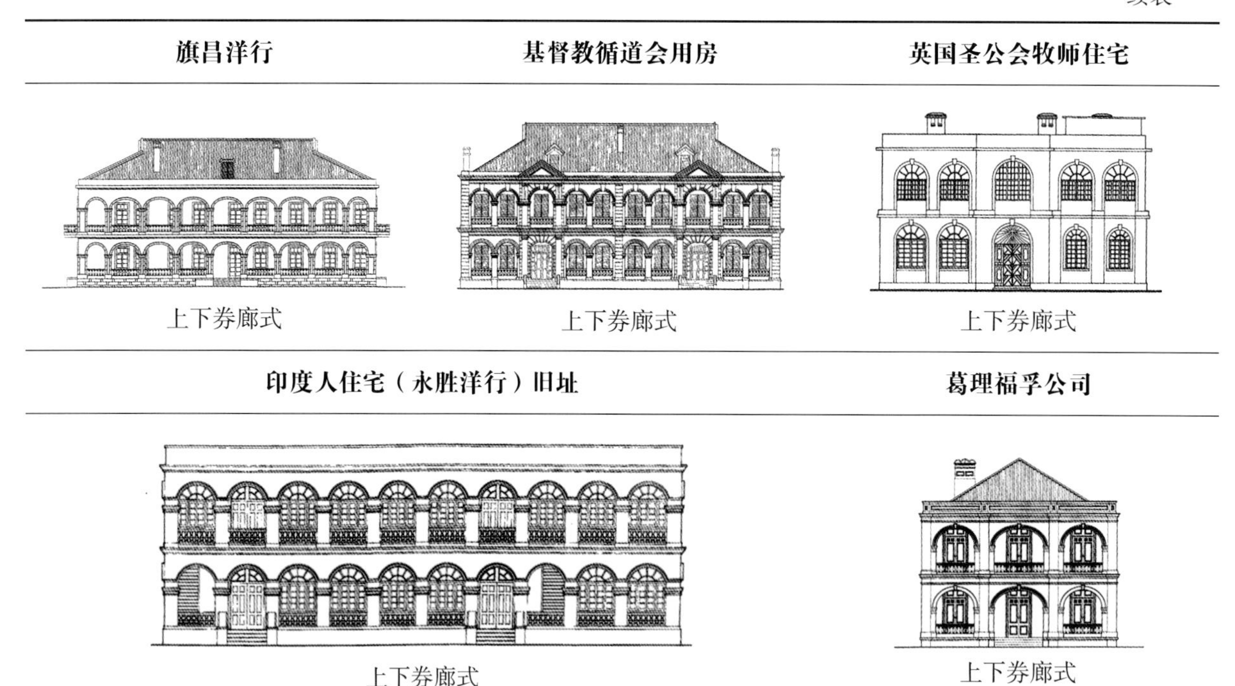

（底图来源：汤国华．广州沙面近代建筑群　艺术·技术·保护［M］．广州：华南理工大学出版社，2004.）

沙面早期建筑的外廊采用各式柱廊和券廊的组合形式，有些建筑首层、二层均采用柱廊或券廊，有些采用首层券廊、二层柱廊。连续外廊使其立面形象较为单一。因此，在设计中往往针对外廊中的重点符号柱式进行处理，使用古典柱式及其组合，或使用拱心石装饰拱券及线脚装饰，使外廊建筑立面丰富而具有韵律感。柱子按西方古典比例收分，有柱础和柱头，透过外廊阴影区可看到每个开间的百叶门。因室内横向承重墙不一定正对外廊柱，所以百叶门不一定居外廊开间中央。外廊多采用瓶状的护栏，首层入口设花岗石台阶。

广州沙面大街10号为典型殖民地外廊式建筑，立面上下分为基座、中部、檐口三段，主立面横向展开为六开间，其中第二、五个券廊首层设入口台阶，壁柱外凸以彰显出口，并且把横向展开的立面划分为五段，提供了竖向的节奏。首层为壁柱券廊、二层为塔司干倚柱的柱廊，采用绿色瓷瓶栏杆和花岗岩条石扶手，每层以装饰线脚划分；北立面为八开间叠券式，壁柱被简化，外廊拱券与室内四个开间对应。

建筑室内每个房间开间为6.6米，层高4.7米，正立面除基座和檐口的中部整体比例为1∶3，首层拱券比例为1∶1.5，二层每开间两个小柱组成的立面单元比例为1∶1；背立面八个开间的拱券比例均为1∶1.5。首层、二层之间的装饰线条宽度、基座高度成为调整正背立面开间数量不同但元素比例关系相同的调节因素。建筑开间和高度比例整体采用易于计算的整数倍，建筑立面重复采用1∶1、2∶3等比例，使建筑整体立面构图和谐统一。

主立面拱券、柱廊跨度更大，建筑形象舒朗干练。北立面朝向内庭院，拱券开间与室内房间相对应，首层北廊设三处出入口，房间—外廊—内院的交通关系更为方便紧密，富有节奏感的拱券形象则给内院增添了围合感（图3-15、图3-16）。

在沙面早期建筑中，常常采用塔司干或是科林斯柱式，这些建筑塔司干

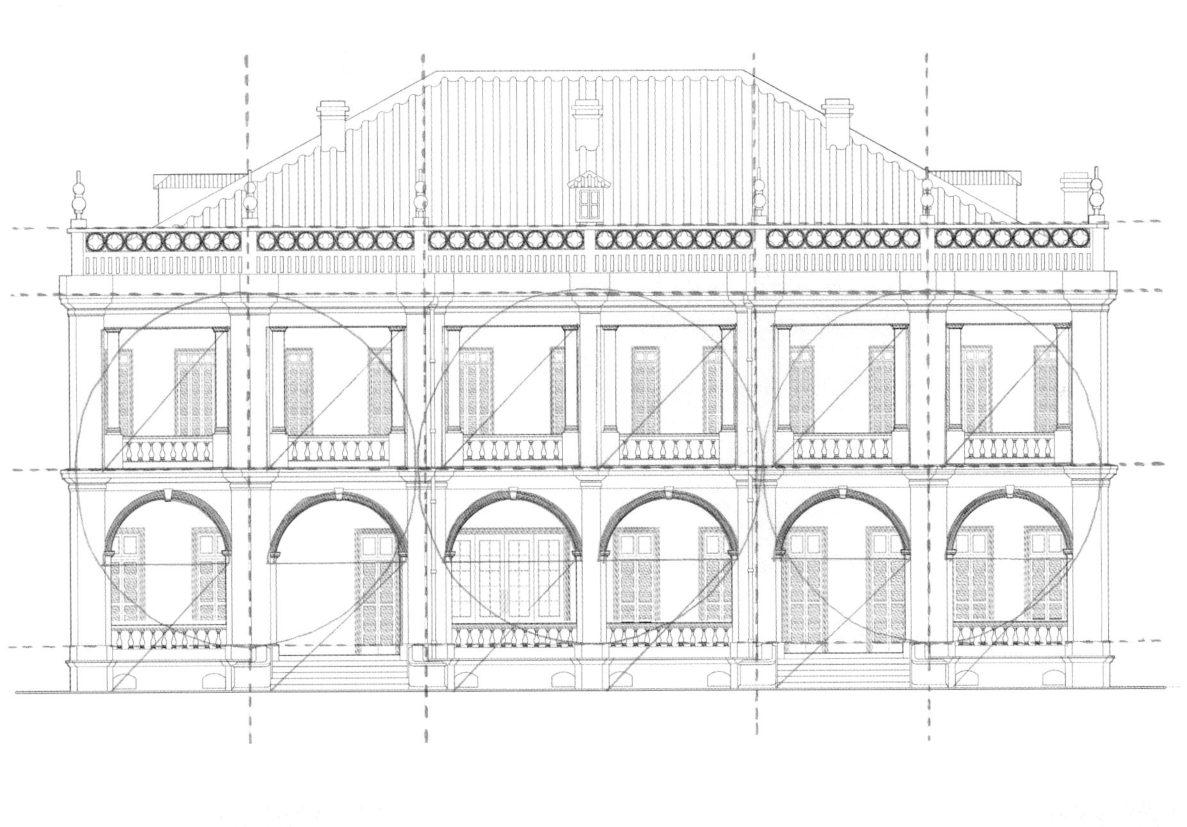

图3-15　广州沙面大街10号南立面复原图与比例分析

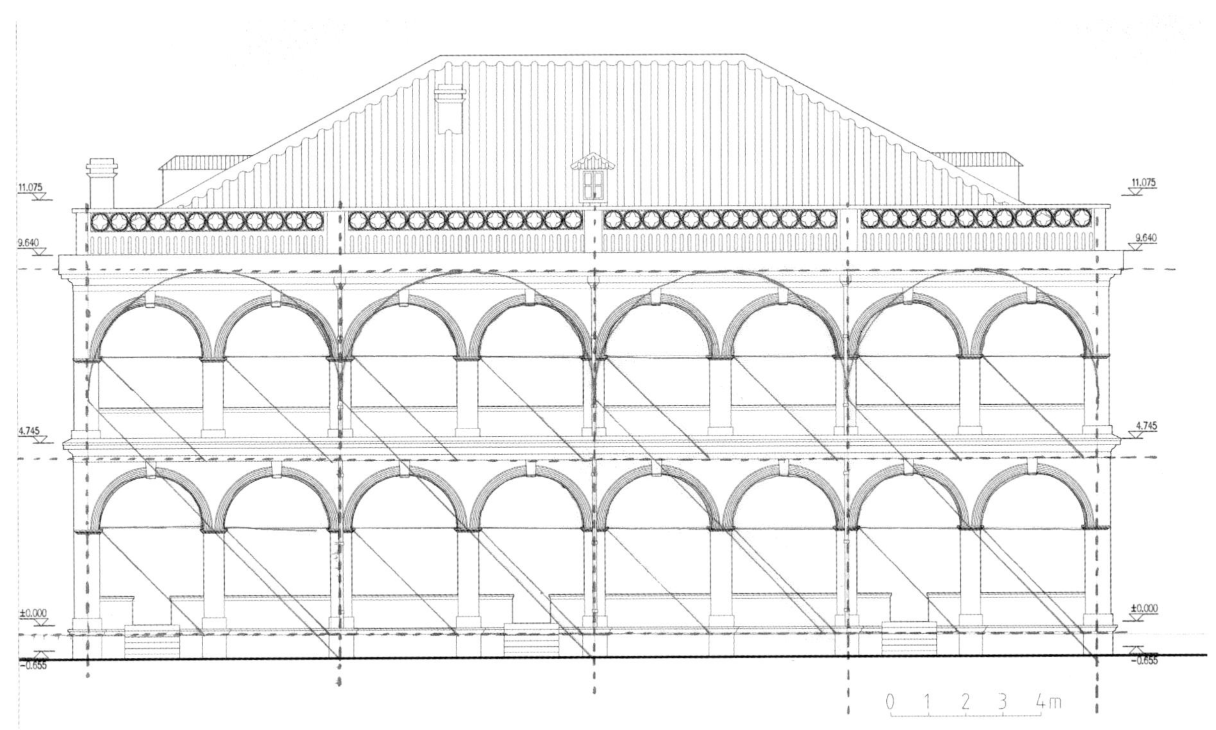

图3-16　广州沙面大街10号北立面复原图与比例分析

柱式的典型特征是采用花岗岩雕刻柱头的线脚，柱身用砖砌筑并用表面抹灰塑型、勾勒底部线脚。广州沙面大街10号中的塔司干柱式也与标准样式存在显著差异，其柱式未采用收分设计，柱头和柱础的线条处理也有所简略（表3-3）。

在建筑立面的剖析中，我们同样发现了几个不寻常之处。首先，南立面的拱券设计虽大体遵循1：1.5的比例，但其圆心并未与拱券中心重合，也不是标准的半圆拱形，圆心整体向下偏移了30厘米。其次，南立面的开间与建筑内部开间并不对应，这种布局在沙面早期建筑群中较为少见。在广州沙面大街10号建筑中，为了追求宽敞的开间与通透的空间感受，设计师采用了岭南常见的花岗岩作为过梁石材，通过发挥石梁大跨度的结构特点，南立面由初设的八开间改为六开间，从而避免了立面比例过于修长。建筑开间变为了普通开间的1.3倍，而建筑层高延续早期建筑4.5米左右的高度，拱则被拉平，最终形成了这一非标准的立面与拱券比例。

范式与沙面早期建筑柱式 **表3-3**

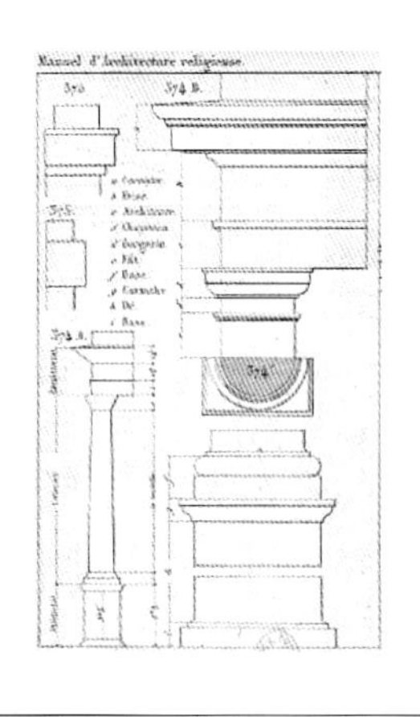	 柱间倚柱 沙面大街“法国兵营旧址”	 立柱 沙面大街64号	 券下柱 沙面南街法国传教社
建筑手册中的塔司干柱式	沙面早期建筑中的塔司干柱式		
	 东方汇理银行旧址	 原19号地块建筑	 印度人住宅
建筑手册中的科林斯柱式	沙面早期建筑中的科林斯柱式		

（图片来源：《宗教纪念碑的新建筑师手册》（*Nouveau manuel complet de l'architecte des monuments religieux*）1859，鲁汶大学图书馆藏）

从立面构图到柱式细节，均揭示了实际建造与理想原型之间的矛盾与融合。面对西式建筑的立面设计原则，本土的建筑师们巧妙地融入了岭南地区独特的石作工艺，并充分利用了教会掌握的花岗石资源，将立面由适应砖券技术的八开间改为了适合石梁技术的六开间。这种综合考量使得广州沙面大街10号建筑的立面呈现出了非典型的特质，以稀疏而开阔的外廊为特点，将沙面大街的葱郁树影恰如其分地融入建筑，营造出一种开朗又大气的空间氛围，为沙面建筑风格的多元性提供了生动的注解。

3．结构：采用砖木结构与西式木屋架坡屋顶

受建筑材料和建造技术的制约，沙面早期建筑基本为两层小型砖木结构，主体采用砖砌墙体作为竖向支承结构，局部采用石结构加固。楼面采用木梁板水平受力构件，屋面采用西式木屋架，也有少数采用钢结构作为辅助构件[①]。建筑的结构形式制约了其空间尺度的大小。广州沙面大街10号建筑的木楼板以截面尺寸15厘米×20厘米的密肋木檩条作为横梁，檩条之间间距约为30厘米，跨度达到6.3米（图3–17）。

“法国兵营旧址”建筑原采用木结构四坡屋顶，与法国传教社和洛士利洋行现存的木桁架屋顶相类似，西式屋架与传统双层瓦屋面的应用体现了中西方技术的结合。

屋顶最能反映西方建筑风格特征的就是伸出屋面的壁炉烟囱。西式烟囱都是束状，用砖砌护壁，呈方柱形，上部侧面开口透烟，顶面覆盖避雨，在造

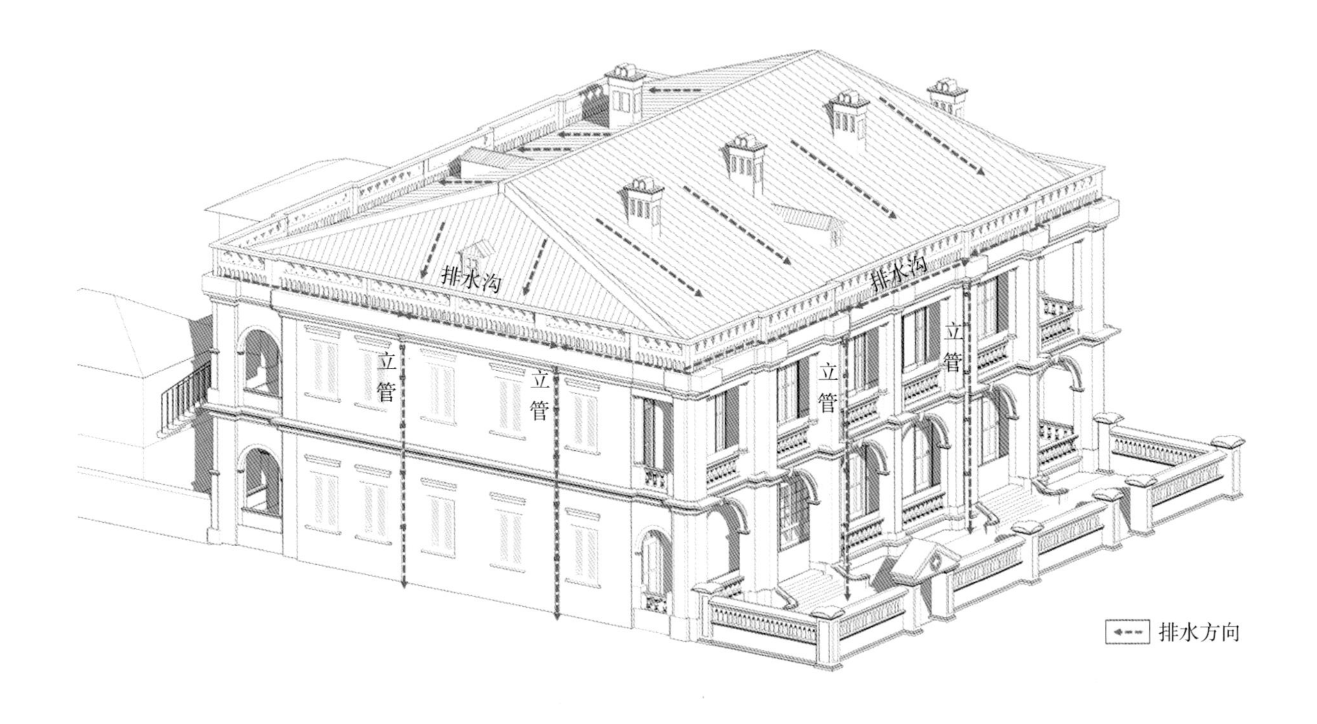

图3–17　屋面及排水组织复原

① 陈伟军. 岭南近代建筑结构特征与保护利用研究［D］. 广州：华南理工大学，2019.

型的关键部位施加装饰线。这些烟道柱的大小由束状烟囱个数而定，建筑起初作为居住建筑，每个南向的房间和北向的大房间都设有壁炉，十分适应西方人的起居习惯。在历史照片中，广州沙面大街10号建筑原为四坡屋顶的二层建筑，建筑四坡顶上有南向房间的4处烟囱和北向房间的1个烟囱（图3-18、图3-19）。

广州沙面大街10号建筑结合坡屋顶和天沟、女儿墙、立面均布的落水管进行建筑有组织排水。女儿墙形式沿用露德圣母堂的四叶草圆圈图案，在女儿墙下部有尖拱形镂空。建筑的四向立面各设两根铸铁排水管，将屋面的雨水流入天沟后经均匀布置的落水管排入地下（图3-20）。

图3-18　19号地块屋顶及烟囱
（图片来源：Harvard-Yenching Library）

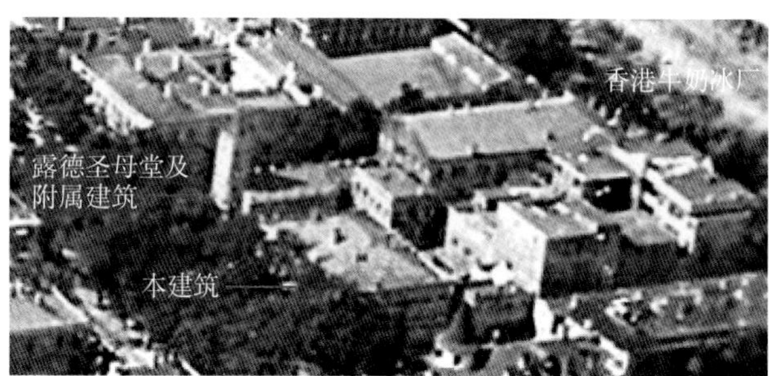

图3-19　1932年航拍中可看到本建筑的烟囱
（图片来源：网络）

图3-20　历史上的建筑屋顶（左前方为法国领事馆，后侧尖顶为露德圣母堂）
（图片来源：State Library Victoria）

3.2　建造与装饰

广州沙面大街10号最早由法国巴黎外方传教会于1889年通过拍卖获得土地使用权并建造，彼时外方传教会刚刚完成了广州圣心大教堂的建造，对于石构建筑和哥特式风格的本土演绎积累了工程经验。在教会建筑的建造过程中，主教、西方工匠、本土工匠与材料商通力配合，使用本土建材完成了精细的哥特式风格建造。

广州沙面大街10号与同期建成的露德圣母堂副楼、东方汇理银行旧址、法国军官住宅、法国巡捕房，以及英租界的法国传教士楼、法国传教社楼等文物建筑具有相似的构造逻辑和装饰细节。由于毗邻露德圣母堂、最早为传教士自用物业，该建筑在细部装饰上更是延续了露德圣母堂等教会建筑的装饰细节。下文将追溯西方教会建筑的传入以及发展，分析其对沙面教会建筑以及广州沙面大街10号的影响。

3.2.1　西方教会建筑的建造与装饰艺术

1．西方教会建筑的传入与特征

鸦片战争以后，1844年签订的中法《黄埔条约》规定外国人在中国的传教事业受到保护。1845年天主教弛禁。不久，新教也获得与天主教同样的权益。第二次鸦片战争以后，各国与清政府签订的条约都规定了西方传教士可在中国各地自由传教的条款。此后，西方传教士大批进入中国，从辟有租界的商埠城市与繁华的省城到边远地区的城镇、乡村都有其足迹。

西方宗教在广州社会的传播过程，可分为三个阶段[①]：第一阶段为鸦片战争前夕至19世纪50年代末，以医学传教为主导的传教方式，初步实现了其为民众知晓的目的，也使传教活动初步摆脱被动局面。其他的例如开设福音堂等的传教方式，则效果甚微。第二阶段为19世纪60年代～90年代，这一阶段是教会兴办教育和教堂布道并行的传播阶段，传播了新知识，造就了高素质群体，引发了社会新学之风，冲击了传统社会结构。第三阶段是20世纪初，进入了深入发展期，西方宗教的家庭团聚、叙会等布道方式渐渐融入了信徒的生活中。

随着外国人在中国贸易和传教活动的展开，西方建筑文化开始传播和移植，带来新的建筑类型和建筑形式，领事馆、公馆、洋行、西式教堂教会建筑等出现。西方教会建筑亦随传教士之脚步遍布各地，对中国近代建筑产生了广

① 邢照华. 西方宗教与清末民初广州社会变迁（1835—1929）[D]. 广州：暨南大学，2008.

泛的影响。作为早期西方建筑文化对中国近代建筑产生影响的渠道之一，西方教会建筑的建设开启了中西方建筑文化融合的尝试，也直接影响了中国建筑的近代转型。教会的建设事业包含传教的重要精神场所——教堂及附属的传教士住宅等，以及教会医院、学校等设施。初期教会建造的教堂以简化的西方教堂形式为主，风格包含哥特式、古典主义等多种；教会的相关机构等建筑则以外廊式建筑为主，这种风格建造方便且适应性强，以简单的方形平面、四坡屋顶及宽敞外廊为特征。教会建筑的建造过程体现了西式风格进入中国，对地方材料和本土工匠团队的适应性融合，呈现了华洋碰撞下中国建筑的近代化进程。

教会建筑的特征有四点①：一是由于教会建筑拥有特殊的资金来源。如重要的教堂建筑等摆脱了建筑商品化的干扰，得以从建筑艺术的角度传播西方建筑文化。这些教堂建筑规模大、型制正宗、建造质量高，建筑风格特征明显，往往成为展示西方经典建筑的窗口及近代城市中的标志性建筑，如广州石室天主教堂就是典型一例。二是教会建筑始终与中国近代建筑同步发展，是最具代表性的主流建筑类型之一。三是教会建筑的发展受人文社会因素的影响极大，教会建筑的建设往往伴随着当时民间对西方宗教的种种情绪，反映了不同阶段中西方文化的碰撞。四是教会建筑地域分布广泛，与传教士的足迹相伴，传教士深入中国内地传教，教会建筑也随之出现在中国各地。

2. 广州的法国天主教教会建筑

天主教广州总教区（Archidioecesis Coamceuvensis）是罗马天主教在广州市设立的一个教区。自1848年从澳门教区分设粤桂代牧区起，逐渐发展壮大。1858年，澳门教区将两广教务移交至巴黎外方传教会，法籍会士明稽章成为首任宗座监牧。此后不断发展，最终于1946年升级为广州总教区。

1840～1860年的短短二十年间，已有大量的西式教堂兴建。清末广州城地图上的题跋显示该地图是清咸丰年间（1851～1861年），第二次鸦片战争的广州城战役（1857年）中西方人士所用地图上显示该时期广州城内外的天主教堂和基督教堂共有17处之多，其中最负盛名的便是圣心大教堂（图3–21）。

1860年，代表岭南地区石结构高耸建筑最高成就的哥特式天主教堂——圣心大教堂（也称“石室”）由法国人开始筹建。该教堂由法国工程师设计，广东石匠蔡孝督造，从1863年动工兴建到1888年建成历时25年。教堂总高52.86米，主体竖向采用全石结构，是中国最大的石结构天主教堂（图3–22）。

1890年，沙面的露德天主教圣母堂建立，原名沙面天主堂，哥特式风格，是为法国驻穗领事馆的教友进行宗教生活而设立的。教堂主体结构采用砖、

① 杨秉德．多元渗透 同步进展——论早期西方建筑对中国近代建筑产生多元化影响的渠道［J］．建筑学报，2004（2）：70-73.

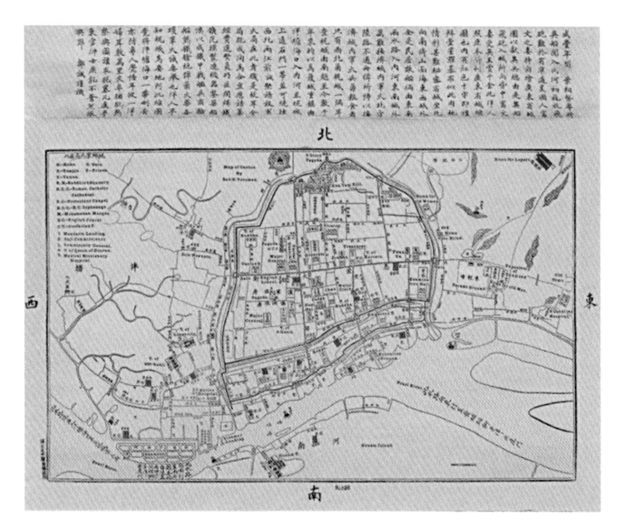

图3-21　约1857年广州城教堂分布示意图
（图片来源：《广州老地图集》）

图3-22　圣心大教堂及周边建筑
（图片来源：XIANG H Y. LAND, CHURCH, AND POWER: FRENCH CATHOLIC MISSION IN GUANGZHOU, 1840-1930[D]. Philadelphia: The Pennsylvania State University, 2014.）

木、钢混合体系。砖砌墙体表面采用黄色抹灰饰面。此建筑为一层砖混结构的天主教堂，建筑结构装饰精美。教堂建筑形式采用典型的法国哥特式风，与广州石室教堂、湛江维多尔天主教堂相仿。规模虽小，做工却颇为精细，平面为“一”字形，南端兼有尖塔一座，塔身造型精美。整座建筑基本为明黄色，间以白色，风格纯正，保护良好。另，教堂东北角有一附属建筑，为三层（含半地下室）。

3．建造模式与施工组织

早期教会建筑的设计者这一角色由传教士充当。当教会逐渐被允许在异国的土地上建设房屋后，特定建筑风格的象征性是宗教要义表达的最直观的窗口。由于传教士们并非专业的建筑设计师，来到遥远的异国他乡传教，在建筑的设计上往往将家乡的建筑风格与本土相融合。

并不是所有的传教士都有建筑师的天赋，对于他们而言，先于建筑设计要考验的是建设工程的管理能力。传教士面对的困难并非只有建筑的设计问题。首先是建设用地的租赁，经过多次中西方力量的博弈，西方教会渐次拥有了在华租界及内地置产的权利。通过《黄埔条约》《天津条约》等，西方教会取得了在中国内地自由传教以及在通商口岸租地盖房、设立教堂的权利，并通过清政府“给还旧址”获得了大量房地产，1865年柏尔德密协议达成法国教会进入中国内地置产的协议①（图3-23）。

在拥有建造场地之后，传教士还要筹措建设资金，其中包括建筑的材料费用和施工工人的人工费。传教士甚至经常需要动用他们自己的私人财产，或得到经济条件较好信徒的支持。一些传教士在筹集资金和利用补贴方面表现出了

① 王中茂．近代西方教会在华购置地产的法律依据及特点［J］．史林，2004（3）：69-76，126．

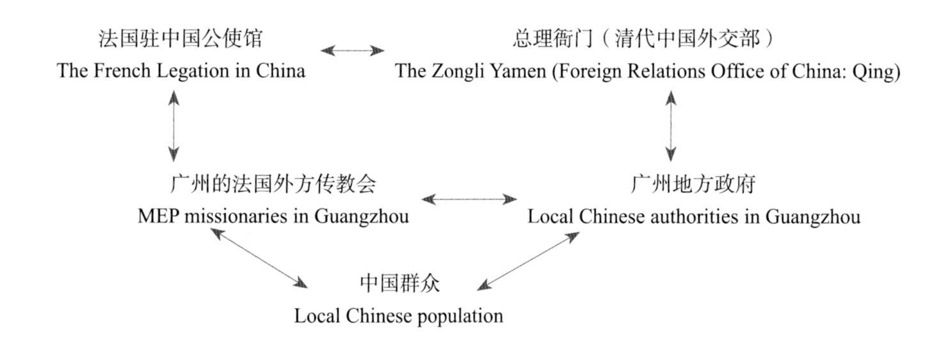

图3-23 法国天主教传教士在中国租赁和购买土地和房屋所涉的各方关系
（图片来源：XIANG H Y. LAND, CHURCH, AND POWER: FRENCH CATHOLIC MISSION IN GUANGZHOU, 1840-1930[D]. Philadelphia: The Pennsylvania State University, 2014.）

超强能力。《建造传教士的小册子》[①]、《华北传教士的规划建议》[②]这两本小册子中详细记录了来到中国的传教士建造者进行建造的各类规定。包含提示、关于材料的解释、建筑尺度数据和一些相当容易执行的教堂平面图、关于考虑特定气候条件的建议以及当地材料和工人待遇的合同等。

在建筑材料方面，教会利用废弃房屋的木材等建材以节省开支，还采用了“砖”这种在中国使用广泛、技术成熟、造价经济的建材来代替西方建筑的石块。在建造过程中，传教士首先需要与承包商签订合同，该承包商将监督其员工，并对建筑中的问题负责。这个承包商需要有特定的技能，能够与中国人打交道。他与传教士的角色必须平衡各自的责任。传教士负责为中国工匠提供设备、工具和订购材料，并在现场督导建造。通常一支工匠团队由泥瓦匠、砖瓦匠和木匠组成。这些工人中的建造技艺娴熟的工匠，无论是泥瓦匠还是木匠，几乎都带有一些学徒[③]。

中国工匠团队是将本土技术与欧洲风格相结合的重要力量，从而避免了从欧洲运输材料的昂贵费用。中国的泥瓦匠具有真正高超和娴熟的专业技术，虽然他们对哥特式等西方建筑艺术知之甚少，但由于他们具备砖瓦方面的丰富经验，能够配合传教士的要求塑造出西方建筑风格的构件，如圣心教堂和露德圣母堂都采用了本土的碌筒瓦屋顶。而在石材的加工方面，虽然本土已经有完善的石材加工技术，但是对哥特式风格建筑最为关键的石材砌筑与定位技术尚未掌握，法国石匠在过程中起到技术传授的关键作用[④]。

---

① 这本小册子由Aubin Francoise（《基督教艺术与建筑》，第二卷，莱顿，2010）和COOMANS T. A pragmatic approach to church construction in Northern China at the time of Christian inculturation: The handbook “Le missionnaire constructeur”, 1926［J］. Frontiers of Architectural Research, 2014(3), 89-107. 所知。

② 建造者传教士. 华北传教士的规划建议［Z］. 湘县：湘县印刷厂，1926：序言.

③ 马特尔，马特尔主教的日记，欧洲议会档案，1895年10月12日。转引自COOMANS T. A pragmatic approach to church construction in Northern China at the time of Christian inculturation: The handbook “Le missionnaire constructeur”, 1926［J］. Frontiers of Architectural Research, 2014(3), 89-107.

④ 马崇义（Matthieu Masson）. 广州圣心大教堂的设计和建造［M］. //中山大学西学东渐文献馆. 西学东渐研究第八辑：广州与明清的中外文化交流. 朱志越，译. 北京：商务印书馆，2019：116-161.

教会建筑在建造施工、材料应用、技术调节的细节中具体实现西方建筑风格与中国本土技术的吸收、融合、创新。体现在建造过程中方方面面、各个环节的细节把控中。在教会建筑的建设过程中，中西方的营造理念不断地磨合，客观推动了建筑的近代化发展。

3.2.2　广州沙面大街10号的建造与装饰艺术

广州沙面大街10号，原为巴黎外方传教会从法国领事馆购得并建设的物业，在建筑风格与装饰艺术上，与教会建设的其他建筑有着紧密的联系和诸多相似之处。

从1863年开始，巴黎外方传教会在广州积极购置土地，并着手兴建了包括住宅、公共建筑以及宗教设施在内的一系列建筑。其中，圣心大教堂及其附属设施，如主教府、露德圣母堂副楼以及广州沙面大街10号等，不仅作为宗教活动的场所，也为主教、神父、传教士等教会人员提供了居住空间。

与此同时，教会还出于商业目的购置并建设了部分地块和建筑，如法国军官住宅、早期东方汇理银行等。这些建筑在建成后出租或被转售给其他业主，或与其他方共同投资开发，使用方主要为非教会人员。尽管这些建筑在功能上与教堂附属设施有所不同，但在建造技术和风格上却存在许多共通之处（表3–4）。

由天主教会建设的建筑　　表3-4

 圣心大教堂主教府	 露德圣母堂附属建筑（13号地块）
 早期东方汇理银行旧址（4号地块）	 印度人住宅（12号地块）
 露德圣母堂附属建筑（19号地块）	 18号地块早期建筑（图中右侧建筑）

值得注意的是，在装饰艺术方面，教会自用建筑与其他商业开发建筑之间存在着明显的差异。教会自用建筑在装饰上融入了哥特式元素，而其他商业建筑虽也由教会建设或指导实施，但在装饰上并未使用典型的哥特式元素。

此外，英租界中的19号、36号、55号、77号地块等，尽管产权现归属于天主教会，55号地块的文物名称甚至还是法国传教士住宅旧址，但其建筑形式与上述建筑存在不少差异，建筑复杂与精致程度胜于上文中提到的建筑。据此推测，这些建筑可能是教会从英租界购买而来，而非自行建设或指导实施。因此，暂时不将它们列入本节的研究范围内（图3-24、图3-25）。

1．建筑结构与材料

（1）红砖作为主要的砌体材料

同许多沙面早期建筑一样，广州沙面大街10号最初采用了砖木结构形式，以厚达490毫米的砖墙承重，各房间的柚木楼板铺设于支架在横墙的木檩条之上。这种结构给了横墙的开洞形式较大的自由，使其与外廊式建筑形式尤为契合——在立面上，正立面采用首层券廊叠加二层柱廊的做法，北立面则为两层叠券式，室内走廊的纵墙则设置了开口较大的圆拱、半拱门洞。对于砖墙来说，拱洞是稳定且易于建造的，教会建筑师已经在东南亚的砖木结构外廊式建筑中掌握，并传授给本地工匠。

砖木结构所需的材料在广东较为易得。明清时期的广府建筑中已经广泛运用青砖和花岗岩作为主材的硬山搁檩结构，这种结构形式早在十三行时期就已经被外国人所熟悉。清末广东地区有民间制造的青砖和红砖，青砖由迅速冷却、低温状态还原方式制成；红砖则在高温烧制后自然冷却还原。由于青砖密

图3-24 “法国兵营旧址”
（图片来源：Harvard-Yenching Library）

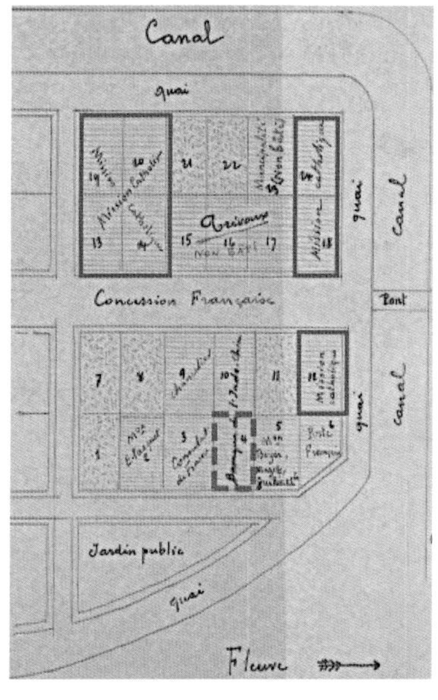

图3-25 天主教会产权分布图（1904年）[①]
（图片来源：底图来源于：Ministère de l'Europe et des Affaires étrangères. Concession française de Canton. 1900-1906.）

① 4号地块在1902年由天主教会转让给东方汇理银行，此处用虚线表示。

度高、易雕刻，本土民居均偏爱青砖，而在闽南和粤西地区民居则偏爱红砖。

随着霍夫曼窑在欧洲的普及，机器压制批量烧制的红砖成为流行的建筑饰面。英国爱德华时代（1901～1915年）大盛红砖建筑风格，在20世纪初的香港，清水红砖立面的公共建筑纷纷建立，其红砖有时来自广东①。至霍夫曼窑于19世纪末传入中国②，1907年广东士敏土厂附设砖厂、1908年设香山机器制砖有限公司、1932年澳门设立青洲砖厂，本地才有电力机器压制的砖块，其质量上乘而可以直接用于外立面。

在广州沙面大街10号中，墙体采用了9英寸×4.5英寸×2.5英寸（约228毫米×115毫米×63毫米）的红砖，英式砌法，一排露头砖，一排侧砖，两排交替砌筑，建筑墙体厚2皮砖，结构稳定性强。砖缝采用石灰砂浆（石灰、砂石、水），缝宽8～10毫米。这种砖的尺度和砌法已经相当成熟，在1926年河北献县法国耶稣会传教士编写的《传教士建造者手册》中，砖的主要尺寸推荐在8～10英寸（约20～25厘米）间，且应作为设计建造的模数尺度。对于教会建筑来说，坚固、经济、美观是最为重要的建造原则，选择红砖比青砖更为经济；对于优质砖块和重要项目，手册建议在合同中明确砖块的精确尺寸和重量，并通过选择优质黏土、向制砖商提供形状、一个或多个窑炉以及充足的燃料来控制生产过程。③尽管红砖在当时的岭南地区尚未得到机械化生产，但是在本土坊间的红砖制作和运用技术已经较为成熟（图3-26～图3-28）。

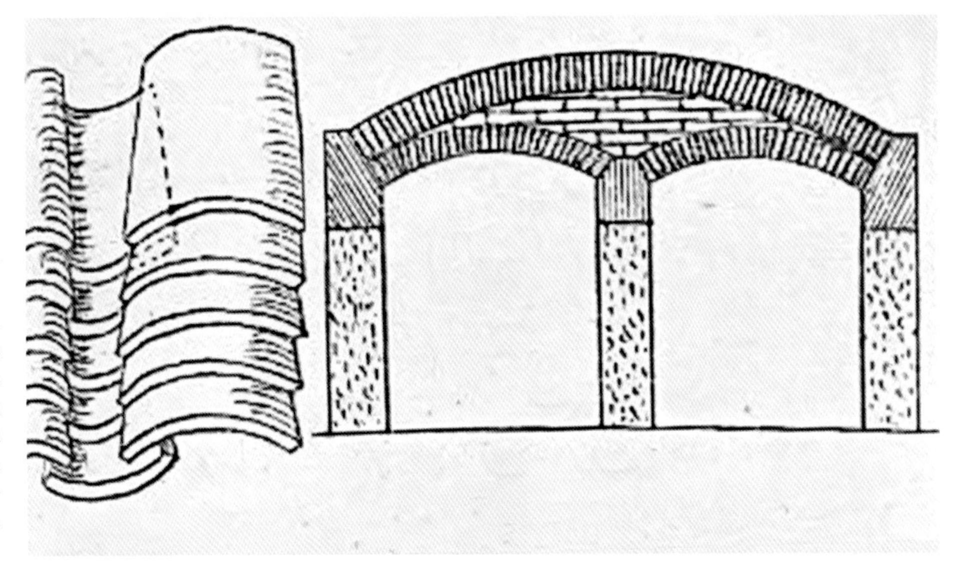

图3-26《传教士建造者手册》中的砖拱的砌筑

（图片来源：COOMANS T. A pragmatic approach to church construction in Northern China at the time of Christian inculturation: The handbook "Le missionnaire constructeur", 1926[J]. Frontiers of Architectural Research, 2014(3), 89-107.）

① 陈德锦．红砖建筑在香江［N］．大公报，2021-03-31［2024-04-28］．http://www.takungpao.com.hk/culture/237140/2021/0331/569119.html.

② 李海清，于长江，钱坤，等．易建性：环境调控与建造模式之间的必要张力——一个关于中国霍夫曼窑建筑学价值的案例研究［J］．建筑学报，2017（7）：7-13.

③ COOMANS T. A pragmatic approach to church construction in Northern China at the time of Christian inculturation: The handbook "Le missionnaire constructeur", 1926[J]. Frontiers of Architectural Research, 2014(3), 89-107.

图3-27 北立面剥落抹灰后露出的红砖砖柱

图3-28 英式砌法

使用红砖的问题主要是其密度不足，不耐潮、不耐碱。因而，建筑架空约1米抬高首层地面，以花岗岩砌筑墙体基础[①]和台阶。

（2）花岗岩的灵活运用

花岗岩是具有广府地方特色的建材，花岗岩麻石整石在广府祠堂的建造中被运用在墙基、台阶、檐柱、横梁、门楣、窗楣等部位；在圣心大教堂的建造中，法国和本地石匠以精湛的石作技艺合作呈现了法国建筑师设计的哥特式建筑。圣心教堂建造所用的石材采自香港九龙的花岗岩采石场，以1英尺×1英尺（35厘米×35厘米）截面尺寸的长短石条，经水路运至广州[②]。

花岗岩也运用在了传教士住宅的结构和立面形式中——在二层柱廊上直接设置花岗岩柱头和花岗岩平梁，截面尺寸约45厘米×45厘米，石材很可能也采自教会控制的九龙采石场。这似乎在二层以上墙体荷重较小的情况下是一种简易而美观的做法，值得让花岗岩以其本身的材质呈现在外立面上——在巴黎外方传教会持有的4号地块、12号地块建筑中也应用了相同的花岗岩平梁的处理方式（图3-29、图3-30）。

石作横梁应用的结果是柱廊高度与开间的比例能够超越木构横梁和砖构拱券，而根据房间开间的实际需要调整柱廊的高宽比，而非其他竖长的黄金比例。而以本地常见的花岗岩为建材，是我国粤港澳地区外廊式建筑不同于东南亚等其他地区的主要特征。这也解释了前文第2章2.2.2中所述关于广州沙面大街10号建筑立面几个不同寻常的特征。

① 汤国华. 广州沙面近代建筑群 艺术·技术·保护［M］. 广州：华南理工大学出版社，2004.

② 马崇义（Matthieu Masson）. 广州圣心大教堂的设计和建造［M］//中山大学西学东渐文献馆. 西学东渐研究第八辑：广州与明清的中外文化交流. 朱志越，译. 北京：商务印书馆，2019：116-161.

2．哥特式装饰元素

圣心大教堂、露德圣母堂均为哥特复兴风格的建筑，体现了巴黎外方传教会对哥特复兴式风格的青睐。在维克多·雨果及勒·杜克一代的影响下，哥特复兴风格已经成为法国的民族风格，在法国十分流行；1858年法国巴黎外方传教会接管两广教务，法国公使馆在天主教传教活动中发挥着中心作用[①]。

哥特复兴风格的露德圣母堂在英法租界一侧颇具地标意味，广州沙面大街10号最初作为巴黎外方传教会的房产，延续了与之相邻的露德圣母堂所采用的装饰元素。建筑在檐口、地砖、天花纹样、围墙等处的装饰细节中，呼应了露德圣母堂的立面元素（图3-31）。

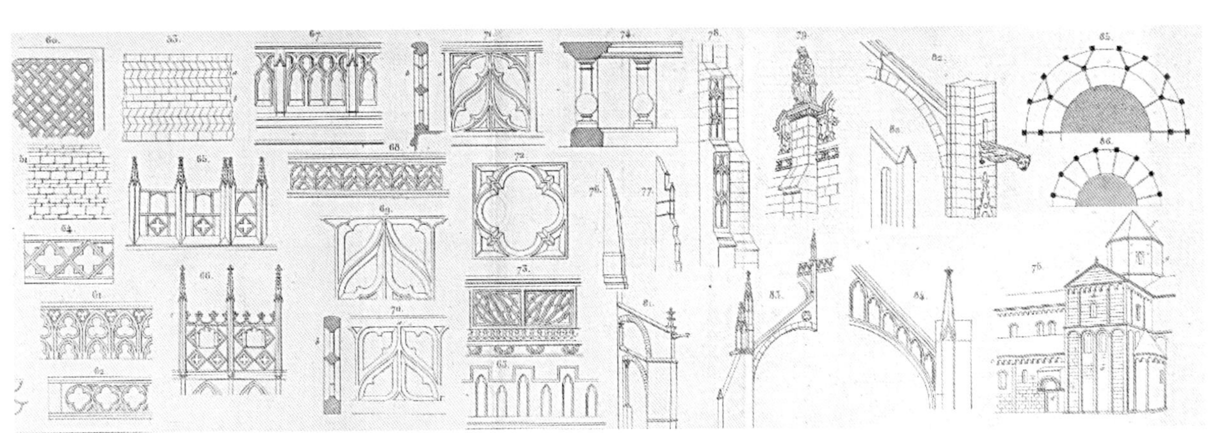

图3-29 4号、12号地块的石作平梁

图3-30 “法国兵营旧址”的石作平梁

图3-31 哥特复兴式建筑手册中的哥特元素构件

（图片来源：《宗教纪念碑的新建筑师手册》（*Nouveau manuel complet de l'architecte des monuments religieux*），1859）

① COOMANS THOMAS. Gothique ou chinoise, missionnaire ou inculturée? Les paradoxes de l'architecture catholique française en Chine au xxe siècle[J]. Revue de l'Art, 2015(3), 9-19.

（1）四叶草图案的女儿墙装饰

广州沙面大街10号建筑檐口上的女儿墙采用了与露德圣母堂相同的圆形四叶草图案，这种图案常见于哥特式建筑的肋条装饰中，作为镶嵌玻璃的石雕框架。作为哥特复兴风格建筑的常见母题，圆形四叶草图案也出现在了1859年在法国出版的一本哥特式风格建筑师手册中。这本册子基于考古成果，旨在指导建筑师和神职人员修复哥特式教堂。这类图文结合的建筑风格手册畅销一时，也是教会中神职人员建造的重要参考。圆形四叶草装饰在中国近代天主教堂中十分常见，在广州圣心大教堂中也采用了相同的窗饰和檐口装饰元素（表3-5）。

哥特复兴风格建筑的本土范例和范式比较　　　　表3-5

广州圣心教堂出现的圆形四叶草图案

沙面露德圣母堂及“法国兵营旧址”的圆形四叶草图案

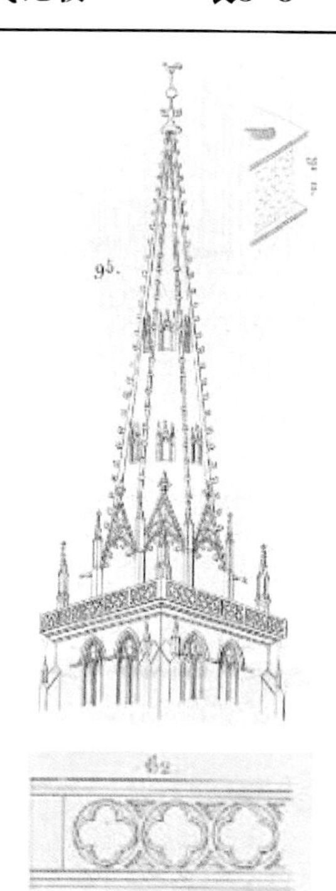

《宗教纪念碑的新建筑师手册》中的圆形四叶草母题及装饰场景

图片来源：《宗教纪念碑的新建筑师手册》（*Nouveau manuel complet de l'architecte des monuments religieux*）1859，鲁汶大学图书馆藏。

广州沙面大街10号女儿墙上的四叶草装饰

19号地块建筑女儿墙

（2）三叶草图案的水泥花阶砖

铺设于外廊的法国进口水泥花阶砖也采用了哥特复兴风格建筑装饰中常见的卷草纹样，这种纹样在韩国首尔明洞大教堂（1892年奠基，1898年启用）遗存的花阶砖中也有所运用（图3-32）。韩国明洞大教堂的中央走廊、走廊和祭坛都使用了进口水泥砖，花阶砖背后标识有生产厂家，LARMANDE PERE@ FILS VIVIEREES CARRELAGE[①]。

“法国兵营旧址”现存有波打线和黑白格共五种样式（黑砖、白砖，波打线及阴阳转角砖）的水泥花阶砖（图3-33）。这种波打线采用了三叶草的连续图案，这种三叶草是圆形四叶草的一种变形，与广州圣心教堂附属建筑主教府（图3-34）所采用的样式相似，而在叶尖的形状和阳角转角砖样式上略有不同。而韩国首尔明洞大教堂的花阶砖采用了六瓣叶子的变形，呼应六边形的地砖形状。

图3-32　韩国首尔明洞大教堂花阶砖（1892～1898年）

图3-33　“法国兵营旧址”花阶砖样式

图3-34　广州圣心教堂主教府花阶砖样式

① Narae Kim. Architecture des Missions Étrangères de Paris en Corée (Père Coste 1847–1897) [D]. Paris: Art et histoire de l’art. Université Paris sciences et lettres, 2018.

（3）其他装饰特征

除却上述标志性的哥特式建筑风格元素，广州沙面的早期教会建筑还展现了传教士们在实施过程中的一些共同建筑理念和习惯。根据历史档案的记载，只有圣心大教堂有明确的建筑师主持设计，而其他教堂则多由传教士指导建设。这些早期的教会建筑师与后来如帕内、伯捷、丹备等在沙面执业的专业建筑师有着显著的区别。后者不仅接受了系统的建筑学教育，还在广州本地执业，他们的设计作品类型多样，数量也相当可观。而传教士很可能参考了相同的建筑样本或范式，同一建筑师不可避免地形成了一些独特的使用习惯或对某些细节有着特别的偏好，从而在他们的建筑中体现出一致的特色，构成了广州早期天主教会建筑的典型风貌。

1）四坡弧形顶的围墙样式

早期露德圣母堂13号、14号、19号地块的围墙柱都采用了四个坡屋顶组成的“十”字形组合屋顶形式（图3-35、图3-36）。

2）外八字形的入口栏杆

从入口栏杆的样式上来说，这几栋教会建筑更青睐使用外“八”字形的入

图3-35 13号、14号地块的矮墙
（图片来源：Harvard-Yenching Library）

图3-36 东方汇理银行旧址矮墙
（图片来源：ARNOLD W. Twentieth century impressions of Hong-kong, Shanghai, and other treaty ports of China [M]. London: Lloyd's Greater Britain Pub. Co., 1908: 792.）

口台阶形式。对于底层架空的外廊式建筑来说，上升台阶扶手的优雅曲线与哥特复兴风格的线条较为契合，并且在多人通行时行走较为流畅（图3–37～图3–40）。

3）透气带纹样

板条天花周圈透气带的镂空处理是岭南地区外廊式风格建筑所特有的做法。这是一种与结构形式相关联的本土构造，在木檩条下钉挂木板条天花，透气带能够保证天花板条和结构木檩条之间的空气流通，避免潮湿。在澳门和广州沙面地区的外廊式建筑中，都采用木板条天花配合周圈透气带的形式，避免潮湿天气下天花上的空间闷顶导致木檩条受潮，滋生白蚁。

沙面早期建筑采用了相似的透气带纹样，其中权属属于巴黎外方传教会的12号地块（现沙面大街4～10号）、14号地块（现“法国兵营旧址”）、19号地

图3–37　露德圣母堂副楼台阶

图3–38　圣心教堂主教府台阶及花岗岩扶手

图3–39　印度人住宅台阶（现已消失）（1985年）（图片来源：网络）

图3–40　东方汇理银行旧址台阶

块（露德圣母堂副楼），以及澳门玫瑰圣母堂都采用了相似的线条与六瓣花形组成的板条天花纹样（表3-6）。

天主教会建筑中的天花透气带纹样 表3-6

沙面大街10号建筑天花痕迹	沙面大街4～10号印度人住宅外廊天花	沙面露德圣母堂副楼天花透气带	澳门玫瑰圣母堂（1874年重建）天花

3.3 文物价值

2001年《广州沙面建筑群保护规划》将沙面大街10～12号前座的“法国兵营旧址”评为B类文物建筑。B类文物建筑即建筑立面风貌较A类较为逊色，建筑物内部结构和构件完好程度也较低于A类，其保护要求为外立面不变、结构体系原则不变、内部有特色的装饰不变，内部间隔在不改变特色性结构和装饰的前提下可根据需要作适当调整。

1. 典型外廊式建筑展现岭南的全球化历史

广州沙面大街10号为广州现存最早一批外廊式建筑，券柱廊、百叶窗等元素沿用了外廊式建筑风格和语言，展现了19世纪末政治动荡而文化交汇的历史。从广州沙面大街10号为代表的法租界早期建筑群中，人们能够以沙面为背景了解到较鲜为人知的历史。

2. 作为最早一批遗存标注广州近代建筑的起点

广州沙面大街10号是教会人员监督下本土承建商建造的建筑物，本地工匠由此最早接触并掌握了红砖、进口花阶砖等西洋建材的建造方式，这些材料继而在20世纪初得到了本土化机械生产并被广泛运用。作为广州最早一批近代建筑遗存，广州沙面大街10号标注了广州近代建筑建造的起点。

3．建筑历经嬗变见证沙面岛的建立与发展

广州沙面大街10号最早应是作为传教士住宅使用，进入新中国以后，建筑完全转变为公共建筑使用，其格局和结构都经历了一度改变和翻新；21世纪以来，建筑作为私营酒店和母婴会所，使用私有化的过程中建筑格局再次大行改动；本次保养维护与装修工程以后，建筑作为展厅和办公场所重新对市民开放，促进文化交流，承担新的社会使命。建筑使用功能和身份的数次改变，恰恰是沙面岛发展历程的缩影；建筑历经一百三十余年不衰，见证了沙面岛嬗变的历程。

第 4 章　保养维护

广州沙面大街10号，这座跨越三个世纪的百卌年建筑，见证了沙面岛的风雨变迁与繁荣发展。在其漫长的历史长河中，它不断地适应着时代的变化，屡次转变使用功能，并经历了数次的翻修与改建。这种丰富而复杂的历史背景，不仅赋予了它珍贵的历史价值，也为我们的修复工作带来了诸多挑战。

2023年3月，广州市城市规划勘测设计研究院[①]承租了这幢建筑，并着手对其进行修复。数易其主后，许多珍贵的历史痕迹已被岁月抹去或人为修改，使得许多原始的建筑特征已不复存在。尽管我们竭尽所能地搜集历史资料，但仍难以寻获其原始的建设图纸。在资料匮乏的困境下，加之文物保养维护工程的限制，我们很难进行全面而深入的勘察。因此，我们只得在现有条件下，尽可能地修复这座建筑，恢复其历史的风貌和价值。在这场揭示该建筑真实面貌的旅程中，如同管中窥豹，一点点摸索与感知，逐步揭开这座建筑神秘的面纱。

探源而知往昔——历史与图档研究

近代建筑继承于古典建筑，类似语言的发展，古典设计是从历史中汲取了力量与灵感，不断演变与优化。历史的符号在每一个时期都经历了更迭，形成了各自稳定的范式。大到整体的比例与结构，小到细节的线脚与构造，每一个元素都承载着它们自己的历史故事。

在研究该建筑的每一个要素时，我们都深入挖掘这些元素背后的历史，探索它们几个世纪以来的演变过程以及所遵循的范式。采用相应时代的材料、做法与工艺，在修复过程中严格遵守真实性原则。对于那些仅留下些许痕迹的细节，我们也可以从范式或案例中汲取古典建筑中约定俗成的做法，力求复原其原貌特征。

析同而知共性——同类建筑比较

前文详述了广州沙面大街10号作为典型的早期外廊式建筑与教会建筑的价值。在现今保存完好的教会建筑中圣心大教堂主教府、露德圣母堂神父住宅、印度人住宅、早期东方汇理银行，以及历史影像中的法租界18号、19号地块等建筑，都为我们的修复工作提供了重要的参照。

教会建筑多数是在传教士的指导下，由当地工人建造的。由于传教士在建筑设计方面的专业知识有限，他们在图样和建筑范式的选择上，不可避免地会重复使用某一组大样或相似做法。这些做法在沙面大街10号建筑上也有充分的

① 广州市城市规划勘测设计研究院于2023年转企改制为广州市城市规划勘测设计研究院有限公司。

体现，这些设计极其相似又自成一派，展现出了其独特的坚持和审美喜好。尽管这些建筑的保存状况各异，但通过交叉对比和相互印证，让我们得以证实或纠正许多之前的猜想，进一步完善和丰富细部内涵。

见微方可知著——详细勘察

在多次改建过程中，建筑原有的价值要素已经被修改或抹去。在深入的文物勘察过程中，我们得以重新解读这栋建筑。从基座下方隐约可见的透气孔砖拱痕迹，我们得以想象并还原出一个曾高达1米的基座；从入口台阶麻石的独特切角方向，我们描绘出一个中轴对称、庄严肃穆的入口形象；那些被破坏的丁砌机制砖，让我们推测出其原有基座上的精致线脚。窗台石的切口断面的不同，使我们能够一窥其原始的总平面布局，以及与副楼之间的关系。从花阶砖的铺贴细节，我们纠正了母婴会所误铺的地砖，重现了一个充满法式浪漫风情的外廊。从这些一砖一瓦的蛛丝马迹中，我们找到了重要的信息，从而提供重要的修复实证依据。

匠心以复原貌——保养维护的设计与施工

对传统工艺的延续和使用既是文物保护工作中对真实性的要求，同时也体现了对文化、历史与艺术传承的理解与尊重。匠心修复文物，我们在这栋建筑中坚持采用传统工艺，而建成效果证明了我们对传统的坚守是正确的。广州的回南天空气湿度极高，传统纸筋灰具备吸水透气的性能，与现代的水性外墙涂料结合，能够使面层内外的水汽流通，避免红砖墙体受潮腐蚀。花阶砖的传统石灰砂浆结合层与透气的水泥微孔，使得地面对比瓷砖具有良好的防滑效果。而传统石湾陶瓷工艺制作的宝瓶栏杆，其色彩与光泽在时间的洗礼下愈发温润。

4.1　墙

4.1.1　立面色彩

1. 初见

母婴会所使用期间，从沙面大街望向建筑时，开敞的外廊结构保存完整，上部的柱廊与下部的券廊结构较为清晰。观察其立面，呈现出以下特点：首先立面色彩呈现出明显的三层分段，从上至下来说，女儿墙色彩最浅，接近白色；二层的为米白色，塔司干倚柱的平梁和柱头是采用花岗石，柱身和柱础为白色；首层整体颜色最深，是明亮度较高、饱和度较低的黄色，拱券、拱心石和方形壁柱均为白色。立面增设了广告招牌、雨棚等构件，三层后期加建的透明雨棚严重影响了立面结构的整体性，亟待“卸妆展露真容”（图4-1）。

2．探究

（1）色彩构成逻辑浅析及兵营立面色彩修正

沙面早期外廊式建筑的现存色彩因多次重刷难以追溯原貌。因此，我们借助沙面的历史照片，以探究其最初的立面与色彩设计逻辑。

这些建筑在立面色彩上保持着自上而下的统一性，其色彩变化的重点在柱式、拱心石、拱券及线脚装饰。通常，若建筑整体采用深色立面，则以浅色线条点缀，其中拱券外侧及横向线脚多使用白色，而拱心石则延伸至室内并施以浅色，拱券内部保持深色，例如纽汉住宅和东亚贸易公司旧址便是如此。相反，若整体色彩偏浅，檐口、拱券外侧及券脚处常采用深色装饰，如18号地块和法国传教士住宅旧址。壁柱则往往与立面同色。殖民地外廊式的晚期建筑在选用清水红砖作为立面材质时，拱券内部也常涂以白色，与红砖形成鲜明对比，在洛士利洋行旧址和粤海关俱乐部旧址中均是如此（图4-2、图4-3）。

图4-1　母婴会所使用时期建筑立面（拍摄时间：2023年2月）

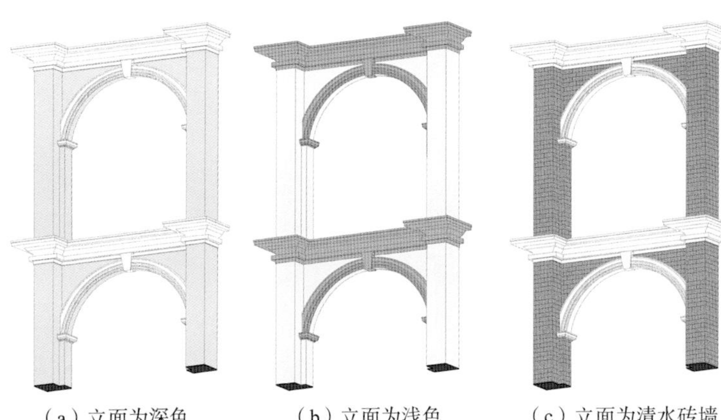

（a）立面为深色　（b）立面为浅色　（c）立面为清水砖墙

图4-2　历史照片中的沙面外廊式建筑色彩分析

纽汉住宅旧址

东亚贸易公司旧址（现沙面南街28号）

18号地块（现火车头餐厅，已灭失）

法国传教士住宅旧址

洛士利洋行旧址

粤海关俱乐部旧址

图4-3　历史照片中的沙面建筑立面色彩
（图片来源：State Library Victoria）

因此，建筑立面三段不同颜色显然与上述规律不符，其色彩应上下统一。首层壁柱应与立面同色，首层和二层的横向线脚、拱券外侧及拱心石均应为白色。拱券内侧的色彩则有所争议，黄色更符合历史照片中的色彩规律，但在现有的沙面建筑群的修缮与保养维护中，白色为更常见的选择。尽管最终我们选择了白色，但对此细节的研究仍然具有意义，为今后的修缮工作提供了更为精细化的参考依据。

（2）立面材质研究

早期沙面建筑尚未采用清水红砖，立面采用本地传统工法，往往需要再抹石灰水平整并塑以装饰线条。材质的细节做法在香港1849年建成的圣约翰堂建造的合约中提到，“必用省城灰石，全坚之顶好砖，用一份石灰三份清水沙，相贴以筑其墙……其柱其拱在门上，必细心而造之，用番泥灰，并不用俗灰……必用粗石块与墙均厚，长二尺，高一尺，阔二尺，必插至加其门窗架……构梁凸出以引滴矣。间二尺必插木砖，以铁条在其上也，贴在各门窗柱，以塞其刷灰石。”[①]通过石边框、内砖墙外抹灰泥的本地做法实现材料间的连接和塑造装饰细部。[②]其中，番泥灰即意大利进口火山灰，这种灰泥后来由以石灰混合黏土烧成灰制成的英泥替代，并于1899年在香港红磡设厂生产。

---

① 马冠尧. 香港工程考［M］. 香港：三联书店香港有限公司，2011：56.

② 薛颖. 近代岭南建筑装饰研究［D］. 广州：华南理工大学，2012：116.

（3）详细勘察与现场痕迹

在立面保养维护的过程中，我们在北立面外廊的局部进行了揭层分析（图4-4），找到了百年来多次修缮采用的立面材质——原始最底层批荡采用20毫米厚米黄色光面灰砂压实，这很可能是建筑最早期的立面做法，为砖构墙体防潮隔碱的同时能够完成简单的立面阴刻线饰；第二层为黄色石立面灰水，是20世纪常见的立面材质，材料便宜常见且防虫防潮；第三层为腻子乳胶漆，为亚运工程以来新做的浅黄色饰面。在历史照片中可以看到，建筑在20世纪90年代还经历了“灰色立面”时期，南立面基座中还遗留有小部分水刷石的痕迹（图4-5），可能就是那个年代对南立面做的整修，这种后期粉饰的立面材料在沙面历史建筑中较为常见，亦体现了一种时代特色。

3．复原

（1）现代材料与传统工艺结合，让外墙“呼吸”

针对目前建筑外墙抹灰污损开裂及局部脱落的问题，在原石灰砂浆层之上重做腻子层，后塑纸筋灰装饰线条，保留原建筑痕迹且立面材料具有可逆性。在传统工艺中，石灰砂浆、纸筋灰与石灰水都有良好的吸水性能，因为它们作为碱性物质可以发生水合反应，大多旧墙壁和地板允许从地面升起的少量湿气逸出，在潮湿的时期，石灰层能够吸收水分，而在晴天可以再次干燥，随着水汽的浓度“呼吸”，从而使内部的砖墙维持其自然孔隙度。

而在面层的选择上，如果采用传统石灰水的做法，则耐久性较差，且黄色颜料在雨天容易脱落。考虑到材料的耐久性及美观性，面层最终选用可透气的进口水性涂料。将传统工艺及现代材料结合，共同达到让砖墙透气的目的（图4-6）。

图4-4　北立面揭层分析

图4-5　南立面部分残留水刷石立面材质痕迹

（2）还原建筑本“色”

首先，修复的第一步是“卸妆”，在拱券、腰线的装饰线条处拆除了原来外加的招牌、雨棚等设施后，采用传统草筋灰重塑，面刷白色乳胶漆。拆除南立面三层的雨篷，使建筑立面恢复原有比例。

其次，结合上节中对于立面色彩构成的研究，将整体立面色彩统一。在立面颜色选择北立面勘察揭层的黄色相似的颜色，在具体选用颜色的过程中，进行了多次比较（图4–7），最终选用的是本杰明摩尔油漆的2154–50色号，与沙面建筑整体色调相协调又不失优雅稳重；内廊也刷为和外墙一样的黄色，与墨绿色的门窗搭配，恢复沙面外廊式建筑的色调和风格。

最后，将各细部色彩进行了修正，将首层壁柱的颜色调整为黄色。二层的塔司干壁柱也由砖砌筑，通过表面的厚抹灰层塑型修整为圆柱。檐壁的线脚只用一小方脚线，柱头由圆线脚与柱顶垫石组成，柱头颈用小圆凸角线与柱身分开，柱础由柱座盘和柱底座组成，它们之间没有过渡线脚。在历史照片中，柱础灰度、颜色与整体立面相同，在保养维护中也将柱础颜色调整为与立面黄色相同（图4–8）。

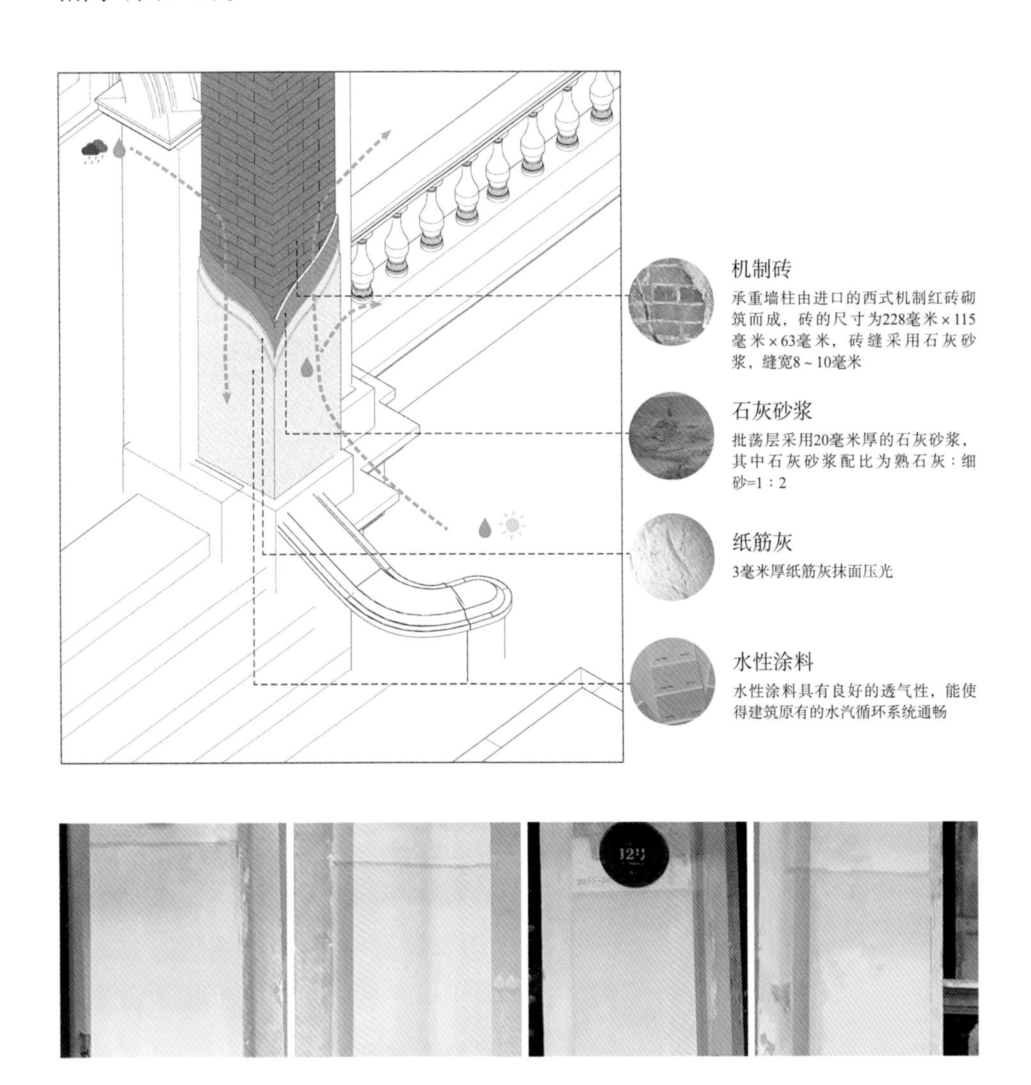

图4–6　外墙构造

图4–7　立面色彩比选

图4-8　立面颜色修正后
（拍摄时间：2023年11月）

4.1.2　门窗

1．初见

针对母婴会所使用时期的百叶门窗进行初步勘察时，发现其已全面替换，采用的主要是山樟木，推测应为亚运会期间重做的一批门窗。重做的时候，由于老杉木采购困难，而新杉木在硬度和含水率方面又存在不足，因此选择了山樟木作为替代材料。百叶门的门闩现已缺失，外侧百叶门呈现出偏深、偏黑的色调，而内侧门则被不恰当地粉刷成了醒目的黄色（图4–9）。

2．探究

沙面建筑的百叶窗设计常与敞廊相结合，这种布局不仅提供了遮阳和防眩光的功能，还促进了室内外的热压通风。百叶窗在保持室内遮蔽的同时，不妨碍空气的流通。特别是在高大的百叶门上方设置的亮子，进一步增强了室内的采光和通风效果。有时，百叶窗也直接应用于受阳光直射的建筑外立面。治平洋行职员合影中可以看到当时的敞廊生活场景，一群人悠闲地坐在敞廊上休憩（图4–10）。室内需要采光时，可打开外部百叶门，利用内侧玻璃门进行采光。

作为一种适应炎热气候的遮阳透气窗，百叶窗多以杉木为主材，由数十根略向下倾斜的木条排列而成以遮阳。在沙面的建筑中，双侧百叶门窗得到广泛应用。这种双层窗户的外层可以进行开闭调节以实现遮阳和通风；中间的木拉杆可以调整百叶的倾斜角度，并通过横向的短木条固定在内门框的金属片上

（图4-11）。为了增大采光面积，门窗上方常设有亮子。而内层的玻璃窗则起到遮雨和保温的作用。落地窗洞通常设计为八字形，当内层玻璃窗开启时，窗扇宽度恰好与八字形门洞宽度相匹配，从而避免遮挡室内空间的使用。此外，沙面建筑的双层门通常配有精美的门套，这些门套多为木质材质，不仅限定了门洞的大小，还为门窗增添了丰富的层次感。原状的外门窗镶嵌有门套，门套与地面的交接处设有踢脚板作为室内外踢脚的过渡。

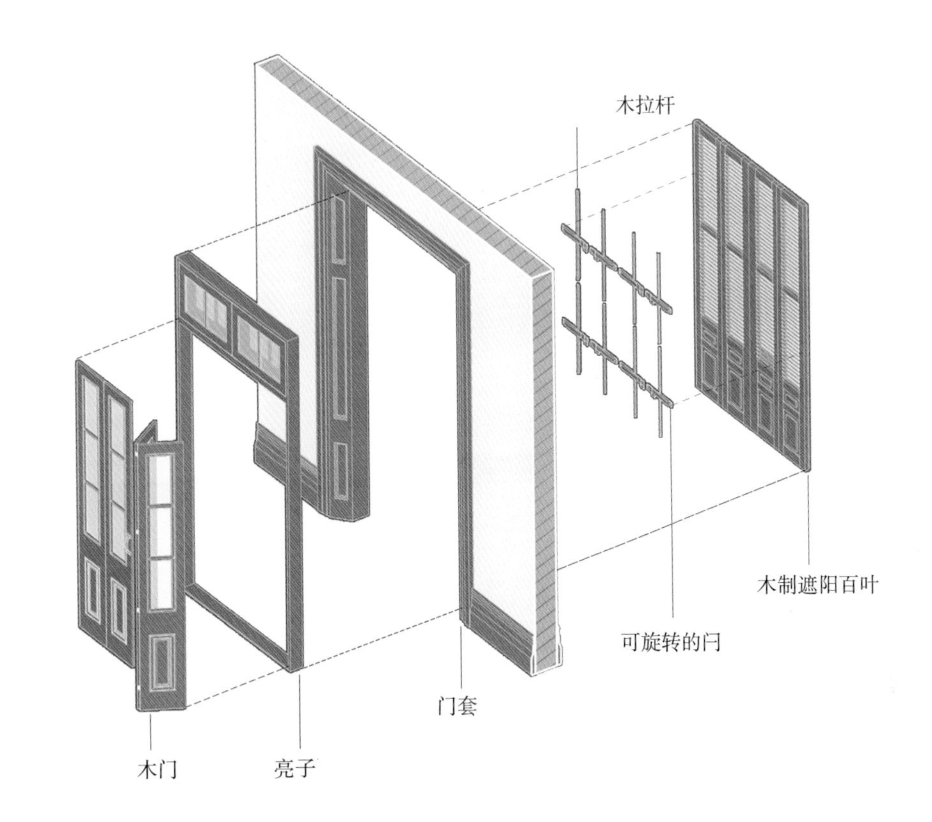

图4-9　百叶门大样

图4-10　治平洋行职员合影
（图片来源：State Library Victoria）

图4-11　修复前百叶门窗（拍摄时间：2023年2月）

3．修复

尽管我们可以推测建筑原有的外廊上曾装有精美的双层百叶玻璃门，但考虑到本次工程为保养维护性质且重做所有门窗造价较高，在保养维护范围内我们仅对残损、变形或受白蚁蛀蚀的门窗进行了修补。同时修正了原不当粉刷的黄色内窗。

修补过程先小心卸下待修的门窗扇，检查五金构件、榫位等部位，修补破损、蛀朽部位。木门窗、木窗框先用中性脱漆剂软化构件表面，手工刮除旧漆膜，木材打磨平整后刷CCA防白蚁药两遍；猪料灰填充木材表面缝隙和封闭板面；用砂纸打磨平整后着醇酸漆三遍，调色与原深墨绿色百叶门相同。

在百叶门色彩的选择上我们进行了多方比较和效果测试。经过重新修补漆面并对漆面颜色进行详细比较，我们共调制了黑色与绿色比例为3：1、2：1、1：1等三种配比的涂料并在各种光线下进行比较（图4–12）。最终选择了比例为2：1的色彩方案，在远观时呈现偏黑色，而在近看或阳光下则展现出墨绿色的光泽（图4–13）。

黑色：绿色=3：1

黑色：绿色= 2：1

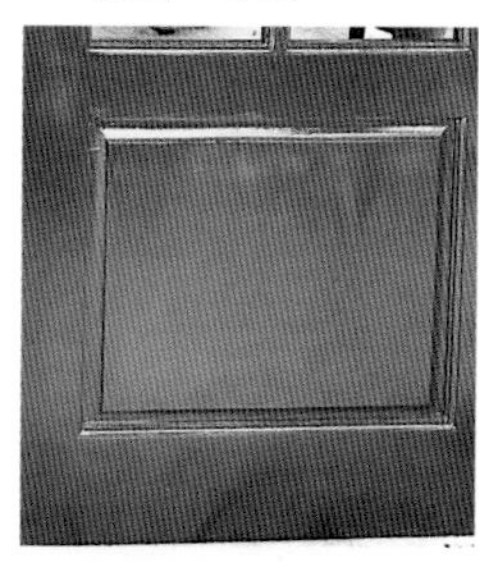

黑色：绿色=1：1

图4–12　门窗颜色多方案比较

图4–13　门窗修复后（拍摄时间：2023年11月）

4.2 院

4.2.1 基座及入口

1．初见

岭南近代建筑通常采用经典的竖向三段式，将建筑的基础部分抬高。而建筑原有的基座已被母婴会所改造后隐藏在架空的木地板之下（图4-14），难觅踪影。在保护利用的过程中，通过梳理沙面建筑群中基座以及入口的原状，总结其规律，以现场勘察为基础，结合历史档案和历史研究，还原一个原状的建筑基座。遗憾的是，受限于各时期的改建，我们只能在现状条件下，尽可能还原和展示历史信息，恢复建筑基座，呈现出“凡屋有三分”（基座、墙身、屋顶）的经典立面设计。

2．探究

（1）沙面建筑群的建筑基座及入口做法

1）基座

沙面建筑的早期外廊式建筑主要采用三段式构图，以凸出墙面的列柱和连续拱券为立面的主要构图元素。其基座的主要特点为：①基座立面装饰简洁，表面材质主要为涂料面层或者花岗岩，仅用不同的颜色区分基座和墙身。②基座体现了国外建筑师对中国传统干栏式建筑和西方古典主义建筑基座的改良，基座多为架空层。受到基座结构限制，作为承重墙的四周墙体立面较为

图4-14　基座（拍摄时间：2023年2月）

封闭，立面上开设具有简洁几何图案的通风口，对建筑具有通风、防潮作用。③基座延续墙面的做凸出列柱形式，以保持同一立面装饰风格，并做简单柱础造型。[①]

在沙面建筑群中，根据对早期外廊式建筑基座和建筑高度数据分析，基座层的高度在0.7～1.0米，基本上等于4～6个台阶的高度。相较于沙面中晚期的建筑，在立面中所占据的比例较低，并不十分突出基座的雄伟感，更强调其作为功能上的防潮与通风功能（图4-15）。

基座层下多为架空层。在其平面内部，设置贯通的小型通道，形成连续的通风系统，起到非常好的降温和隔热隔湿作用。中后期的建筑层数更多，基座自然更加雄伟，基座层往往较高，兼做地下室或者半地下室功能，内部可以储藏储水等。地下室对通风采光的要求要高得多，因此这类建筑的基座上开洞偏大。

2）透气孔

部分建筑的首层开有透气孔，这些透气孔也与基座一同构成了立面的重要

的近洋行　粤海关俱乐部　太古洋行

法国传教士住宅　印度人住宅　泰和洋行

沙面北街43号住宅　露德圣母堂　东方汇理银行（早期）

图4-15　沙面建筑群基座
（图片来源：左上一、左上二：State Library Victoria；右上：University of Bristol-Historical Photographs of China reference）

① 葛鹏飞. 广州近代建筑基座初步研究［D］. 广州：华南理工大学，2021.

元素。透气孔通常为简洁的几何形状图案，最常见的为拱形和长方形，也有正方形、半圆形、圆形。每个开间中通常开设1个透气孔，开设在各开间的正中间。在个别建筑，例如岭南大学马丁堂、粤海关俱乐部中也有开设2个透气孔的例子，这种情况下通常会分设在单个开间的两侧，沿中轴对称设置。

透气孔大小通常不大，在早期建筑中，建筑基座高度通常为0.7 ~ 1.0米，透气孔宽度约为0.4 ~ 0.6米，高度约为0.3 ~ 0.4米。透气孔底部距离室外地坪距离高度不等，大部分早期建筑中仅略高过室外地坪。显然欧洲人对广州的暴雨天气还是不够了解，透气孔下部的反坎或线脚有时还是难以防止水倒灌进入架空层。前文中提到沙面岛中水患较为严重，当基座为透气层而非半地下室时，水浸后不能完全排出，透气层容易积水潮湿，反而不利于建筑基座的安全。因此，目前在沙面早期建筑中，底部距地面较近且尺寸较小的透气口大部分已经被封堵。

3）勒脚

勒脚是基座的重点装饰部位，在构图上能很好地承托上部建筑，沙面建筑群的基座有两种主要类型：早期建筑的勒脚通常为两段式，上段为水平方向的线脚，下段为垂直向下的线条或向外凸出的放大基座。水平线条主要起装饰作用，作为墙身与基座的分界线，其高度与室内地面平齐。该线条往往外凸，用以承托整体上部建筑，因此通常设置在主要立面上或环绕建筑一周。线脚分为直线线脚与曲线线脚两种。直线线脚以叠涩形式或折线形式为主，如宝华义洋行和粤海关俱乐部的线脚就是往下逐渐收窄的叠涩形式。而曲线线脚以馒形线脚与枭混线脚居多，例如法国传教士住宅、法国海军办事处均采用了这类线脚。多样的线脚形式丰富了建筑立面形式，使得近人尺度有更为丰富的视觉体验（图4–16）。

（2）详细勘察与现场痕迹

在现场基座勘察的过程中，发现沙面大街10号与其他沙面岛上的建筑相似，都有近1米高的基座。在每一开间靠近柱边一侧，可见原架空层透气孔的拱形砖砌痕迹（图4–17）。建筑外廊共6个开间，除去出入口的2个开间，剩余的4个开间均开设2个透气孔，因此推断原建筑基座南立面开设8个透气孔。而后在多次对沙面大街、庭院的改建中，室外不断抬高，形成了现在的高差关系，透气孔被封堵，并且部分已被掩埋在地下。这也意味着现在的室外标高并不是原状标高，地下或许会有新发现。

现场施工过程中，果然发现两侧入口台阶最底部往下均还有一条5000毫米（长）× 400毫米（宽）× 180毫米（高）的麻石（图4–18）。根据现场情况推断，这是最底部一级麻石台阶。麻石顶部距离上方约20毫米，同时，这条麻石的顶部还有部分砖的痕迹，表明上层台阶的砖砌基础曾在此处搭接。麻石两侧均有30° ~ 60°的切角，推测是为适应两侧垂带石收口所需的形状。以上这些发现都表明原室内外高差并不是现在的四级台阶，而是六级台阶。此外，根据现有证

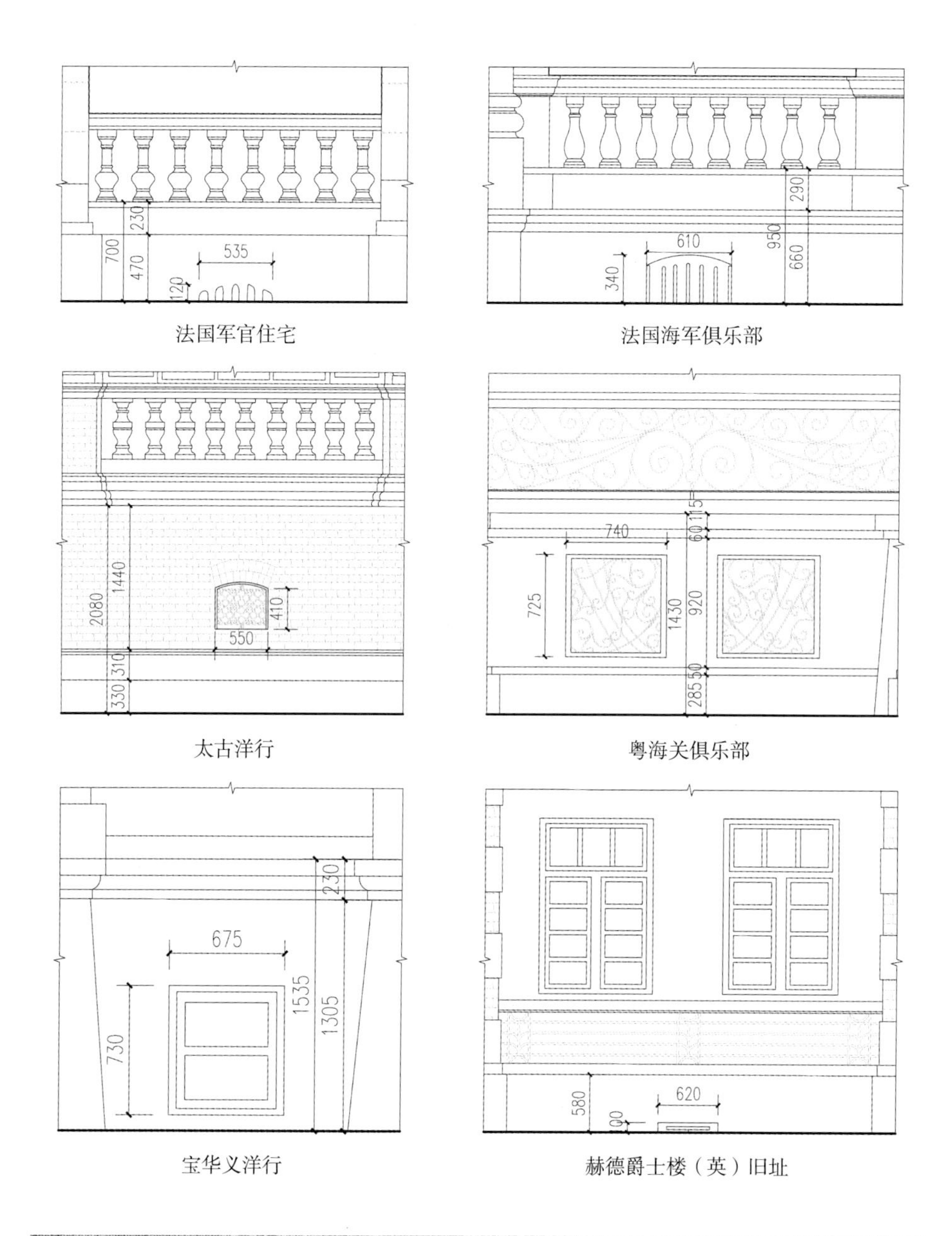

图4-16　沙面建筑群的基座线脚

图4-17　基座的透气孔痕迹

据，现状地坪相较于历史地坪应抬高了约300毫米，相当于两级台阶的高度。

在拆除建筑南立面后期加建的架空地面后，整个南立面在历史改建过程中原本装饰精美的线脚已经被拆除，取而代之的是直角线条的基座。在建筑北立面改动较少处，我们发现还遗存有部分枭混线脚（图4–19），这些线脚与同时期建设的法国军官住宅以及法国海军办事处、沙面北街43号民居的线脚极为相似。

在深入探索南侧基座的勘察过程中，我们发现，在首层室外廊道与地面平齐的标高处有两层丁砌红砖。然而，这些红砖的外侧在后期改建过程中已被拆除并遭到损坏，切口处还留有明显的破坏痕迹。通过查阅帕内于1905年拍摄的沙面某建筑建设现场照片可见，原本的双层外凸红砖不仅连接了建筑基座与栏杆基座，还勾勒出了线脚的基底（图4–20）。这些历史照片清楚地显示，这种做法在当时的沙面地区是相当普遍的。遗憾的是，“法国兵营旧址”的丁砌砖作为枭混线脚的基底在后续的改建中遭到破坏，使得线脚处留下了明显的破损痕迹，导致南立面的基座变为直接垂直于地面的无装饰样式，而在建筑的北立面清晰显示原线脚做法是由叠砌的砖块作为基底（图4–21）。

图4–18　通长台阶发现现场

图4–19　北立面基座遗存的枭混线脚

图4–20　南侧基座详细勘察
（图片来源：左图源自State Library Victoria）

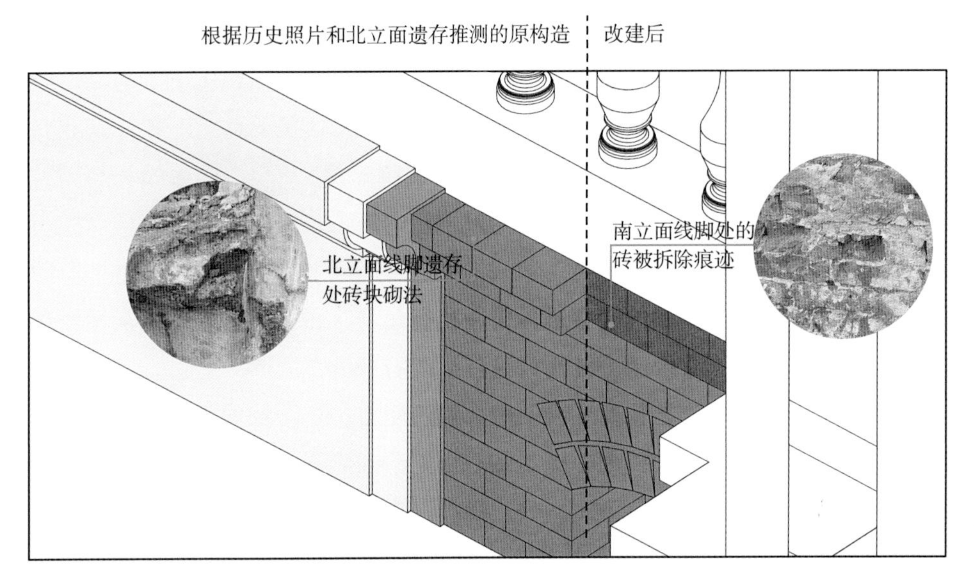

图4-21 南侧基座复原及破坏方式的推测

基于上述发现和勘察结果，再结合北立面遗存线脚的特征以及对周边同时期同类型建筑线脚做法的研究，我们将着手对南侧基座的线脚样式进行修复工作。

（3）解码历史照片

历史照片也证实了我们的猜想。在哈佛大学燕京图书馆馆藏中，由杜德维（Drew，Edward Bangs）所拍摄的晚清中国影像里，恰巧记录了广州沙面大街10号的清晰身影。可以看到，1893年的高清照片中入口的垂带石清晰可见。根据光学摄影和透视学的原理，利用二维照片中的部分变量准确数值，我们可以推导出所有其他变量的数值。通过透视灭点和比例分析，我们计算出原垂带石的高度约0.7米，宽度在0.2～0.3米，向外延伸，收头与入口两侧的柱础相接，起点处可能为水平的圆柱状（图4-22）。

目前建筑首层距离室外市政路的高差为0.7米。但经现场勘察分析后发现，该建筑与其他沙面岛上的建筑相似，都具备较高的基座。对比19世纪末20世纪初的历史照片，在沙面的建筑中确实存在室外地坪被加高的现象。以洛士利洋行旧址为例，历史照片清晰地显示其建筑室内外原高差为三级台阶的高度，而目前这一高差已缩减至大约一级半的高度，表明室外地面已抬高了约0.3米。同时，在西侧的露德圣母堂中也观察到类似情况，教堂及神父住宅室外的透气孔底部比现状室外地坪低约0.3米。综合考虑室外台阶的砖砌痕迹、基座透气孔的形状以及周边教堂的室内外高差等因素推演得出，现状地坪相较于历史地坪抬高了约0.3米。据此推测建筑基座原高度在1米左右。

露德圣母堂首层基座现存的透气孔痕迹为复原工作提供了有力支撑。根据遗存可知透气孔为拱形设计，其长度约600毫米，具体高度暂无法确定。拱洞上檐的半径约为600毫米呈60° 角度且中轴对称分布。上檐部分由11皮砖砌筑而成。结合教堂东西两侧相似透气孔的尺寸以及前文所述的现状与历史标高中存在的300毫米高差，我们推测透气孔原高度约为250毫米且其底部应比原室外地坪高出约50毫米。

在圣心大教堂主教府的历史档案照片（图4–23）中，在一群孩童的身后，我们可以辨认出，天井院落立面柱础形式与沙面大街10号极其相似，并且有着和“法国兵营旧址”一样的宝瓶栏杆。而在栏杆基座底部，有一圈横向线脚，平齐于外廊标高，清晰勾勒出建筑的基座。

3．复原

（1）基座及入口的复原

由此，我们可依稀还原一个历史上的建筑庭院，顺着一人高的院墙，来到庭院的半拱形铸铁门前。庭院内主要以沙地为主，里面种植着各式各样的岭南植物。兵营的建筑基座为1米高的架空层，架空层顶端还有一圈枭混线脚。立面上在每个开间都开设了2个拱形通风口。建筑入口处有一条5米多通长的麻石，沿着入口台阶拾级而上，两侧都是精美的八字形垂带石（图4–24）。

（2）复原建筑与基座的关系

从地坪以下挖出的5米通长麻石是原历史标高及入口样式的重要见证，设计将其抬至地面标高20毫米并展示出来，并标明其历史高度及用途。至于已经遗失的第五级台阶，我们在原位置原标高补回旧麻石。最后，依据这六级麻石的走向，推测原垂带石平面形式应为直线与圆弧形结合的八字形（图4–25、图4–26），并参考同时期的圣心大教堂主教府（图4–27）、沙面南街的中法实业银行旧址（图4–28）、长堤大马路的粤海关大楼入口处的垂带石样式进行复原。

在复原建筑与基座关系的基础后，在建筑外廊标高处，亦参照建筑北侧线脚还原南侧立面线条（图4–29）。

图4–22　历史照片中的入口垂带石
（图片来源：Harvard-Yenching Library）

圣心大教堂主教府外立面

图4–23　圣心大教堂主教府历史照片中的南立面基座
（图片来源：网络）

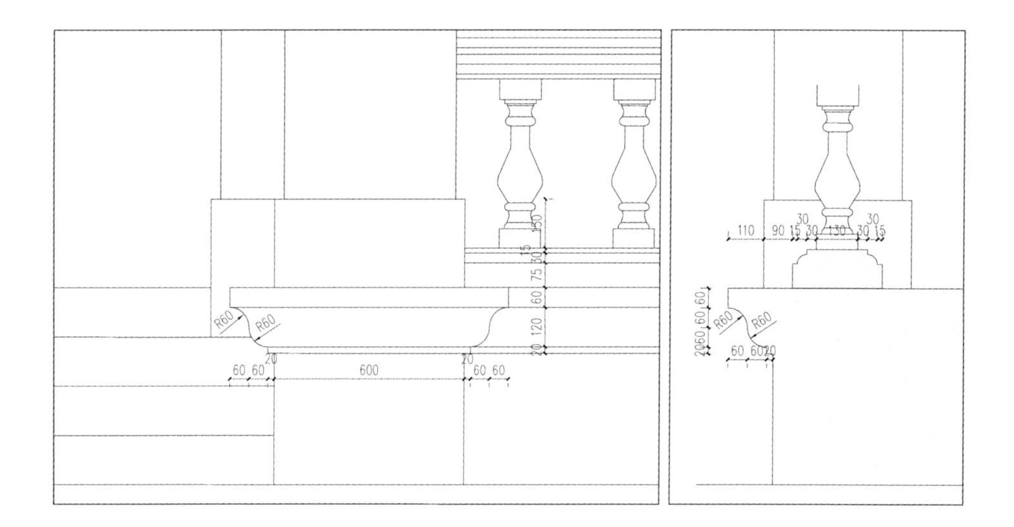

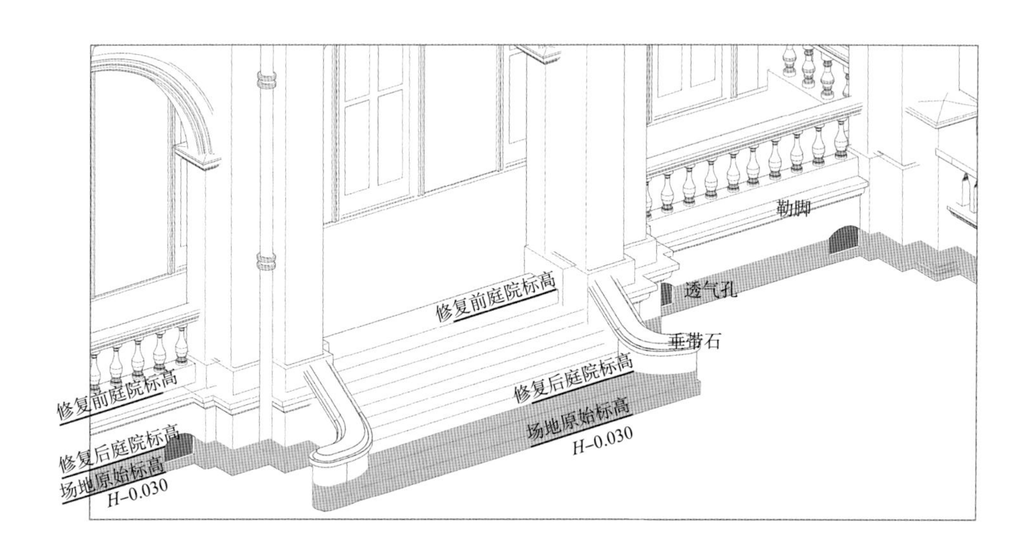

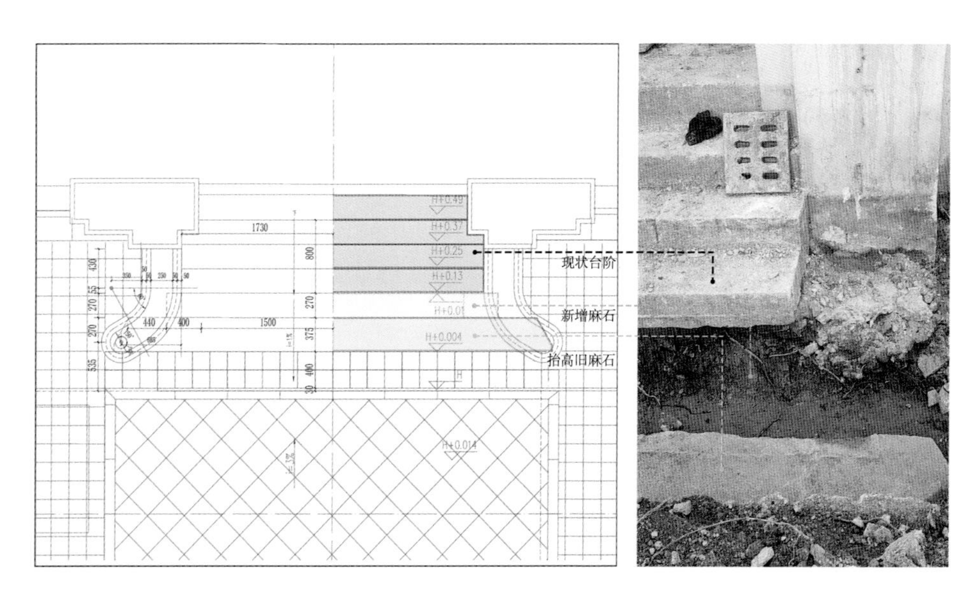

图4-24 基座详图

图4-25 庭院复原推演图

图4-26 垂带石平面图

图4-27　圣心大教堂主教府

图4-28　中法实业银行旧址

图4-29　建成效果

4.2.2 围墙

1．探究

（1）历史上沙面建筑群的围墙

尽管沙面建筑中现存的围墙较少，但在历史上，许多私密性较高的建筑设有精美的围墙。沙面大街与沙面南街上，围墙以其多样的形态界定了建筑的边界，划分了私密空间与公共空间的界限。然而，随着时间的推移，部分围墙经历了大规模的拆除或重建。特别是沙面南街英租界的一些庭院，由于道路建设的原因，围墙向内退缩了3.5米，使原本宽敞的庭院变得相对局促。尽管如此，历史档案中仍保留了这些庭院与围墙的昔日风采（图4–30）。

大部分住宅等建筑的围墙高度介于1.3～1.6米之间，而某些特定建筑如法国领事馆、早期东方汇理银行及露德圣母堂等，出于防卫和安全的考虑，围墙高度略高于周边建筑，大约1.7～1.8米，略高于成年人的头顶。围墙的设计多采用三段式构图，顶部、中部和底部均有横向线条分割。尽管分段比例各异，但大体遵循上段较高、下段较矮的基本原则。上段部分常常采用精美的镂空装饰元素，营造出下实上虚的视觉感受。在镂空部分，常见的设计元素有宝瓶栏杆，同时也不乏花式铁栏杆、砖砌洞口等多样形式。这使得庭院景观与街道景观在人的视线高度范围内相互渗透，丰富了景观的层次感。此外，围墙大约每隔4米设有一个砖柱，而建筑出入口处的立柱相对较高，增强了主入口的仪式感。立柱的样式也颇为丰富，立面上同样延续了围墙的三段式设计，顶部则以圆球或四坡顶作为装饰性收头。

主入口处常常装饰有铁艺门，其拼花图案丰富多样，既展现了铁艺的精致轻巧，又与两侧粗壮的立柱形成了强烈的视觉对比。这些图案在主题上多以植物元素为主，曲线为主调，呈现出卷草纹、漩涡纹、波浪纹等多样且有趣的形式。例如，法国领事馆旧址的入口大门，就巧妙地运用了大量卷草纹，特别是在中间的顶部，将卷草纹放大，使其成为整个入口的视觉焦点。而天祥洋行旧址的大门则采用了几何图形，以弧线与直线结合，展现了一种硬朗的风格，在细节上，立杆上增加的螺旋纹又为其增添了几分柔美。同时，这些精巧的压痕处理、细腻的细部以及多样的拼花图案，共同为围墙注入了丰富的艺术气息。

（2）围墙在历史上的改建与维修

围墙历经多次拆除与改建，承载着丰富的历史变迁。从1893年的历史照片中可见，围墙高度略高于几位传教士的头顶，据此推测其原高度约为1.8米。相较之下，沙面大街10号本身的围墙则较矮，高度大约只有1.6米。1958年的地形图显示，该旧址已转变为市电影发行站，围墙也随之经历了改建（图4–31）。而在1985年的历史照片中，我们可以看到围墙被拆除后改建成了

广东外事俱乐部

粤海关俱乐部东侧18号地块香港银行（现已灭失）

东亚贸易公司旧址（沙面南街28号）

旧瑞记洋行（沙面南街50号、现已灭失）

纽汉洋行旧址（沙面南街30号）

沙面南街18号（早期东方汇理银行）
20号（法国领事馆旧址）

图4-30　历史影像中的沙面围墙
（图片来源：State Library Victoria）

具有混凝土预制花饰的透空围墙，是20世纪80年代的典型围墙特征。到了2009年，围墙再次被拆除，入口庭院被改建为停车场。在后来的亚运整体改造工程中，设计师根据围墙遗存的基础平面位置，并参照整个沙面岛建筑群的围墙样式，完成了教堂以及传教士住宅的围墙复原工作（图4-32）。

通过对比现有的较清晰历史图片和亚运期间恢复的围墙，我们发现了以下几个主要区别：原建筑的围墙立柱为四坡顶的立柱，现状立柱为四角锥形；历

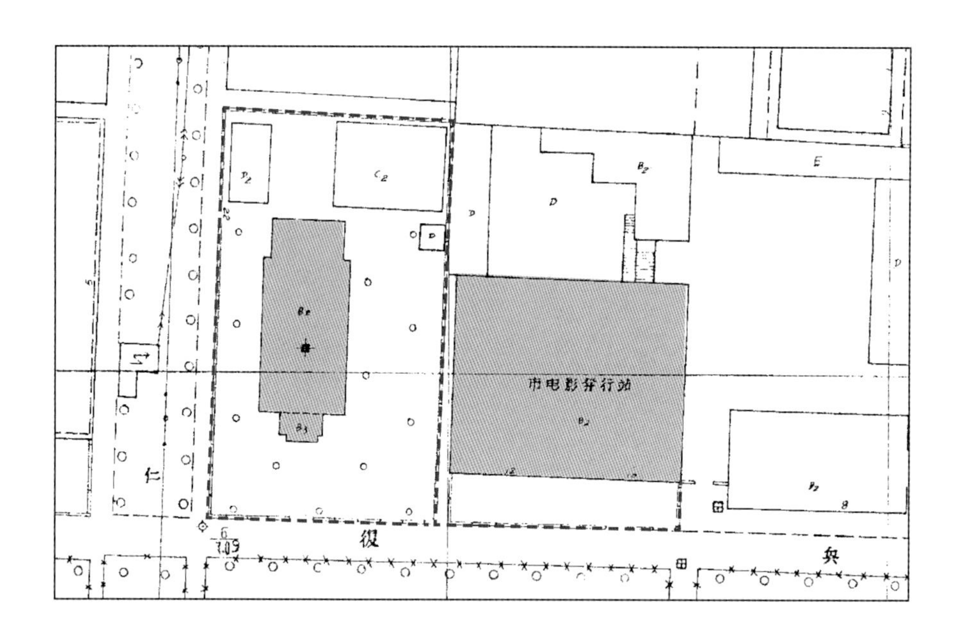

与教堂一体化建设的围墙（1893年）

围墙改为混凝土预制件（1985年）

围墙被拆除（2009年）

恢复围墙（2011年）

图4-31　围墙原状位置推测

图4-32　各时期围墙改建

史照片中，入口的宽度较窄，约为2.4米，而现状的入口宽度与建筑外廊开间相同，约为3.4米；原建筑的围墙踢脚与教堂踢脚为连续的线条，而现状的围墙仅在柱础处设有线脚，围墙中部的横向线条原为白色，但在现状中已改为与围墙整体颜色一致。

2．修复

结合本次工程保养维护的性质以及重建后围墙的实际情况和可调整的空间（图4-33），我们对围墙的横向线条进行了修正。将腰部线条的颜色改为与

图4-33　围墙修复前（拍摄时间：2023年2月）

图4-34　围墙修复后（拍摄时间：2023年11月）

顶部横向线条相同的白色，使得立面的分段结构更加清晰明了（图4-34）。同时，基座的连续性也得到了增强，与教堂的围墙基座相连，形成了一个整体。

4.2.3　庭院

1．详细勘察

在历史使用期间的不同阶段，南侧庭院的地面经历了多次加高处理。直至我们进行现场调研时，母婴会所已将庭院地面提升至与首层外廊同一水平高度，其上铺设了水泥层并覆盖了木地板，使得室外地面较南侧沙面大街高出约60厘米。

如4.2.1节所述，在进行基座与入口台阶的复原工作时，我们同步开展了庭院的整体勘察与设计工作。将历史上叠加的水泥地面逐层拆除至与市政道路齐平后，我们发现了下方的消防水池和化粪池。具体而言，消防水池的平面尺寸为9300毫米×3390毫米，位于西侧入口，其南侧与围墙边线对齐，西侧距围墙约2240毫米，北侧距台阶边缘约450毫米；化粪池的尺寸为4500毫米×2400毫米，位于东侧，其北侧距台阶边缘750毫米，距东侧围墙约1850毫米（图4-35）。

2．庭院景观设计

随着工程的逐步推进以及庭院下部被掩埋台阶的发现与入口台阶的重新塑造（详见4.2.1节），我们对入口台阶进行了重新设计。将原先的竖向方池（图4-36）改为横向长方形布局（图4-37），优化了空间配置，重塑了入口空间序列，使整个庭院在实用性与视觉感受上都得到了提升。

在庭院景观设计中，我们采用了简洁的几何形态作为主导元素，以营造一种秩序感与和谐美感。平面上，我们对原方案进行了修改，在建筑的东西两个主要出入口处采用300毫米×300毫米×30毫米厚芝麻灰烧面花岗岩进行斜铺处理，波打线则使用120毫米×600毫米×30毫米厚黄金麻烧面花岗石，以强化出

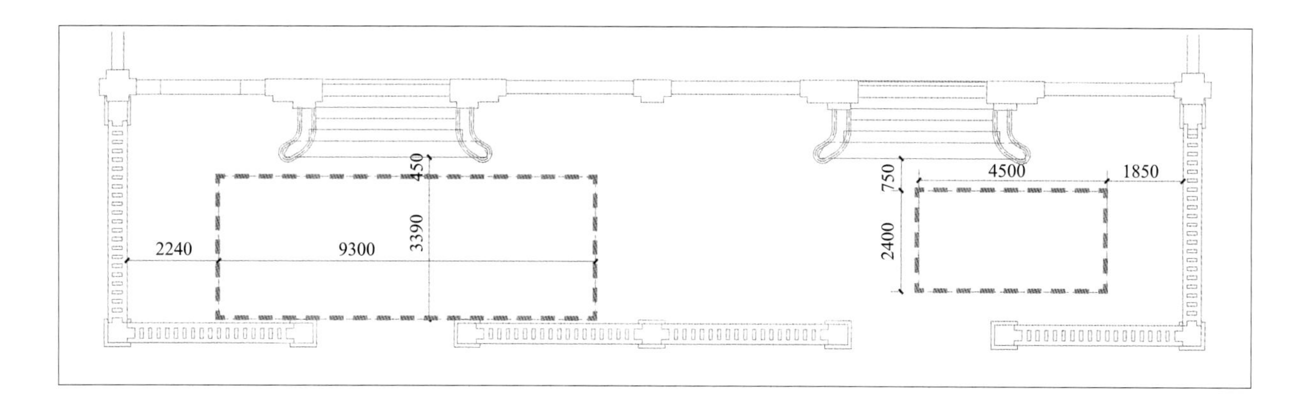

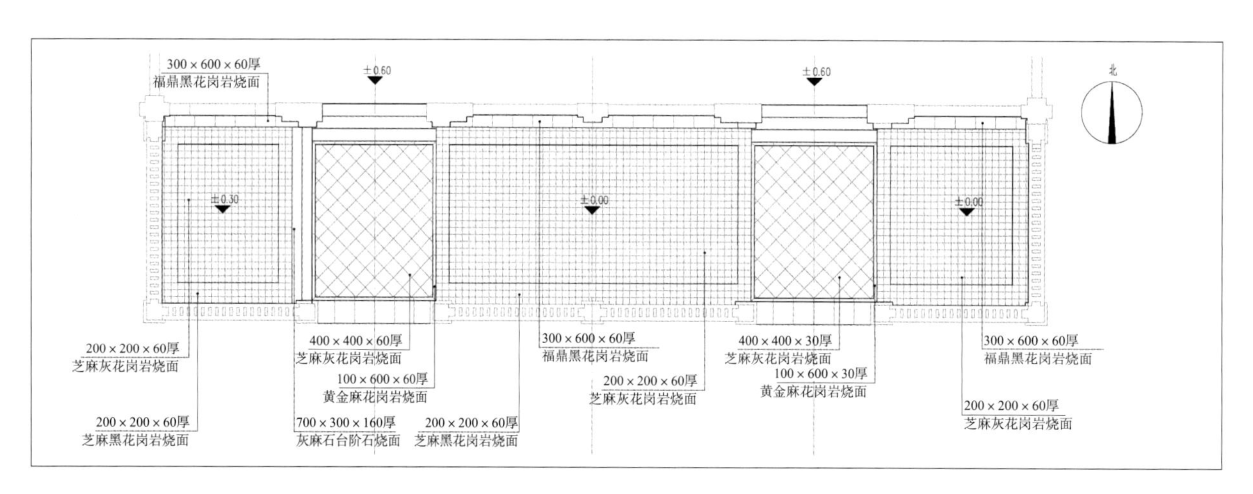

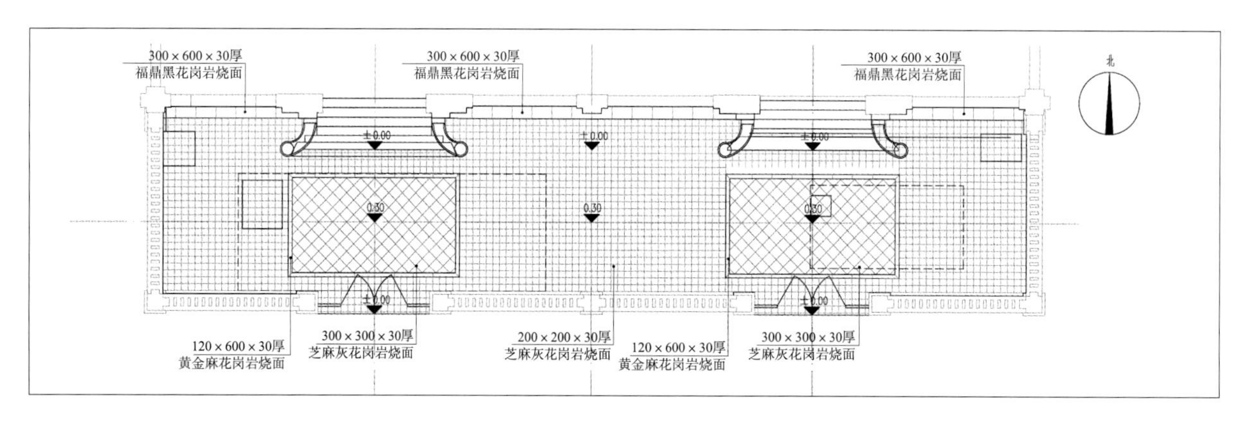

图4-35 化粪池、消防水池位置

图4-36 原庭院平面方案设计图

图4-37 调整后的庭院平面方案设计图

入口的中轴对称感。周边区域则使用200毫米×200毫米×30毫米厚芝麻灰烧面花岗岩小方砖进行补充铺设，形成完整的背景铺垫。

在剖面关系上，由于第四级台阶的顶部标高与室外地坪标高相近，仅比消防水池顶板高出7厘米，而花岗石的铺设需要考虑到3厘米的石材厚度以及至少3厘米的水泥砂浆黏结层。因此，结合入口被掩埋台阶的抬高工作，我们对庭院的排水系统进行了重新组织。将第六级台阶抬高至与室外市政道路标高齐平，第五级台阶也随之调整至与第六级台阶同一高度。同时，为确保有效的排水，我们将庭院排水的最低点设定在第六级台阶的顶标高以及室外市政道路标高处，中间铺砖区域则适当抬高以组织顺畅的排水系统（图4-38、图4-39）。

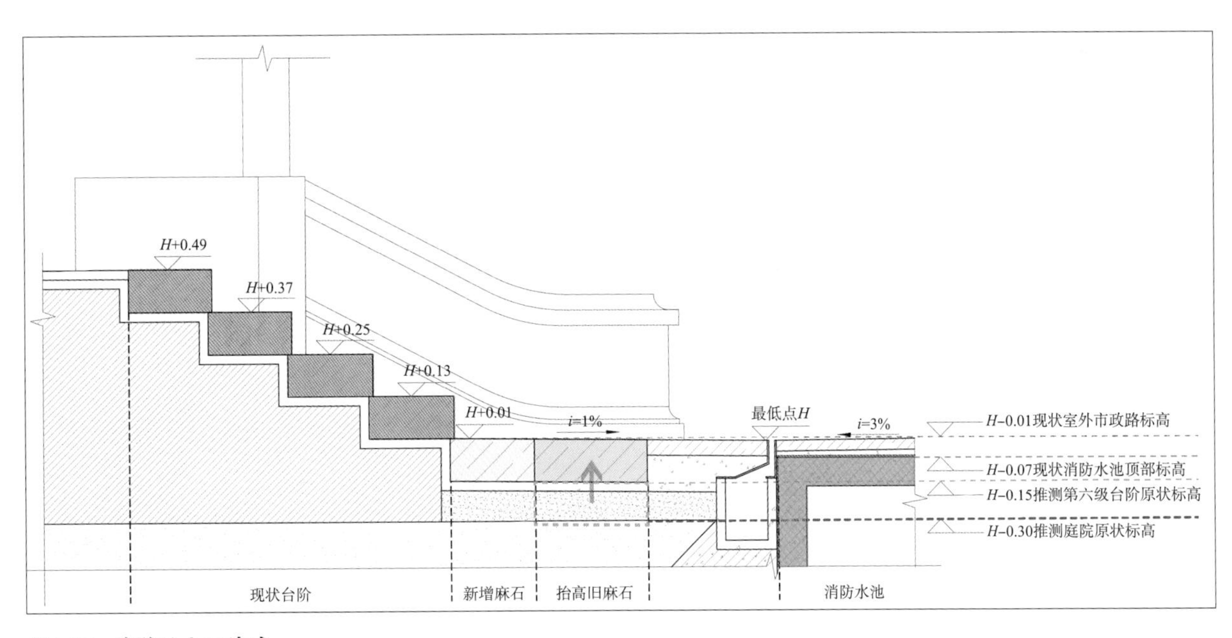

图4-38　庭院及入口建成效果（拍摄时间：2023年11月）

图4-39　垂带石及庭院剖面图

4.3 南廊

4.3.1 南廊空间

1．初见

母婴会所时期使用的南廊保存情况并不理想，纷乱的木制格栅将南侧阳台分隔成为一个个小隔间，首层地面被后铺设的瓷砖覆盖（图4–40），二层则是在原木楼面的基础上增加了10厘米厚的素水泥砂浆层，并覆盖地板胶（图4–41）。此外，外廊内部立面的色彩混乱，黄色与白色无规律地交织，影响了立面的整体美观。首层南廊的空间节奏被一根红色的*DN*100消防主管和南侧尽端的一根*DN*100落水管打断，影响了空间的整体性和使用功能。

2．修复与设计

（1）色彩修正与空间恢复

针对外廊立面色彩混乱的问题，我们进行了细致的修正。将壁柱内侧以及塔司干倚柱的柱础统一修正为黄色，以强化倚柱在立面以及内廊的独特性，恢复立面的整体协调性。同时，天花保持白色，并采用与法国军官住宅相同的透气带纹样，以延续其装饰特征（图4–42）。

（2）设备隐藏与空间清理

为解决廊内消防立管和排水立管对空间的影响，我们对其路由进行了重新梳理。将其迁移至最东侧下地，并接至庭院的室外水泵接合器。具体做法是让管线沿着南廊天花木楼板与钢梁之间的间隙走，然后转成立管。在转弯处遇到空间不足的问题时，我们将原*DN*100消防管改为两根*DN*80管并联的方式，在工字钢与外墙内走管（图4–43）。最终，将两根立管用硅钙板包至与东立面平齐的拱券内，确保整个立面无管线的干扰，恢复了空间的清爽与整洁。

图4–40 首层外廊（拍摄时间：2023年2月）

图4–41 二层外廊（拍摄时间：2023年2月）

图4-42　南廊色彩修复后（拍摄时间：2023年11月）

（3）夜景灯光与外廊勾勒

大部分沙面建筑群的夜景泛光照明都是由统一的大功率投光灯照射建筑立面，而根据2019年颁布的《国家文物局应急管理部关于进一步加强文物消防安全工作的指导意见》规定，明确指出不得在文物立面加设泛光灯具，以保障文物的消防安全。

因此，我们在此处采用内透光的设计，不加设任何有火灾隐患的灯具。结合透气带达成天花与泛光的一体化设计，泛光照明设计以突出建筑外廊的拱券为主。利用透气带内的吊顶空间隐藏灯具，布置灯带及射灯（图4-44），结合天花吊顶的吊灯，勾勒出建筑优美的拱券，突出外廊的进深感（图4-45、图4-46）。

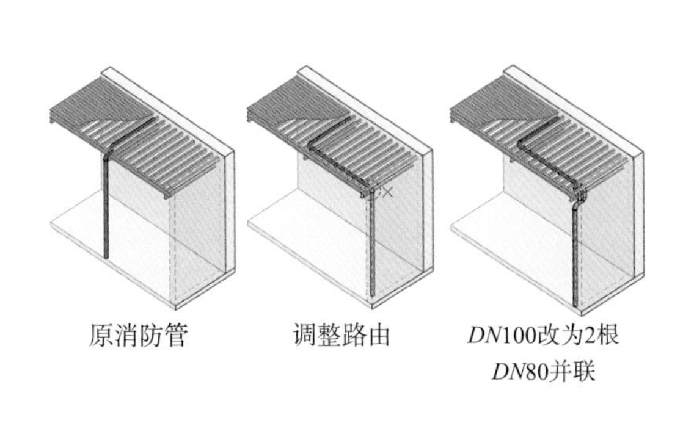

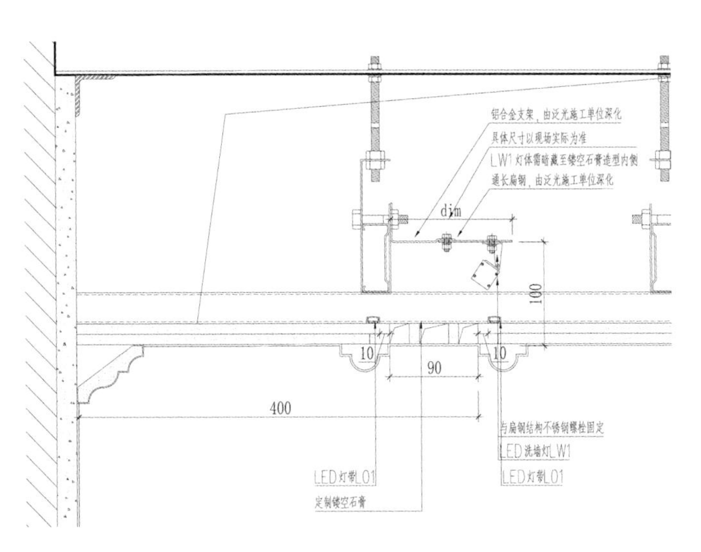

图4-43　消防管调整

图4-44　天花泛光一体化设计

图4-45 天花透气带一体化设计（拍摄时间：2023年11月）

图4-46 夜景实景图（拍摄时间：2023年11月）

4.3.2 宝瓶栏杆序列

1．初见

母婴会所使用时期的栏杆已经经历了较大的改变，首层和二层的扶手、瓷瓶和基座还保留有完整的序列。但究其细部，与西方传统古典建筑的范式有诸多不同，初步观察可发现两点非常显著的问题。首先，首层和二层的陶瓶色彩、用材、样式有明显区别；其次，首层与二层的扶手栏杆保存较为完整，断面上有着丰富的线脚，但是基座的形式却是简单的直角，与“栏杆范式中应当遵守的扶手基座线条应基本一致”的原则有所出入（图4-47、图4-48）。在后续的勘察中，我们深入探究其真实性，以揭示其原貌。

图4-47 首层栏杆（拍摄时间：2023年2月）

图4-48 二层栏杆（拍摄时间：2023年2月）

2．探究

宝瓶栏杆的历史可以追溯到文艺复兴早期，当时柱状栏杆作为一种重要的建筑特点开始出现。在古希腊和古罗马时期，并没有采用此种栏杆形式，而最早使用栏杆柱的例子可以追溯到15世纪末的威尼斯和维也纳。文艺复兴时期的建筑师伯拉孟特（Donato Bramante）在罗马坦比哀多（Tempietto）的柱檐中进一步应用了这种栏杆形式，为后来五百年的栏杆设计提供了原型。米开朗基罗（Michelangelo）在卡比托利欧山（Campidoglio）的国会大厦广场（Piazza del Campidoglio）的台阶中使用了单腹式的栏杆，由于其重心更低，因此在应用中更受欢迎。这种栏杆形式整体呈现出球状花瓶的优美形态，因此被称为宝瓶栏杆。

（1）宝瓶栏杆的范式研究

在柱廊中间设置栏杆需遵循一定的基本原则。首先，栏杆的底部应与柱子的底座平齐，其下部线条可以与柱式的基座线条连续。其次，上部的栏杆或檐口的压顶必须与基座的尺寸相仿，线条也必须相同或相似。此外，栏杆的水平投影位置不得超过柱式的水平投影线，且栏杆组合必须在柱式的内部，以确保整个柱廊或拱券从上到下保持清晰的轮廓。栏杆的背面可以与柱式平齐，也可以凹进去，以方便廊内的人倚靠。另外，栏杆之间的间距也有限制，通常不应大于栏杆最大直径部分的一半，或不应超过方形底座的边长。每组栏杆的个数一般保持在7～9个，如果超过9个，可以将栏杆进行分组，并在中间穿插一些较为粗壮的砖柱。顶部压顶栏杆及下部线条应保持连续，以在视觉上形成连续的水平线条。

学界普遍认为，宝瓶栏杆的灵感来源于罗马烛台，其设计蓝本似乎与罗马仪式中使用的大型蜡烛台遗迹有关。宝瓶栏杆遵循着严格的分类和比例原则，可以根据不同的柱式进行分类，如塔司干柱式、爱奥尼柱式、陶立克柱式和科林斯柱式等。

不同的柱式也有其对应的栏杆形式。单腹式的栏杆主要有塔司干、多立克/爱奥尼、科林斯/混合式三种范式。塔司干柱式匹配的栏杆整体较为饱满，线条粗犷，层次较少；而科林斯/混合式的栏杆在瓶颈部最为纤细悠长，形式最为优雅；多立克/爱奥尼的栏杆则介于两者之间。在《建筑百科全书》（*The Encyclopedia of Architecture*）中，详细阐述了这几类栏杆在线脚组合范式以及各部位之间的比例关系（表4-1、图4-49、图4-50）。

（2）详细勘察与现场痕迹

1）宝瓶栏杆的真实性判断

南敞廊栏杆的首层瓷瓶与二层瓷瓶在颜色和样式上均不一样，究竟哪个才是原状呢，我们可以从色彩、材质、形状等方面结合历史研究进行甄别：

色彩与材质上来看，首层瓷瓶通体呈现军绿色，这种颜色特征与现代陶瓷烧制工艺相吻合，得益于精准的温度控制，使得釉面颜色均匀一致。而二层瓷瓶的色彩则呈现出蓝绿色、墨绿色等，表面效果自然且不规律，纹路深浅不

不同类型的栏杆范式 表4-1

	塔司干柱式栏杆模数			多立克/爱奥尼式栏杆模数		
		高度	直径/边长		高度	直径/边长
Rail（栏杆压顶）	Fillet（平缘线脚）	3	27 1/2	Fillet（平缘线脚）	2	27
	-	-	-	Cyma reversa（混枭线脚）	3 2/3	
	Corona（檐口板）	8 2/3	24 1/3	Corona（檐口板）	7	22
	Quarter round（四角圆线脚）	4 2/3		Quarter round（四角圆线脚）	4	
	Fillet（平缘线脚）	1 2/3		Fillet（平缘线脚）	1 1/3	
Baluster（柱状栏杆）	Abacus（顶板）	5 2/3	11 1/2	Abacus（顶板）	4 2/3	11
	Cyma reversa（混枭线脚）	4		Echinus（卵形花边）	3 1/3	
	-	-	-	Fillet（平缘线脚）	1	
	Neck（颈部线脚）	5	5 1/4	Neck（颈部线脚）	5	5
	Astragal（小圆凸线脚）	3 1/3		Astragal（小圆凸线脚）	3	
	Fillet（平缘线脚）			Fillet（平缘线脚）		
	Center of belly（栏杆腹部）	27	13	Center of belly（栏杆腹部）	27	12 1/2
	Astragal（小圆凸线脚）	2 1/3	10 1/2	Astragal（小圆凸线脚）	2	
	Fillet（平缘线脚）			Fillet（平缘线脚）	1	
	Inverted cyma（倒枭混线脚）	6 1/3		Inverted cavetto（倒枭混线脚）	6	10
	-	-	-	Fillet（平缘线脚）	2 2/3	
	Plinth（基座）	7 1/3	13	Plinth（基座）	7 1/3	12 1/2
Pedestal（基座）	-	-	-	Fillet（平缘线脚）	1 1/3	
	Inverted cavetto（倒凹弧线脚）	5		Inverted ogee（倒凹弧线脚）	5	
	Fillet（平缘线脚）	2		Fillet（平缘线脚）	1 2/3	
	Astragal（小圆凸线脚）	5		Astragal（小圆凸线脚）	4 1/3	
	Plinth（基座）	15	24	Plinth（基座）	15	23 1/2

（资料来源：JOSEPH GWILT. The Encyclopedia of Architecture［M］. New York: Bonanza Books, 1867.）

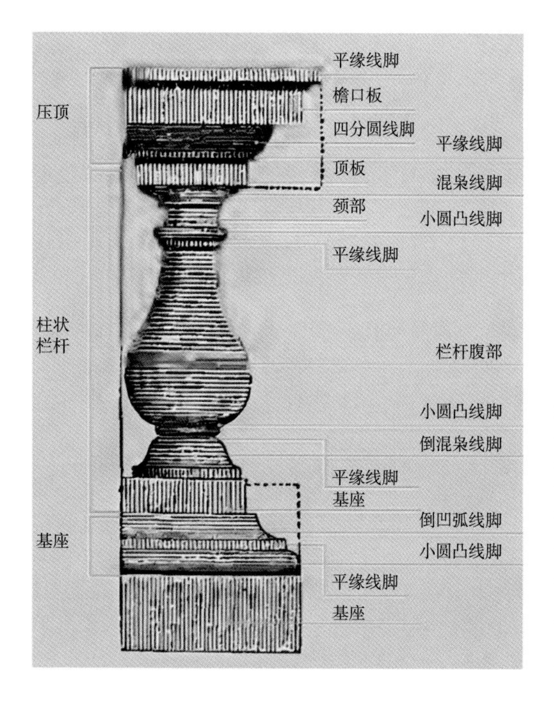

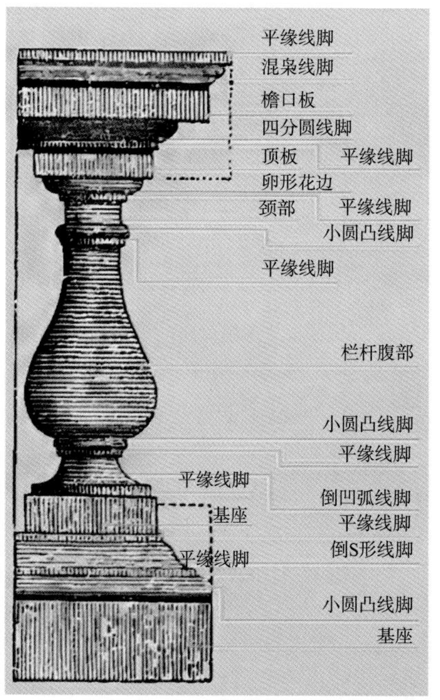

图4-49 塔司干柱式匹配的栏杆
（图片来源：根据《建筑百科全书：历史、理论篇》一书改绘）

图4-50 多立克/爱奥尼柱式匹配的栏杆
（图片来源：根据《建筑百科全书：历史、理论篇》一书改绘）

一。这种釉面特征更符合传统石湾陶瓷的柴窑陶瓷烧制工艺。在烧制过程中，传统柴窑的温度不稳定，釉料在内部翻滚混合，成品色泽厚重艳丽又变幻莫测，呈现出犹如岭南山水画般的潇洒写意。

从形状上来看，二层陶瓶更接近于多立克/爱奥尼柱式匹配的栏杆样式。与塔司干式栏杆相比，多立克/爱奥尼柱式具有显著的区别，如顶板下方为外凸的卵形花边线脚，最细的脖子上方为两层线脚组合，最粗的腹部下方收尾处由小圆凸角线和水平线条两个层次组成，再往下则是凹弧线脚而非塔司干的混枭线脚。相比之下，首层陶瓶的形状细节与各种标准样式相差甚远。

此外，通过对瓷瓶与扶手及基座的连接材质进行勘察发现，首层连接处为水泥砂浆（图4–51），二层则为木条垫层外抹黑灰色沥青砂浆（图4–52），这种材质特征更有可能是早期材质的应用。

最后，通过比较各时期的历史照片可以看出，2001年照片中显示南向首层外廊被封堵为室内，花岗石的栏杆下被改为墙体。而在亚运会前后的修缮工程中，封堵的外廊重新打开，原有外廊的宝瓶栏杆也得以恢复。当时一并修缮的许多建筑中，如沙面南街4号的印度人住宅旧址中亦是在恢复首层、二层外廊的过程中使用了同种样式、色彩和质地的陶瓶栏杆。在1998年的测绘档案中也可看到，首层的栏杆与二层的样式相同。因此，不难得出结论：沙面大街10号南外廊二层的宝瓶栏杆为原物，而首层的为亚运期间替换的，原状应为与二层相同的陶瓶栏杆。

2）栏杆扶手与基座探究

栏杆上部扶手作为限定的水平线条，在构图上有多重的线脚组成，首层与二层的线脚类型相同，断面上共分为五个水平层次，由四个层次的叠涩线脚加上倒数第二个的削圆线脚构成。构造上扶手两端入墙，由墙体承重，与墙体一起砌筑。

栏杆基座为简易样式的水泥基座，表面刷涂灰色涂料，无装饰线脚。在材质、颜色和装饰线条上都与扶手明显不匹配，为后期改建而成。对其展开进一步的现场勘察，组织经验丰富的工人手工凿开栏杆基座外层的水泥砂浆，大部分基座已经在历史的改建过程中难觅踪影。幸运的是，我们在首层西侧、二层

图4–51　首层宝瓶栏杆勘察

图4–52　二层宝瓶栏杆勘察

图4-53 首层栏杆基座中遗存的灰砂基座

图4-54 二层遗存灰砂基座

中间跨各找到一小段线条优美的灰黄色灰砂基座，灰砂是由水泥、石灰、黄沙拌合的粉刷材料，灰砂的颜色及做法为清末民初工艺，为历史原物。

在仅存的两处基座中，我们可以看到，首层基座线条较二层的更为繁复，首层共五个层次，分别为平缘、凸圆、小圆凸、凸圆、平缘的序列（图4-53），二层仅有三个层次，分别为小圆凸、凸圆、小圆凸（图4-54）。层层向外递进，与上缘扶手的层层内凹形成对称，交相呼应，共同构成了完整的栏杆序列。

3．复原

（1）传统陶塑工艺重塑宝瓶栏杆[①]

前文中提到首层陶塑栏杆在亚运期间整体重做替换，现代工艺中大多采用电窑以及化学颜料，因而色泽过于明丽。然而，在修复过程中，我们致力于还原广府地区石湾陶塑的传统韵味与古朴之美。在广府地区，陶塑瓦脊技艺非物质文化遗产传承人依然坚守着古老的柴窑工艺，我们找到了唯一还在延续使用的柴火窑，定制了首层部分被替换的宝瓶栏杆，并在下文中详细记录了其制作过程（图4-55）：

首先，陶土的配制。石湾陶塑工艺的胚胎，是由东莞陶泥与石湾砂混合而成。本地陶泥泥质较为粗糙，可塑性不强，在陶工们的巧手下，经过独特的炼制过程，便可塑造出精美的形态。炼泥时，需按一定比例将陶土混合，并置于泥池内加入适量的水。待陶土吸水变得松软后，再掺入适量的岩砂。经过一段时间的陈腐，陶土会自然分解为细微颗粒。之后，陶工们会从泥池中取出陶泥，用机器反复锤打，直至陶泥完全混合均匀，软硬度适中，最终成为可用于陶器的熟泥。

接下来，泥坯的制作。建筑的栏杆线条整体较为简洁，制作难度在陶塑中

① 郭晓敏，刘光辉，王河．岭南传统建筑技艺［M］．北京：中国建筑工业出版社，2018.

压模

陶坯

烧制

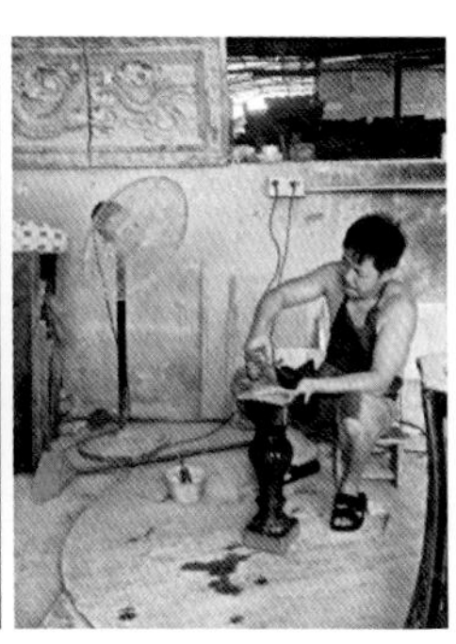
细节修整

安装

图4-55　宝瓶栏杆制作流程

属于较为简单的类型，所以在制坯的过程中采用注浆成型的方法。值得注意的是，在烧制陶塑的过程中，胚体会因高温而收缩10%～20%。由于每批陶泥的收缩量略有差异，因此在制作模具时，需要将成品尺寸整体放大1.1倍左右。为了确保最终成品的尺寸和形态符合预期，在批量制模前进行了多轮的模具制作与烧制试验。通过观察每次烧制后成品的收缩情况，最终调整模具大小至适合的尺寸，确保了最终成品的效果。

石湾陶瓷的釉色之所以浑厚古朴又绮丽多姿，离不开其传统的釉料配方。制作石湾仿钧釉的主要原料包括桑枝灰、杂柴、稻草灰、河泥、玉石粉、石英、长石等。施釉过程中，底釉用于覆盖陶泥胚胎表面的气孔，减少面釉的吸收。在本项目中，我们在面釉上选用了绿釉面，配方比例为：水白36、石英10、玻璃23、方解石5、仓后22、滑石2.5、氧化铜2.5。

最后一步是煅烧，这是石湾陶塑成型的关键环节，煅烧的温度与时间对陶塑的品质起着决定性作用。上釉后的陶塑放置在传统柴火龙窑中煅烧，缓缓向上的窑身使得温度能够逐级上升，煅烧使用的原料为松木，燃烧后滚烫的松油泌出，能使得内部温度达到1200～1300℃，柴窑烧制时不同的陶瓷摆放位置、不同的烧制方法都会呈现不同的效果与肌理，陶器表面经过松油的沁入滋润，有的粗犷、有的禅意、有的厚重，呈现出“入窑一色，出窑万彩”的绚烂。

（2）修复栏杆扶手

1）清洗花岗岩扶手

由现场可见，南廊花岗岩扶手整体状况较好，表面结实牢固，无明显风化。表面为较粗糙荔枝面，污垢类型主要有粉尘、油漆和少量锈迹。因而，确定本次花岗岩清洗方案为：清水高压清洗→手工铲除大片油漆污渍→天那水清洗→清水高压清洗→喷涂憎水剂。

清水高压清洗：对麻石扶手，先采用清水高压冲洗，通过调节水压、水枪角度等手段，循环进行旋流冲洗，清洗表面可溶性化合物类污垢。

手工铲除大片油漆污渍：对于之前历次装修时留下的油漆等不溶于水的污渍，用铲刀、刀片小心地剥离石材表面能去除的部分，铲除时不能损伤石材本身。

天那水清洗：对于表面仍未去除的污渍，在底部选择污染最严重处进行小样试验，确定清洗剂的种类及稀释比例，最终确定选用天那水。在石材表面喷涂天那水后停留5～20分钟之后再刷洗。

清水高压清洗：再次用高压水冲洗彻底，石材表面不能留有残余清洗液，且pH试纸检测为中性。

喷涂憎水剂：待石材表面清洁干透后喷涂无色憎水剂。

2）修补花岗岩扶手表面孔洞

剔除表面风化层，用铁丝刷和压缩空气除去表面灰尘。用与原花岗岩颜色相一致的配色环氧树脂胶泥嵌补缺损处，为方便后续的打磨，环氧树脂胶泥应略高于石材面层。环氧树脂胶泥颜色应做小样试验确定。待环氧树脂胶结硬后，再用粗、细磨石把修补面层研磨平整（图4-56）。

（3）修复栏杆基座

1）凿除基座外层水泥砂浆

手工凿除。分粗细两道工序仔细凿除表面的水泥砂浆。现场施工时采用扁平凿子，先凿至接近原灰砂面层或砖基层，然后用小的扁平凿子，轻轻敲击出灰砂面层，应尽量不破坏原来的灰砂基座。

清理、保护灰砂基座。小心清理出留存的灰砂基座，为提高其强度并增加粘结，采用雷马士公司岩石增强剂300整体淋涂，养护一周。

2）恢复缺失的灰砂基座

测绘及施工图设计。对留存的灰砂基座样式进行详细测绘，并绘制线脚大样做好资料留档，并依据测绘图纸绘制补做线脚的施工图纸。考虑到区分开新作和原件，以及材料的耐久性，本次修缮设计在恢复基座线脚时选用水洗砂面层。

水洗砂施工（图4-57～图4-59）：

①按图弹线并在砖基外面做中层抹灰并划毛。

②按线脚样式抹面层砂粒浆，大面积施工前应先做小样，确定灰浆颜色、砂粒粗细，应使得新作面层在颜色和质感上既与原灰砂基座相协调又有区别。

③刷洗面层：待面层六至七成干后，即可刷洗面层。喷刷分两遍进行，使面层砂粒质感达到所需粗糙度并分布均匀即可。

图4-56　花岗岩扶手孔洞修补

图4-57　水洗砂施工记录

图4-58　修复后新旧融合处

图4-59　修复后的栏杆序列（拍摄时间：2023年11月）

4.3.3　水泥花阶砖

1．初见

“洋灰花砖，质洁色新，或平面或凸纹，花样极多，难胜枚举。况此砖不惟坚固华丽，而且能免火烛之虞，较用木板铺地者远胜。”这是一段刊登在1930年《燕大年刊》的水泥花砖广告。广告中描述了水泥花阶砖的特征，这种材料简单易得、造价相对较低、坚固耐磨、吸水性能、隔热防潮性能好，又有着精美的图案。沙面建筑群中有大量水泥花阶砖的身影，花阶砖从1849年的法国开始，逐步来到中国，随后这种坚固耐用美观的建筑材料也曾经成为近现代中国沿海地区建筑地面的重要材料。

在沙面大街10号的建筑南廊上，就铺贴着正交棋盘铺法的水泥花阶砖（图4-60）。眼见是否为实？现状是否就是最早的遗存呢？下文从水泥花阶砖的历史沿革梳理了它在欧洲与中国的足迹，并对法式建筑的地面铺装范式以及其他建筑的铺装样式进行总结，从历史、技术、艺术层面对现存花阶砖的真实性提出疑问，最后纠正了原业主不当的改铺方式，修复工作真实还原了一个充满法式风情的宽敞外廊。

图4-60　南廊花阶砖（拍摄时间：2023年2月）

2．探究

（1）法式黑白铺地的样式研究

早在两千多年前的罗马帝国，各式各样的大理石陶瓷锦砖就被广泛用于地面铺装。在2016年首次发现的公元2世纪的古罗马兵营指挥者之家（Commander’s House）里，就已经发现用斜铺的黑白马赛克大理石地面，黑白相间的马赛克砖共同构成了地面的波打线，将地面分割成若干块（图4-61）。建设于公元120年的世界文化遗产哈德良离宫（Villa Hadriana）中，也有大量黑白马赛克拼贴而成的地面，当时黑白马赛克装饰更多的是纤细交织的纹样或者波打线使用（图4-62）。

而后这种经典的黑白大理石地面在欧洲随处可见，尤其是得到法国人的喜爱。在17世纪的法国，大量的宫殿、城堡采用这种优雅的黑白大理石砖。凡尔赛宫（Château de Versailles）早期使用的是瓷砖，而到了1687年，瓷砖已经变质，路易十四下令拆除展馆，他要求用更结实的材料大理石来进行装饰，最终宫殿于1688年建成。从古希腊的陶器到罗马的马赛克地面，再到凡尔赛宫，这种黑白相间的大理石地面都经受了时间的考验，成为经典的地面铺装形式。

在凡尔赛宫中，这种地面最经常使用在半室外或是室内的走廊内，在图4-63中看到，在外廊中，两侧矗立着古罗马的爱奥尼柱式，营造出静谧深远的感觉。在室内的走廊中，走廊宽度往往不大，两侧使用黑色或米色的大

凡尔赛宫外廊

凡尔赛宫内廊

凡尔赛宫楼梯

塞纳河畔迈松庄园

韦纳里亚宫

沃子爵城堡

图4-61　古罗马兵营指挥者之家地面
（图片来源：网络）

图4-62　哈德良离宫的马赛克铺装
（图片来源：网络）

图4-63　17世纪法国建筑中的黑白大理石地砖
（图片来源：pinterest）

理石收边，结合两侧的雕塑以及十字拱顶，将浪漫的法国风情演绎到极致。同样是17世纪建设的世界文化遗产维纳利亚王宫（Palace of Venaria），经典的法式黑白大理石砖也与巴洛克式的拱顶和繁复的柯林斯柱式结合，共同构成了王宫内恢宏壮阔的宴会大厅。在17世纪的沃子爵城堡（Château Vaux-le-Vicomte）、韦纳里亚宫（Palace of Venaria）、塞纳河畔迈松庄园（Chateau de Maisons）等建筑中，这种45度斜向黑白砖的铺贴方式应用于走廊、楼梯平台、敞廊、宴会厅中，不胜枚举。

（2）外廊铺地的样式研究

水泥花阶砖起源于欧洲，最早在西班牙得到广泛应用，随后迅速传播至地中海沿岸国家如法国、北非等。其机械化生产始于法国，1849年发明的液压砖机大幅提升了生产效率。在19世纪末至20世纪初，水泥花阶砖在欧洲的火车站、旅馆、图书馆等众多建筑中得到了广泛应用。在中国，水泥花阶砖的本土化生产应用相对较晚，应不早于20世纪初。

沙面建筑群室内的地面材质丰富多样，包括大理石、木地板和水泥花阶砖等。其中，花阶砖以其独特的美学价值在建筑外廊中得到了广泛应用。在清末民初，随着欧洲花阶砖的大规模生产，沙面地区的殖民建筑也开始广泛采用这种耐用且大方的地面装饰材料。这些花阶砖展现了远渡重洋的典型特征，与后期融合了南洋和东方本土元素的花阶砖相比，呈现出早期花阶砖独特的魅力。

这些花阶砖的色彩搭配简约而不简单，以白色、红色、黑色、灰色、黄色为主色调，较少使用鲜艳的色彩。在纹样中以三维几何图案形状、方形、平行四边形、矩形等各类几何形状组合而成。从装饰艺术的角度来看，这些花阶砖线条清晰，易于组合，不仅展现出颜色的魅力，更在图案的组合和形式上体现了高度的艺术性和实用性（图4-64）。

在慎昌洋行中，选用了许多较小尺寸的方砖进行拼接，创造出富有变化的地面图案。室内大面积采用10厘米见方的红、黄方砖斜铺，通过不断重复的图案设计，形成了一种独特的视觉效果。尽管这种设计在两个象限内无限制地重复展开，但设计师巧妙地运用波打线处的颜色交替和图案组合，增加了细节处的细腻感，避免了视觉疲劳。而在走廊处，又将图案调整为之字形交叉与小花结合的样式，限定划分出使用空间与交通空间的区别。

在沙面建筑群的设计师中，帕内绝对是花阶砖的痴迷者与组合高手。在其设计完成的万国宝通洋行（1908年）、太古洋行（1905年）、粤海关俱乐部（1909年）中，都通过对花阶砖的几何图案组合的多样运用，产生了完整、宽广而明亮的视觉效果。

在粤海关俱乐部中，帕内将整个外廊分为三个部分，中间部分为正交棋盘式的布局，但因为此种方式容易让人产生疲劳的视觉效果，因此仅仅只排了三列便以平行四边形收边。平行四边形又将视觉引向旁边的斜铺花阶砖，最后两侧以希腊曲折纹（又称美安迪罗纹）图案收边。曲折纹的波打线将外廊勾勒完整，在

沙逊洋行旧址的水泥花阶砖

慎昌洋行旧址的水泥花阶砖

粤海关俱乐部旧址的水泥花阶砖

东方汇理银行旧址

沙逊洋行旧址

太古洋行旧址

图4-64 沙面建筑群的水泥花阶砖

转弯处及折线处顺势调整方向。花阶砖的几何图案既有对称感又富有变化，图案丰富又构思巧妙，构图繁简得当，营造出一个丰富活泼又热情洋溢的外廊。

万国宝通洋行旧址[①]的水泥花阶砖组合同样巧妙。花阶砖在不同区域采用

① 本书中描述的万国宝通洋行旧址（沙面大街39号、41号）与沙面建筑群保护规划中的名称不同，保护规划中沙面大街39号、41号的名称为沙逊洋行，建设时间为1862年，万国宝通银行则为另外一栋沙面大街46号的建筑。但在《帕内建筑艺术与近代岭南社会》一书与澳大利亚维多利亚图书馆照片中对本栋建筑的描述为帕内设计的万国宝通银行（The International Banking Corp. Building），于1908年竣工。从遗存的水泥花阶砖以及历史照片上来看，后者的建设时间及名称更准确。

不同的纹样。在首层台阶起步处，采用了三维几何图案，形成复杂多变的入口处，另一处入口采用深黄、浅黄、红色三色组合，砖的尺寸均为10厘米见方。这些入口处的共同点是铺地空间都较为狭小，因此更强调丰富性，采用面积较小、色彩较丰富的砖块，营造出丰富又精致的入口空间。而在二楼、三楼的宽敞外廊和室内，大量采用尺寸较大的红色及绿色方形斜铺图案，增强走廊的进深感。

在太古洋行中，帕内将太古集团的红色三角形企业标识巧妙地融入地砖设计，通过红白相间的小砖与浅黄色砖的组合，形成了独特的波打线效果。设计不仅体现了建筑使用者的身份，更展现了帕内的匠心独运和对细节的极致追求。

（3）现场勘察

建筑室内的花阶砖，现存于南外廊的西南角（图4–65），其总长度为10.2米，由51块砖组成，宽度为2.18米，由11块砖拼接而成。这些砖的尺寸统一为200毫米×200毫米×15毫米，采用了正交棋盘式的铺贴方式。花阶砖的颜色主要有黑、黄、波打线三种。其中，黑黄两色砖块交替铺设，波打线砖在短边方向留有一块砖的宽度作为过渡。尤其值得注意的是，波打线花阶砖中，有4块阳角砖和2块阴角砖。

从现场的情况来看，花阶砖存在部分错铺现象，有些阴角砖、阳角砖被放置在错误的部位，波打线部分区域不连贯。且砖缝宽度较宽，与传统密缝铺法有较大不同。局部揭开面砖后，粘结材料为水泥砂浆混合石灰砂浆。根据以上现场勘察情况，说明此处花阶砖为老砖新铺，铺法较为粗糙，且未遵循原铺法，铺法较为随意（图4–66）。

在建筑南廊花阶砖的背后清晰地标记着当时的水泥生产商，缩写分别为T. T. 或H. Y.（图4–67）。与大元帅府的花阶砖背后为H. Y. CO标记的花阶砖，为法国同一厂商生产。当时的法国已经有近百家能够生产花阶砖的厂家，具体厂商信息已不可考。然而我们能够知晓的是，在法国发明液压砖机的50年后，这一批代表着当时最先进技术与艺术结合的水泥花阶砖便漂洋过海，铺贴在建筑上。

图4–65　现存花阶砖（拍摄时间：2023年2月）

图4–66　花阶砖拼接的错铺、宽缝（拍摄时间：2023年2月）

图4–67　沙面大街10号建筑花阶砖背面生产厂家符号

3．外廊铺砖的多方案对比

（1）花阶砖直角正铺与45度角斜铺

前文中提到，经过现场勘察，我们了解到花阶砖在母婴会所的装修后期，是从旧砖中重新收集并规整，最终在南廊西侧以直角棋盘式进行铺砌。但这种方式并非其原状铺砌。参考法国及欧洲传统的黑白砖铺砌风格，以及沙面建筑群中花阶砖的铺法，我们决定采用45度角的斜铺方式，以还原外廊的法式风格。

在试铺环节，我们从美学和视觉角度比较了这两种铺法效果的异同，当方砖的角度发生变化时，空间感会显著增强（图4-68）。这是因为当人们注视这些图案时，其注意力会被吸引到瓷砖最宽的宽度上，同时眼睛会不自觉地看向更远的前方，从而使空间显得更为宽敞。特别是在走廊这样的狭长空间内，斜铺的方式能在远处形成视觉焦点，而直角棋盘式则可能干扰人的视觉判断，其交错的黑白色还容易使人的视线过多地集中在地面上（图4-69）。从下图中，我们不难看出，斜向铺砌的方式在美观度上更胜一筹。

（2）波打线细节处理

在波打线收边的实例中，遵循着一个基本的原则，收边砖的色彩需要和波打线内侧颜色不同，这样使得波打线的边界与斜边铺砌的区域在视觉上区分开来，让波打线能形成较为完整的线条。本建筑的波打线为黄底黑线条的曲线，因此在收边砖上选择用两边为黑色等边三角形对称的方式。例如图4-70左一中典型维多利亚样式时期采用黄色波打线，则用浅色三角形收边；而在中图圣瓦斯特修道院采用黑色波打线，则用白色三角形收边，右图凡尔赛宫中浅色波打线，则为黑色三角形收边（图4-70）。

为保证收边处为等边三角形，需保证短边的波打线形成完整的图案。在试铺后，需计算短边波打线砖的宽度，提前加工好砖块，计算过程如下：D_1（黑白砖单块砖宽度）$\times\sqrt{2}\times N_1$（斜铺砖数量）$=D_2$（单块黑白砖宽度）$\times N_2$（波打线砖数量）。其中D_1=20厘米，N_1=6，N_2取9，则D_2=18.8厘米。希腊曲折纹样在收边的不规则处便于切割，而该建筑采用的波打线切割后拼起来会出现明显

图4-68 45度角试铺

图4-69 直角试铺

的线条不连续。因此需要调整D_2的宽度以达到美观的效果，将短边方向的波打线砖每块两侧磨窄0.6厘米，以保证线条的连贯性（图4–71）。

（3）入口台阶处花阶砖细部处理

在整个首层外廊处，在两处出入口的位置，入口台阶的麻石边线与外廊内部存在一块空缺处，长310厘米，宽27～28厘米，恰好为一块砖的对角线宽度。由于此处的细节处理没有相关的测绘资料及历史照片，因此在修复过程中，结合周边同时期建筑做法以及现场情况，我们进行了多个方案的比选，分别阐述其构造及设计逻辑，比较其优缺点（图4–72）。

方案一是参照粤海关俱乐部外廊波打线的处理方式，将波打线沿外廊边线曲线绕边进行铺贴，此种方式也是欧式建筑外廊普遍采取的方法。此种方式适用于较为简单的波打线图案，例如希腊曲折纹、回字形波打线，在转折处采用切砖的方式将波打线连续。但是在建筑中采用的曲线波打线中，在不规则处较难衔接，在试铺方案中，对于中间不连续的区域，采用切砖拼接的方式连接，但由于此处砖的大小与其他的区域明显不同，且波打线在此处不再是曲线形式，在入口处较为突兀。

方案二是将空白处填补旧麻石，将此处与台阶形成整体。从实际铺砌效果

图4–70　铺装规则示例

图4–71　铺装平面图

图4–72　多方案比选

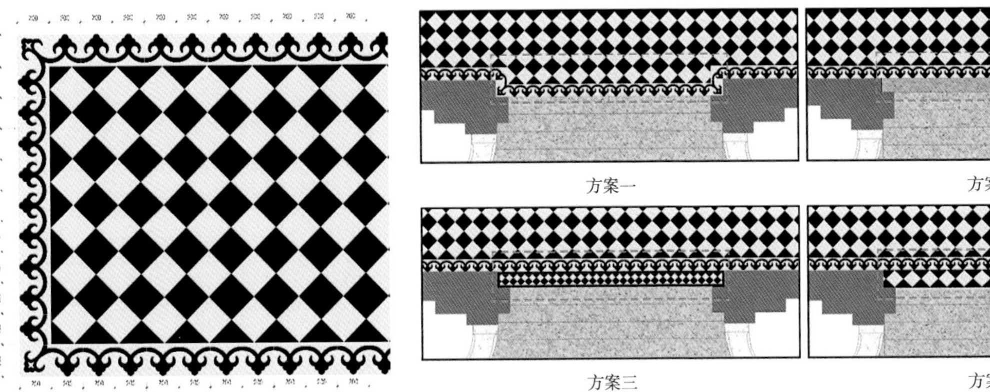

来看，两块麻石间存在明显的空隙，且按照常见做法，最高处的台阶通常为一块完整的较宽的麻石，不使用两块麻石进行拼接。

方案三是参照太古洋行、德国领事馆、粤海关俱乐部等入口处做法，在此处采用小砖进行重新拼贴，整体效果较为局促琐碎，与整体风格不匹配。

方案四是东方汇理银行、简园等建筑做法，在此处斜铺花砖，并将此处的花砖与廊子内花阶砖的线条拉平，在视觉上形成连续的整体，并且此处宽度恰好与一个斜向铺贴砖块的宽度相同。

方案一与方案四较有可能是原有铺砖方式。相较之下，方案四呈现的效果较为完整连续，因此最终选用方案四的方式进行铺贴。

在工程圆满竣工之后，我们惊喜地在圣心大教堂主教府（图3-33）中发现了一块与我们非常相似的花阶砖铺地。同样采用了四叶草纹样的变体作为波打线，精致地环绕四周，内部则以方砖巧妙组合成菱形图案。其平面图案的构思与波打线的勾勒手法，与我们之前的研究结论不谋而合。无论是斜铺与正，还是细节之处的处理，都与我们之前的推断完全一致，也成为对我们研究结果的佐证。

4．手工水泥花阶砖制作

（1）制作记录

花阶砖在20世纪80年代已经退出历史的舞台，目前许多文物修缮、保养维护工程在修复中采用瓷砖或同时期相似的花阶砖进行修补。虽然瓷砖和水泥花砖看起来相似，但是制作方法所呈现的效果有较大差别。瓷砖是由烧制而成，而水泥花砖是靠高压压制而成，水泥密实，凝结后的强度高、耐磨性好，且越走越光亮。瓷砖与花阶砖的表面质感也相差较大，瓷砖明度较高，且反射度较高，与文物的古朴氛围有较大反差。第二种选择，用同类型的水泥花砖补砌的办法也曾作为比选方案。但由于沙面大街10号建设时间较早，国内尤其是广东地区大规模生产花砖是在1920年后，且生产的花色较为丰富，与该建筑较为阳刚、朴素的气质不符，也与建筑年代有明显的差异。因而，最后敲定南侧首层、二层外廊的新砖均采用传统工艺制作的手工水泥花阶砖。幸运的是，现如今还能找到坚守传统做法的手工工匠，为建筑定制花砖。

水泥花砖的生产工艺分为干法生产与湿法生产，湿法生产的主要特点是浇筑成型，故又叫注浆法，这是一般混凝土成型的传统工艺。本次采用的是干法生产，干法生产的主要特点是机压成型，故又叫压制法。它是用干硬法按重量配合比进行拌合，并适当掺以水泥水化反应所需水量，使拌合料湿润，彩色混凝土水灰比为0.2～0.3，色浆以颜料能均匀分散在拌合料中为度，然后置于模具内，最后压制成型。

生产的第一步是制作模具，由模框和底板组成（图4-73）。模框可用木板，金属板、塑料板、混凝土或石板制作，分花隔片的底部做成凸形，用优质木板条刻制。而如今技术已经突飞猛进，生产厂家可以通过描绘纹样图案，转

图4-73　水泥花阶砖图样模具
（图片来源：摄于大元帅府博物馆的"足下生花水泥花阶砖的故事"展览）

化为CAD电子图纸，生产出精确的不锈钢模框以及不锈钢的分花隔板。

花阶砖生产的关键在面层的制作，花阶砖表面的黑色与黄色面层主要由白水泥、颜料和白云石粉混合。色浆比例按照1份颜料、2份白云石粉、7份白水泥进行配料，在颜色的选用上，采用不同颜色的色粉，色粉均为矿物质制作，沙面大街10号建筑中主要采用了黄色、黑色的颜料（表4-2）。由于水泥粉与矿物颜料粉混合较为不易，生产过程中也会使用手工搓细粉的方式将二者混合均匀。混合后加入pH值在4～8之间的清水拌匀，按设计图案倒入金属模板内。随后分别将不同颜色的水泥浓浆用注浆器具倒入相应的分色区域，形成3～5毫米的浆料层，然后对模具进行轻晃使水泥浓浆填满空隙，再抽出图样模具，使得水泥浓浆连接呈现出水泥花阶砖的图案。

沙面大街10号水泥花阶砖用颜料的主要性能　　表4-2

色调	颜料名称	组成成分	着色力	耐碱性	耐酸性	耐热性	耐候性
黄色	铁氧黄	$Fe_2O_3 \cdot H_2O$	√	√	√	O	√
黑色	铁氧黑	$Fe_2O_3 \cdot FeO$	√	O	√	O	O

图案层面层制作完毕后，在浆料层干撒水泥，使其吸收色浆的水分形成中间致密层。底层由中砂与水泥组成，其配合比为水泥∶中砂∶水=1∶3∶0.25。砂的掺用可增加水泥胶砂的稳定性、耐久性，并可减少水泥用量；消除花砖面层龟裂；减少面层与底层材料的强度差异，加强它们相互之间的衔接，改善面层胶砂的和易性，提高其流动度，降低面层色浆的黏度和碱性，有利于机械成型，使花砖面层的孔隙率减少，密实度增加。

接着是机压成型，将色浆或彩色混凝土、底层拌合料等分层次、依顺序注入模具内，用压力制坯机或其他压力机械，使之受压成型。各种压力成型机械花阶砖、彩色混凝土砌块的干法成型机具有多种。例如，半自动夹板链成型机、压力制坯机、摩擦压砖机、液压制砖机等。福建省南安市码头与建筑水泥花砖厂采用的是三柱200吨油压机，压强达到14兆帕，压力为60吨，压制30～40分钟后成型。最后脱模取出水泥花阶砖，将未完全硬化的水泥花阶砖进行养护。

水泥制品制作成型后需要进行养护，方法可分为蒸汽养护法、电热养护法、红外线养护法与自然养护法。但是电热、红外线养护容易在表面形成白膜，而蒸汽养护容易使得彩色水泥剧烈失水而导致性能降低。因此，尽管时间较长、效率较低，采用自然养护依然是保证产品色泽与质量的一种较佳选择。将彩色水泥制品放在自然条件下，养护温度需要保持在15℃以上，将制品静置28天即可（图4-74）。

（2）施工记录

花阶砖尺寸不大，多为150～300毫米见方，厚度较薄，多为15～20毫米。因此作为饰面材料铺砌时，对整体精度、平整度要求较高。铺砌的基本流程分为两个部分：准备阶段和施工阶段。准备阶段包括选料、备料、选砖、试拼底、画线放样、角边切和铺工序。施工阶段包括底层铺浆抄平、逐块镶贴或铺理缝、逐块检查、面层平整、清洗等工序（图4-75）。

花阶砖由于其往往拼贴成为一些完整的图案，因此试拼阶段非常关键。在试拼阶段，需要按实际尺寸铺排，标注花阶砖的具体位置。计算花阶砖所需数目，预测出在铺砌过程中会出现的问题，找出需切割、修补的空隙和多余量。分格分块，分别予以排列，并计算出被切割的压花砖尺寸。切割花砖用的机械可采取混凝土切割机或陶瓷切割机等设备。

将水泥浓浆注入模板中

面层制作完成

干撒水泥

机压成型

养护

成型

图4-74 水泥花阶砖手工制作流程

试拼与现场放线

刷防水聚氨酯

大面积铺砖

白水泥勾缝

图4-75　外廊铺砖记录

施工阶段首先是底层施工，底层施工包括清底和铺平底层砂浆两道工序。在铺筑底层砂浆前，将地面凿毛，以便砂浆与底面混凝土嵌紧。消除底面杂物，用清水将地面脏物冲除并湿润地皮，再按设计的厚度铺筑底层砂浆。为了使花砖能与铺筑面贴合紧密，底层砂浆厚度应铺砌8～20毫米。底层砂浆铺筑完后应找平，在干净的底面上按试拼结果，根据花砖的实际尺寸，加上灰缝宽度，划好纵横控制线，并按分格划块编号的排列顺序将每块花砖的位置，用记号笔或铅笔一一标出。

打底完成后，隔一天即可铺砌面层压花砖。花砖铺砌用石灰砂浆混合部分水泥砂浆铺贴，增加其透气性，利于南方回南天气的地面防潮及防滑。铺砌时，将砂浆均匀涂抹在压花砖底面，厚度约为5～6毫米，四周边刮成斜面，以防溢浆而沾污周围花砖，影响地面的图案。花砖就位后，可用手揿压或用灰刀柄轻击砖块，使之与地面底层贴紧。应注意在操作中确保花砖四周砂浆的饱满程度，特别是砖的四角常会因砂浆过饱或不足而上翘或空鼓，而影响被铺砌地面的平整度。接缝的线条应平直，图案衔接应不露痕迹，要随时擦净泌出的砂浆，以保持地面的整洁和灰缝的密实。①

铺贴后2～3小时，用白水泥（或用填缝剂）擦缝，用水泥：砂子=1：1（体

① 刘万桢，江义华. 彩色水泥花砖［M］. 重庆：科学技术文献出版社重庆分社，1988.

积比）的水泥砂浆，缝要填充密实、平整光滑，再用棉丝将表面擦净。地面铺装后的养护十分重要。铺贴完成后，2～3小时内不得上人，覆盖锯末养护，安装24小时后必须洒水养护。在楼面铺贴时需要先刷防水涂料基层处理剂一道，再刷1.5毫米厚聚氨酯防水涂料，再用20毫米厚石灰砂浆保护层兼找2%坡。弹控制线、铺设花阶砖，同地面做法（图4-76、图4-77）。

图4-76 一层南廊建成效果（拍摄时间：2023年11月）

图4-77 二层南廊建成效果（拍摄时间：2023年11月）

4.4 北廊

4.4.1 北廊的拱券

1．初见

沙面大街10号建筑的北廊，与其他风格的外廊式建筑一样，原本是宽敞舒适、尺度适宜的开敞式外廊。然而在后续使用中陆续增设了窗户，起初是拱形木窗，后又被替换为平开的铝合金窗。在母婴会所使用期间，北廊已被改造为一间间套间附带的卫生间，地面被抬高以铺设排水管道，内部空间也被分隔成独立的小单元。更糟糕的是，首层西北角的外廊被改建为厨房的热水间，外窗亦是被封堵。由于通风采光不良，内部环境十分阴冷潮湿，多处出现了发霉现象。而北廊被用作卫生间以后，为了阻挡卫生间与外部空间的视线，大部分拱洞被封堵或改为方窗。已然面目全非，更像是一个个密闭的小房间，而全然不见“廊”的模样（图4-78）。

2．探究

（1）拱券类型

在沙面建筑群中，连续拱券形成的廊道是其典型的特征。这些拱券主要采

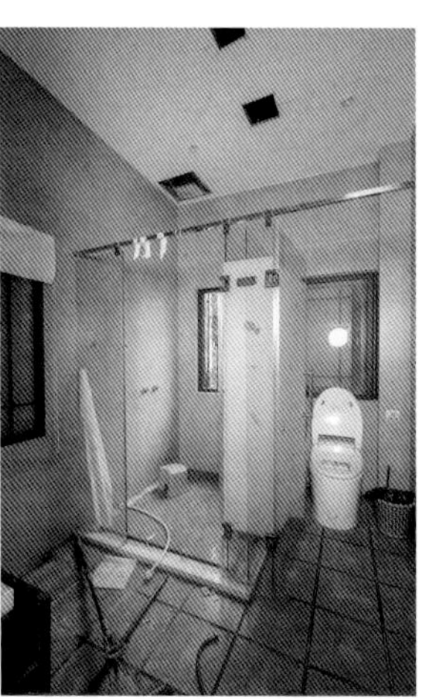

图4-78　二层北廊（拍摄时间：2023年2月）

用两种形式：半圆拱和平顶拱。

1）半圆拱

半圆拱，又称“欧洲拱”，顾名思义，在欧洲广泛应用，是在西方建筑最流行的拱券类型。这种拱形结构利用放射状接缝有效地将竖向压力分散到两侧，使得每块砌块仅承受压力。由于半圆拱的曲率半径恒定，其受力分布相对均匀，从而能够承受较大压力并保持良好稳定性（图4–79）。在沙面建筑群中，连续的饱满半圆形拱成为最常见的元素，如该建筑同期的早期东方汇理银行旧址、法国邮政局旧址和法国传教士住宅旧址等建筑立面均采用了这种设计。

半圆拱的受力机制主要源自其拱形结构特性和力学平衡原理。该结构能够将来自上方的垂直荷载有效地转化为沿着拱圈分布的切线方向推力，从而实现压力的分散和重新分配。这种压力随后被传递到拱脚，即拱结构与支撑体或地基之间的交接点。拱脚承受着来自拱体的垂直压力以及由拱圈传递的水平推力，并借助自身的稳定性和强度将这些力高效地导入支撑结构或地基中。在这一过程中，组成拱的砖块或构件之间不仅承受压力，还通过摩擦和相互支撑来维持结构的整体稳定性和平衡。

2）平顶拱

平顶拱是一种弧度较平缓的拱券形式（图4–80）。与半圆拱相比，平顶拱的弧度更小，因此其横向侧推力更大。在*Building Construction and Drawing*：*A Textbook on the Principles and Details*（《建筑施工与制图》）一书中，详细描述了平顶拱的定位方法：首先根据外观要求确定点C，然后连接AC和BC，并求出这两条线段的垂直线。两条垂直线的交点O即平顶拱的圆心（图4–81）。

平拱的结构相对较直，拱形结构的曲线特性不明显，因此在承受上方垂直压力时，荷载的分散效果较差。平拱中的砖块或构件主要承受压力，并依赖其自身的强度和稳定性来维持结构的平衡。由于缺乏拱脚的作用，平拱在拱脚处

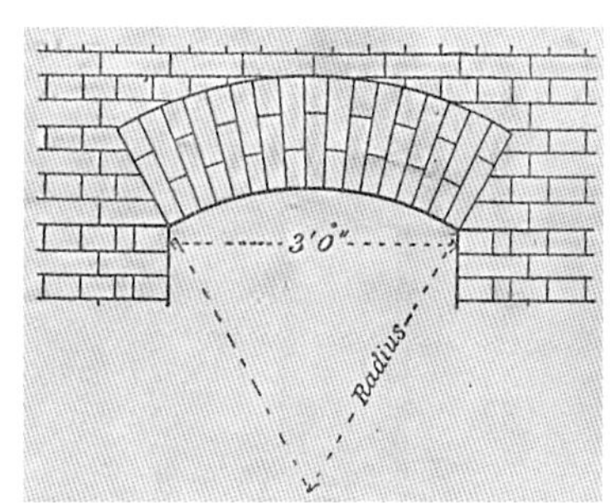

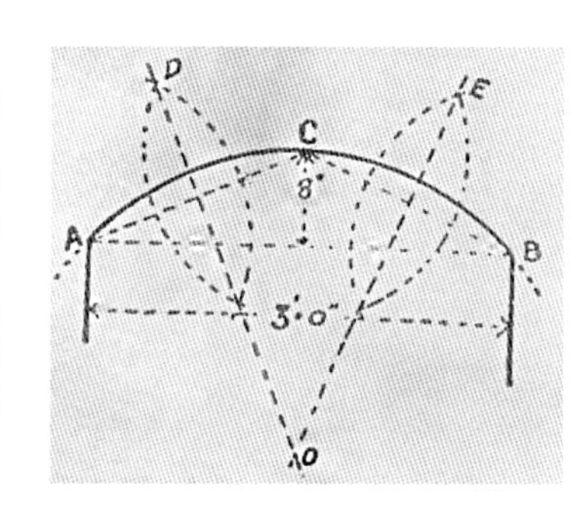

图4-79 半圆拱

图4-80 平顶拱

图4-81 平顶拱圆心定位方式

需要更强大的支撑结构来分散和传递荷载。

（2）详细勘察与现场痕迹

在清理完母婴会所后期增设的轻质隔墙和夹板后，大部分拱券得以重见天日。唯独东立面拱洞稍显不同，它被改为了方形窗洞，小心揭开上方的面层，可以清晰地观察到上部依然保留着部分原始拱券的痕迹。窗洞的上方由一道500毫米（二层为300毫米）高的钢筋混凝土过梁支撑，而过梁与原始砖拱之间的空隙则采用了红砖和青砖的混合砌筑进行填充。东侧窗洞上方的砖拱轮廓更接近于平顶拱的形状（图4-82）。

建筑各向立面均为半圆拱，虽然建筑内部有大量平顶拱，但立面上仅此一处为平顶拱的形态显然不太符合逻辑。将西北角的拱券局部面层打开勘察发现，西侧的砖券保持着原始的“二券一伏”构造，即由青红砖混砌的头券、头伏和二券共同组成（图4-83），东侧拱券应当也是同样的构造。之所以东侧看似平顶拱，实则是因为在过去改建为窗的过程中，将半圆拱下半部分的一券一伏砖拆除后，留下最上部的券，呈现了现在的平顶拱形态。

3．修复

（1）修复方案

1）原结构与改建情况分析

原结构为半圆拱设计（图4-84a），后经历改建，将半圆拱部分替换为钢筋混凝土梁。其受力路径由垂直荷载→拱→柱脚→砖墙转变为垂直荷载→拱→混凝土梁→砖墙（图4-84b）。

图4-82 东侧拱券勘察

图4-83 西侧拱券勘察（二券一伏）

2）修复方案比选

恢复其半圆拱的轮廓过程中，我们比较了两种方案。一种是完全拆除梁的方案，该方案完全拆除钢筋混凝土梁，恢复原始的砖券砌法。然而，这种方案需要大面积拆除嵌入砖墙的横梁部分，施工难度大，且对原结构的扰动较大。另一种是保留部分混凝土梁作为砖拱和墙体的衔接。截断后的混凝土梁虽不能再受拉，但由于拱的主要受力特征是受压，因此仍能满足压力传导的作用。同时，保留梯形截面以确保力的顺畅传递，并保留梁内钢筋以增强梁体强度。后者充分利用了现有结构构件，减少了对原结构的扰动（图4-84c）。

3）细节修复

复原其砖拱的二券一伏构造，重现其原有的廊道形态和结构的受力特性。在拱脚位置使用楔形砖进行衔接，确保砖拱与梯形混凝土截面之间的平滑过渡和荷载传递的连续性。楔形砖能够有效地将上部的水平推力转化为对两侧墙体的压力，同时减少应力集中现象（图4-84d）。

（2）施工记录

1）混凝土梁的切割

初步切割：使用手持电动圆锯在预定位置对混凝土梁进行初步切割。切割时需要控制切入深度，并确保锯片的锋利度。

断面处理与钢筋截断：对切割后的断面进行精细处理，使用锤子、凿子等手工工具进行仔细凿削和修整，以确保断面与砖拱曲线保持一致。同时，采用钢筋切断器进行钢筋的截断处理，截断后对断面进行防锈处理，如涂刷防锈漆等。

2）糙砌砖券

制作支模胎券：在砌筑前，结合西侧圆拱尺寸以及遗存的拱券，绘制拱内侧曲线，根据设计图纸制作支模用的胎券。胎券由木工放大样后制成木模，用于指导砌筑过程中的形状和尺寸。

砌筑方法调整：由于上方空间限制，无法采用传统的从两侧顶端开始砌筑的方法。采用试排后，先砌筑两侧的楔形砖，最后将合拢砖从两侧的水平方向插入，达到挤压砖拱的效果。

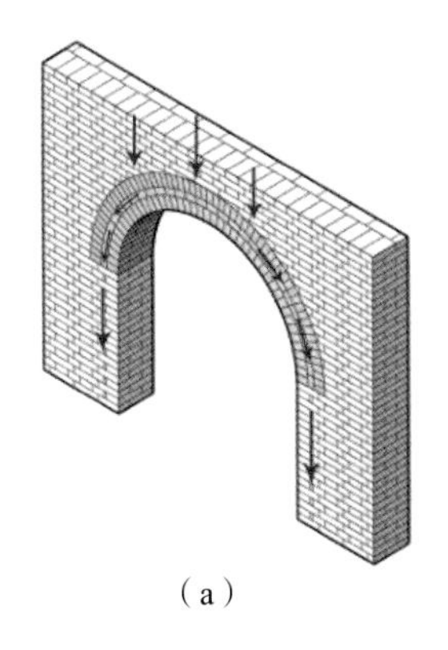

（a）

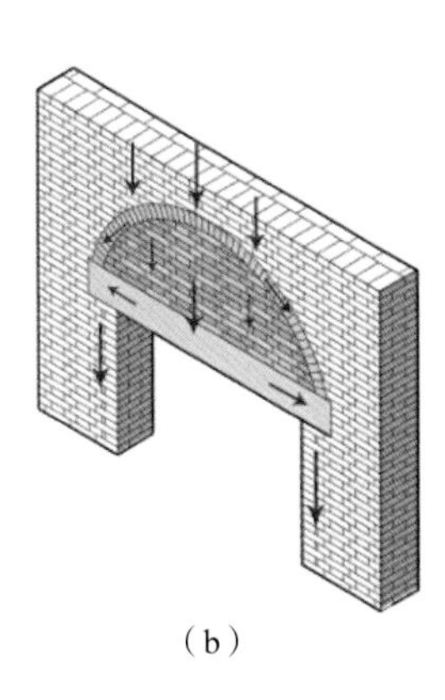

（b）

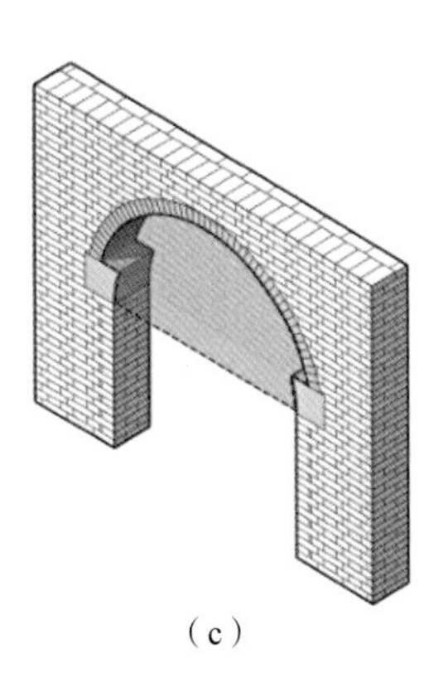

（c）

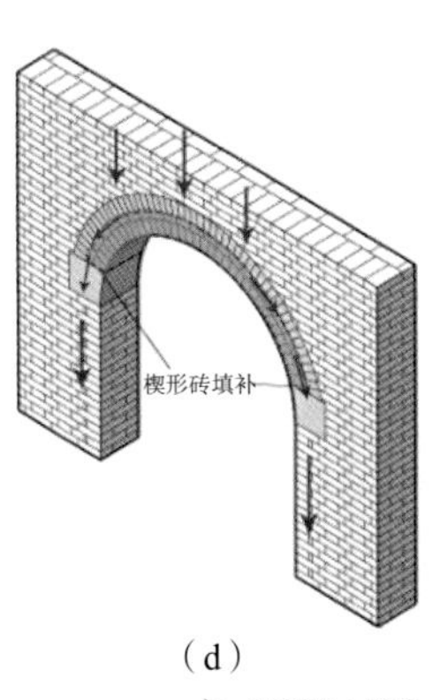

（d）

荷载传力路径

图4-84　结构修复方案及荷载传力路径改变

交接处处理与楔形砖的使用：楔形砖的制作需经过划线、打扁和磨制等工序，以确保其形状和尺寸符合要求。在交接处使用楔形砖可以实现平滑过渡并保持结构的整体性。

灰浆密实度要求：整个砖券的砌筑过程应保证灰浆的密实度达到100%，以确保砖块与灰浆之间的充分接触和整体结构的稳定性。

4.4.2 镶嵌玻璃窗

1. 初见

北廊的拱券恢复后，我们又面临一项新的挑战，建筑北面紧邻街道办事处，两栋建筑间距最窄处不足1米。如过分追求其原真性，力求恢复到其最原始的状态，复原北侧开敞式外廊的形式，则势必导致两栋建筑之间有较大的视线干扰。此外，原北廊室外是开敞的庭院，并非现在紧邻的实墙，景观效果大打折扣，外廊的意义也就不复存在。

昔日之景已难重现，何必拘泥于百分百原样恢复？

事实上，在广州地区，外廊形态随岁月变迁而演变，由四面至两面，最终演变至单面。北风冷冽，适用于东南亚、印度地区的开敞北廊并不适合岭南气候。因此，结合实际使用需求，我们选择使用木门窗将北廊封闭起来，将外廊空间塑造成贯通的展览空间。在材料选择上，我们坦诚地采用了新材料制作门窗以示区分，并在内部嵌入半透光的镶嵌玻璃，兼顾美观与实用，将北廊焕发新生。

2. 探究

镶嵌玻璃源自欧洲的中世纪，历经多个重要的发展阶段，第一个辉煌时期是中世纪教堂的镶嵌玻璃艺术巅峰，至文艺复兴时期的广泛运用，后因宗教改革与经济萧条衰落。然而，艺术的火种从未熄灭。19世纪的欧洲，受中世纪艺术的深刻启发，新艺术运动应运而生，为玻璃艺术的发展注入了新的活力，推动其再次走向高潮。这场运动起源于英国，后又在法国广为流行，成为一场影响深远的艺术革命。随着东西方文化的交流与碰撞，镶嵌玻璃艺术远渡重洋，来到了中国的岭南地区。在这里，它与岭南独特的文化传统和审美观念相融合，催生出了别具一格的镶嵌彩色玻璃窗——“满洲窗”。

在选择该建筑适用的玻璃样式时，我们对比了传统的彩色镶嵌玻璃与岭南窗样式。传统的彩色镶嵌玻璃，虽绚烂多姿，但其主要流行于中世纪，与兵营的建设时期不符。而传统岭南窗在构造上主要由传统的木框架和镶嵌其间的套色玻璃蚀刻画组成，其风格亦与沙面大街10号的西方古典建筑特色不相吻合（图4–85）。

鉴于此，我们最终选取了19世纪末兴盛于英国与法国的新艺术运动风格的玻璃设计，不仅与该建筑建设时期相近，其艺术韵味也与建筑风格互相匹配，

图4-85　对比方案

且在沙面建筑群的粤海关俱乐部以及德士古洋行的入口大门上有应用。在具体工艺上，采用了黄铜条镶嵌的手法，这一专利自1886年起便已诞生，既符合时代特征，其简洁的线条又与该建筑的简约风格相得益彰。

3．设计

伴随着新艺术运动的兴起，其华丽而简约的风格迅速风靡全球，催生了众多大型制作工厂。为了简化预订流程，这些工厂推出书籍供采购商挑选，书中收录了许多当时流行且成熟的纹样。在玻璃窗的重新设计中，我们汲取了这些历经时间洗礼的经典纹样，并结合窗户的实际比例进行了调整。最终，形成了承袭历史风韵又契合现代审美的纹样设计。

具体的灵感来源于当时最流行的一本新艺术运动玻璃图集——《国际艺术玻璃图集》(*International Art Glass Catalog*)，该书由美国和加拿大国家装饰玻璃制造商协会联合出版（图4–86）。在长窗的设计上，采用了书中抽象、简洁而有力的花草描绘方式；而在圆头窗的纹样设计中，则借鉴了其等分圆形的做法，将花纹图案置于外圈处，与下部的长窗形成了和谐统一的视觉效果（图4–87）。

4．实施

（1）材料选择

铜条镶嵌玻璃制作的第一步是材料选择。镶嵌槽是用于将玻璃片固定在一起的构件，它的材料通常有铅、黄铜、锌或者铜构成。传统欧洲中世纪教堂玻璃用铅较多，铅的特点是耐水和耐腐蚀，同时也有较好的延展性，容易弯曲和成型，使用特制的铅钳很容易把铅剪短。但是铅的材料特性是柔软和延展性较好，所以较容易下垂，硬度较低。在镶嵌之前，必须对其进行拉伸提升它的硬度。

相较于铅，铜条的镶嵌槽有着较高的硬度和稳定性，并且耐腐蚀性和抗氧化性性能较好，但黄铜的硬度远高于铅，加工难度较大。但在现今加工技术条件下，采用铜条折弯机进行弯曲，已经能被塑造成各种复杂的自由形态，极大地丰富了设计的可能性。最终选择了铜条作为镶嵌槽的材料，以兼顾耐久性和艺术表现力。

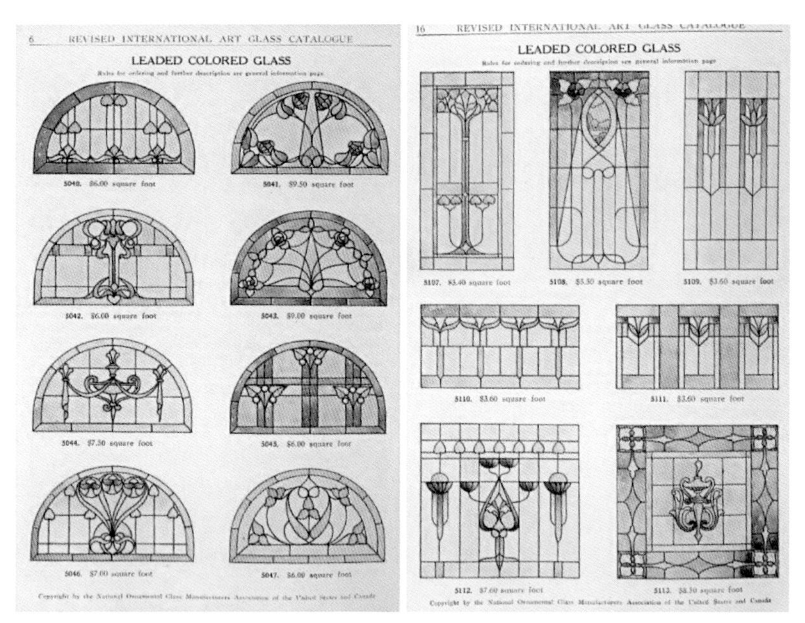

圆头窗纹样　　长窗纹样

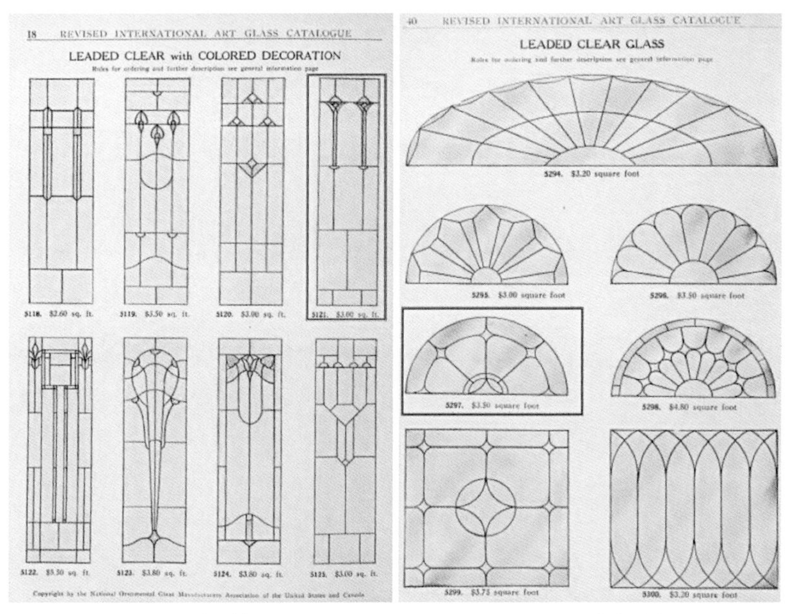

选用的花草纹样母题　　选用的圆头窗线条

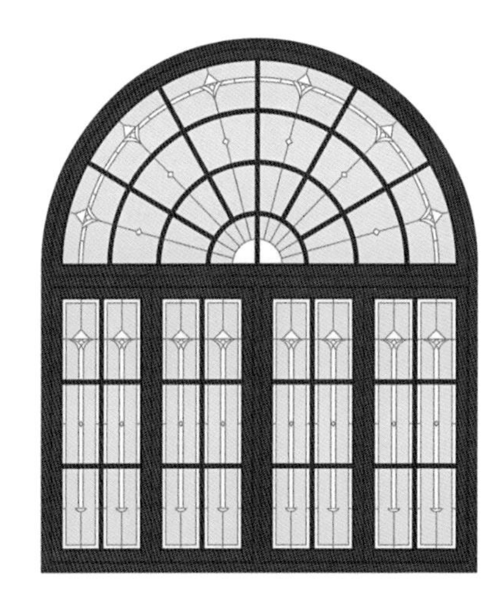

图4-86　新艺术运动时期玻璃纹样选型

（图片来源：美国和加拿大国家装饰玻璃制造商协会. 国际艺术玻璃目录［DB/OL］. https://archive.org/details/internationalart00nati/mode/2up，2011-08-03/2024-04-22.）

图4-87　纹样设计

（2）镶嵌槽选型

镶嵌槽有多种断面形状，如U形、H形和Y形。在沙面大街10号的艺术玻璃中，选择了Y形黄铜条作为镶嵌槽。主要原因是最初的木窗的玻璃槽是按照单层玻璃的厚度预留的，只有Y形黄铜条的较窄部分小于5毫米，能够适应原预留空间。

（3）制作流程（图4-88）

1）准备阶段

设计选择与图案确定：根据设计项目的具体图案和尺寸要求，选择与之相匹配的玻璃以及镶嵌槽的型号和数量。

模板制作：完成镶嵌玻璃的图案设计后，需要打印出与实际尺寸完全一致的1∶1模板。

放样与编号：通过电脑绘制放样模板，并使用透明纸剪下模板进行编号。

铜条加工准备：在1∶1放大图样完成后，绘制镶嵌槽的详细施工图。施工图被分成若干个局部图，按照这些图纸精确地切割和加工铜条。

2）玻璃加工

玻璃切割：历史上玻璃切割主要是使用钻石来进行，而现代工艺则只需要采用数控玻璃切割机就能完成精确切割。

Y形镶嵌槽

数控玻璃切割机切割玻璃

玻璃加工

焊接组装

单片玻璃完成

样品安装

图4-88　镶嵌铜条玻璃制作记录

玻璃打磨：切割好的玻璃被放置在预定位置，进行打磨处理，旨在去除玻璃表面的气泡和毛刺，确保玻璃表面的平滑。

3）镶嵌过程

玻璃布局：所有切割和打磨好的玻璃按照之前准备的模板样式及编号整齐地排列在桌面上。

助焊剂应用：在玻璃外边缘的接缝处涂抹适量的助焊剂，以辅助后续的焊接过程。

铜条穿边与焊接：将铜条穿过玻璃的边缘，并使用锡条进行焊接，实现玻璃边缘的包边效果。

固定与清洁：焊接完成后，通过锡条将铜条与玻璃牢固连接。随后清洁所有接头，确保无杂质残留。

焊接注意事项：由于黄铜比铅吸收更多热量，因此在焊接过程中需要严格控制火候。

翻转与最终清洁：完成一面的焊接后，小心翻转整个面板，重复上述步骤完成另一面的焊接和清洁工作。

4）涂装处理

预清洁：使用专用的清洗剂对玻璃和铜条表面进行预清洁，以去除油脂和污物。

烘干处理：将组件放入烘干房，设定温度和时间，进行4小时的烘干，确保彻底去除水分。

打磨抛光：从烘干房取出组件，对铜条表面进行打磨和抛光处理。

再次清洁：使用无尘布对打磨抛光后的铜条和玻璃进行仔细清洁，确保无尘埃和杂质。

防氧化处理：在铜条表面涂抹一层防氧化剂，以保护铜条免受氧化影响，延长使用寿命。

焊点上色：使用专用的上色剂对焊接点进行上色处理，使其颜色与铜条与玻璃的整体色彩相协调。

5）安装固定

完成所有制作步骤后，将成品玻璃安装至预定的窗框内（图4–89）。

4.4.3 由花岗石扶手看到的主副楼关系

1．探究

现场勘察揭示，北廊的花岗石有四处整条缺失，而另有五处为不完整的花岗石，其切口边界可归为两类：

一类切口则呈垂直不规则断面，应是被人为凿断的，后期以水刷石修补。

推测为不当改建所致。据第2章2.2的分析结论，20世纪50年代该建筑作电影放映之用时，北廊中部被封堵，导致二层放映厅并不连通。因此在二层北廊外侧增建露台，以连通放映厅与副楼。为此，需要打凿此处的花岗石并开设门洞，以便通往这个新增的飘台和副楼（图4-90）。

另一类切口（含首层两处及二层一处）特征为整齐划一的45度斜角收边（图4-91），室内外均是如此。首层切口外侧还残留有麻石台阶，且勒脚的线条在此处断开。参考前文第2章2.3节的结论，西北角附有两层副楼，故推断此类斜断面对应的出入口为建筑设计之初即有的北侧出入口，一楼通往北庭院，二楼则通往附楼。

结合1962年的测绘图纸，推测建筑在设计之初一楼北侧设有三个出入口通往庭院，麻石扶手在这里断开，麻石台阶去往庭院，二楼北侧靠西侧有出入口通往附楼。1962年时，二楼靠西侧的出入口被封堵，在中间两跨新开两处出入口，与新建的附楼连通（图4-92）。

2. 修复

针对断开的扶手处，结合历史格局的推断以及详细勘察结果，采取以下两种不同的修补策略体现文物修复的真实性原则（图4-93）：

对于原状有麻石而被不当拆除的，遵循修旧如旧的原则。在材质上，采用与原扶手材质相匹配的米黄色花岗岩，以确保修补部分与原有部分在视觉上保持协调；在断面线条的设计上，延续原北外廊扶手的枭混线脚；在加工方式

图4-89　镶嵌玻璃效果（拍摄时间：2023年11月）

图4-90　不规则切口（第一类）

图4-91　整齐的切口（第二类）

上，采用现代机械加工的方式进行处理，用以区分原状与后加的窗台。

对于原状为出入口处的扶手，考虑到目前的功能使用需求，我们将封闭北外廊，因此将补齐断口处并将其作为窗台石的一部分。针对这一类新增的窗台石，采用水刷石的做法，在材质上与左右两侧的花岗石进行明显的区分，并在衔接处交代二者的关系。新旧可识别，暗示其历史上的出入口功能。

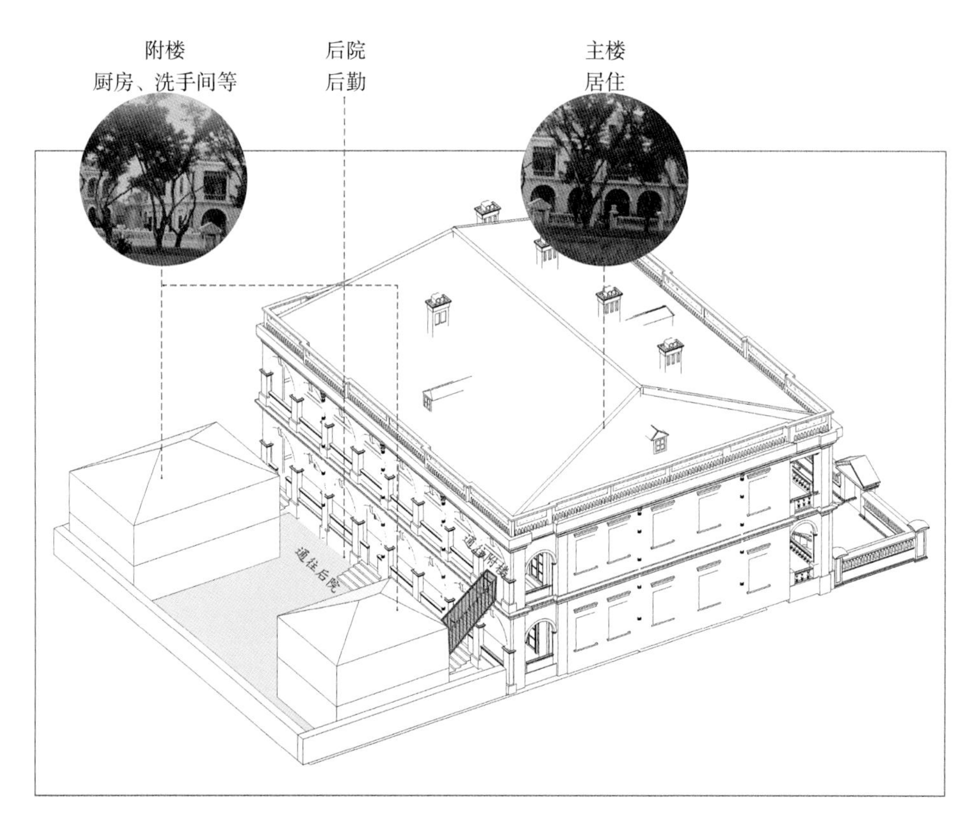

图4-92　由麻石切口推断建筑原始格局

图4-93　不同切口的修复方式

原切口为人工凿除　　修补麻石　　原切口为45度切口　　修补水刷石

第5章　空间艺术

沙面大街10号内部空间是承载社会活动的空间载体，随着岁月的变迁，进驻的群体不同，使用功能和平面布局可能也有所变更，有改变的也有保留下来的，它如同展开的历史画卷，层层晕染，随着开开合合的门轴和不断被抚摸的扶梯扶手留下的痕迹，留下点点滴滴的印记。比起新建建筑，其空间格局、结构形式、室内装饰和设备设施都蕴含着丰富的历史信息价值。因此，针对一座上百年的老建筑，我们再利用其之前，需要充分调研和勘察，挖掘其内部空间信息与价值。

历史意义：文物建筑内部空间的功能布局和装饰风格是使用者生活的重要例证，通过对其进行解读，可以了解到当时的社会生产水平和当地的社会与文化历史。

建筑艺术意义：文物建筑内部空间装饰风格通常延续建筑外立面的风格，具体表现在平面布局、空间格局及部分房间的室内装饰等，保留当代建筑艺术价值组成的重要元素。

科学技术意义：文物建筑内部空间通常采用当时领先的建筑技术，设计标准较高，选材考究，施工工艺上乘，较好地满足了公共建筑的使用需求，这对于研究、考证同时期同类建筑设计、技术、工艺等相关发展历史具有重要参考价值。

综上所述，建筑价值构成在其内部空间中均有体现。我们在对其进行保护与再利用时，要根据内部空间的价值评估对室内各类空间和构件进行分类保护，有针对性地进行“再生”或者“活化”，用意蕴悠长的设计延续并提升建筑内部空间的价值，同时通过保护与再利用使附加在其上的文化、历史等价值信息不断丰富，进一步增添老建筑的魅力。

在建筑室内空间活化再生的过程，根据文物建筑的实际情况和项目保护经验，秉承如下原则进行保护设计：

真实性原则：保护装修的更新设计前与设计过程中，都要进行全面、细致地调研。真实、完整地保护文物建筑和历史风貌，对历史上历次改建内容进行评估和判断，保留有价值的历史状态，从而保护历史风貌和文化环境。

整体性原则：整体保护和整治原有区域环境及建筑风貌，着重保护装修建筑的重点保护部位和原有空间格局，精心装修室内空间及特色装饰。

最小干预原则：在保证文物建筑安全和合理利用的前提下，进行最低程度的干预，采用的保护措施应以延续现状、缓解损伤为目标，避免过度干预造成的破坏，同时避免增加栏板负载并改变原有结构受力。

可识别性原则：保护设计中采用的技术手段需满足可识别性原则，所有处理措施必须与整体保持和谐，同时又应区别于历史原状，并保存详细的记录档案和永久的年代标志。

可逆性原则：由于历史资料和主观认识上的局限性，装修工作以不直接损害文物建筑本身为前提，满足日后必需时的清理复原，以便今后更科学和更完整地装修。尽量选择可逆技术与可再处理的施工措施，避免对文物建筑造成不可逆的干预。

可持续性原则：为了让建筑能更长久地保留下来，并符合新的功能使用，在装修工程中，尽可能满足新的设计规范，并对于易燃易腐和缺乏安全度的建筑构件仍进行加固和做防火处理。

在我们进行装修时，应遵循工程实际情况与保护的基本原则，结合现场调研情况对文物建筑的内部空间进行价值判断，厘清保护要素，了解各项制约因素，采取科学的设计策略，确立保护与再利用大纲并不断优化设计方案。

本项目不是根据某一个概念或形式进行修复，而是通过一系列的干预，去处理老建筑的复杂性。我们从早前数次改扩建的室内布局里筛查并找到文物建筑原有元素的特征，揭开错综复杂迭代的装饰和构造，重新整合室内空间。不单纯适用于当前的使用功能需求，更希望通过空间营造，并使用当时的材料及工匠构造找回文物建筑的时代印记，使整体形象统一，体现它的历史价值。

此外，本项目的另一设计难点在于如何决定其室内设计风格，外立面有百年前拍摄的照片作为参考，但室内的部分几乎无任何历史图像及实物用作参考，难以从清理部分叠加上去多余的装修构件找到构造本体或局部残留的痕迹推断，更多的是依据当时的历史背景、建筑风格方向来推演室内风格，选择适宜的设计手法（图5-1）。

图5-1　沙面大街10号建筑二层西侧会客厅

5.1 全方位建筑体检

2023年3～5月，建筑、结构、给水排水、强电、弱电、暖通、消防等十余个专业技术人员对沙面大街10号建筑共进行了30余次勘察。系统全面地认识建筑的变迁，识别判断文物本体与后加构件。通过历史图档研究、现状勘察及测绘信息记录，形成建筑、结构、设备等专业勘察结论，完成遗产价值识别、建筑健康体检和社会价值摸查，全专业精细化勘察为后续工作提供了有力支撑。

5.1.1 全专业勘察

建筑勘察——总体布局、本体风貌、空间格局、室内情况。详细的勘察摸查与记录工作是识别文物本体、梳理不当加改建以及判断文物健康状况的工作基础。

勘察阶段，除了对建筑外在“看得见”的要素进行摸查记录外，对“看不见”的设备系统进行梳理，包括对设备系统完整性、隐蔽设备设施、竖向路由、横向路由及设备末端逐一记录，梳理隐藏的问题及风险。

使用现场测绘记录及点云扫描获取建筑全专业的三维信息与损伤情况等一手基础信息，构建高精度BIM模型进行全专业现状信息的动态记录，为设计工作提供直观、准确的现状数据支撑。比如，通过BIM模型对木楼板构件进行编号，准确记录白蚁蛀蚀和管线孔洞的点位信息，也对管线系统三维信息进行全面记录，特别是前期勘察摸查阶段对管线标高信息进行梳理，为后阶段管线综合设计提供了较好的数据基础。

墙体：文物建筑本体部分包含首二层490毫米、370毫米两种厚度砖墙，首二层原有墙体表面现状抹灰绝大部分为后改的水泥砂浆抹灰。后加大量瓷砖饰面、墙纸、木夹板饰面，且墙面油漆开鼓、脱落。母婴会所使用期间在各层不当加设轻质板墙及加气混凝土隔墙，用于间隔厕所及其他功能用房，首二层东西立面窗户均被墙板封堵。

地面：二层楼板原为木楼板，后期在其表面加浇一层素混凝土，木楼板现状有少量白蚁蛀蚀木构件的情况，后期增加了大量排水管孔洞。现状南廊西侧除局部黑白拼花组合水泥花阶砖为原状铺装外，其余室内铺装均非文物建筑原始地面，面层为后铺现代瓷砖、木地板或地板胶，且多处损毁。

屋面：20世纪80年代原四坡屋顶被清理，后加三层钢筋混凝土楼板，并整体加建轻钢结构双坡压型钢板屋面，屋面多处锈蚀。现状南北露台楼板无防水构造，存在漏水情况。

门窗：多处室内门窗多处门洞被轻质隔板、砖砌块进行封堵，文物原有的室内门套门扇均已缺失。

天花：文物原状天花均已缺失，现状各层天花为后期改造的石膏板及铝扣板天花。首层天花龙骨直接固定在原有木楼板上，二层天花固定在后期加建的三层钢筋混凝土楼板上，三层天花采用普通石膏板吊顶，缺乏隔热保温措施。

楼梯、电梯：现状楼梯为后加钢结构楼梯，钢梯外包木饰面已多处损坏，踏面面层为地板胶，宽度约220毫米，过于狭窄，扶手栏杆已松动。后加电梯位置原状为楼梯，酒店及母婴会所使用期间楼梯被清理并改为电梯，现状电梯已故障损坏停用，无法满足后续安全使用。

卫生间：各层有多处分散式卫生间（首层5处卫生间、1处厨房，二层8处卫生间、2处洗婴室，三层7处卫生间），采用错层排水方式，多处排水管道穿楼板，且缺少必要的防水措施，排水口存在漏水情况，整体管道分散，孔洞密布，走管复杂。

结构情况：建筑结构的最初形式为二层砖木结构，屋面为四坡屋面，主要以砖墙作为竖向承重构件。后经多次改造，将该建筑原屋面清理，并新增混凝土梁柱楼板替换原屋面。第三层为20世纪90年代的不当加建层，结构形式为钢屋架，钢柱柱脚锚固在混凝土楼板上，屋面为彩钢瓦屋面。此外，该建筑首层及二层结构局部增加钢筋混凝土梁柱，局部增加钢梁等。经现场检查检测，该建筑上部结构暂未发现有因地基基础不均匀沉降引起的开裂、变形等情况，结合主体结构变形测量结果，可推断该建筑地基基础工作正常。该建筑个别混凝土梁和混凝土柱保护层有剥落，局部有露筋情况；局部砖墙受潮发霉，饰面层龟裂；屋面有渗漏等损坏情况。材料强度检测结果显示，该建筑砖墙砌块强度满足规范要求，砌筑砂浆强度不满足规范要求。

设备情况：现状有完整的消防水系统，部分消防管道、喷头老化损坏；给水排水管线废旧，原室内给水、热水系统破损，原给水管道及热水管道被人为拆卸。房间配电箱、照明、插座、管线、自动报警装置等设备均已清理，需重新安装。建筑作为母婴会所使用期间采用单元式分体空调，室外机直接悬挂在建筑东、西立面，对建筑外观影响较大，室内外机在其交付前已全部清理，室内空调管线均受损（图5-2 ~ 图5-6）。

二层杉木楼板年代久远，存在多个房间方形木枋跨度超过4米的情况，需要对木楼板的现状结构安全进行细致的评估。由于无法运用行业内现有的结构计算软件对古老的木结构进行受力分析，经与文物相关专家进行研究论证，采用定性试验特殊化处理，设计团队对木楼板进行了原位堆载试验。

试验方式：现场原位堆载试验，属于正常使用状态试验。

试验区域：楼面木方梁跨度大于4米的房间。

堆载范围：由于木方梁受力类似单向板，垂直梁跨度方向的堆载宽度可取房间中部5 ~ 6根木梁间距；沿梁跨度方向堆载长度为梁两端支撑点间满布。具体可根据现场条件作调整。

试验荷载：最大加载200千克/平方米，采用易卸载的材料。分级加载，每级为40千克/平方米，加载至160千克/平方米，之后每级20千克/平方米加载至200千克/平方米。每级加荷后保持时间不少于30分钟。现场加载时应区分格码

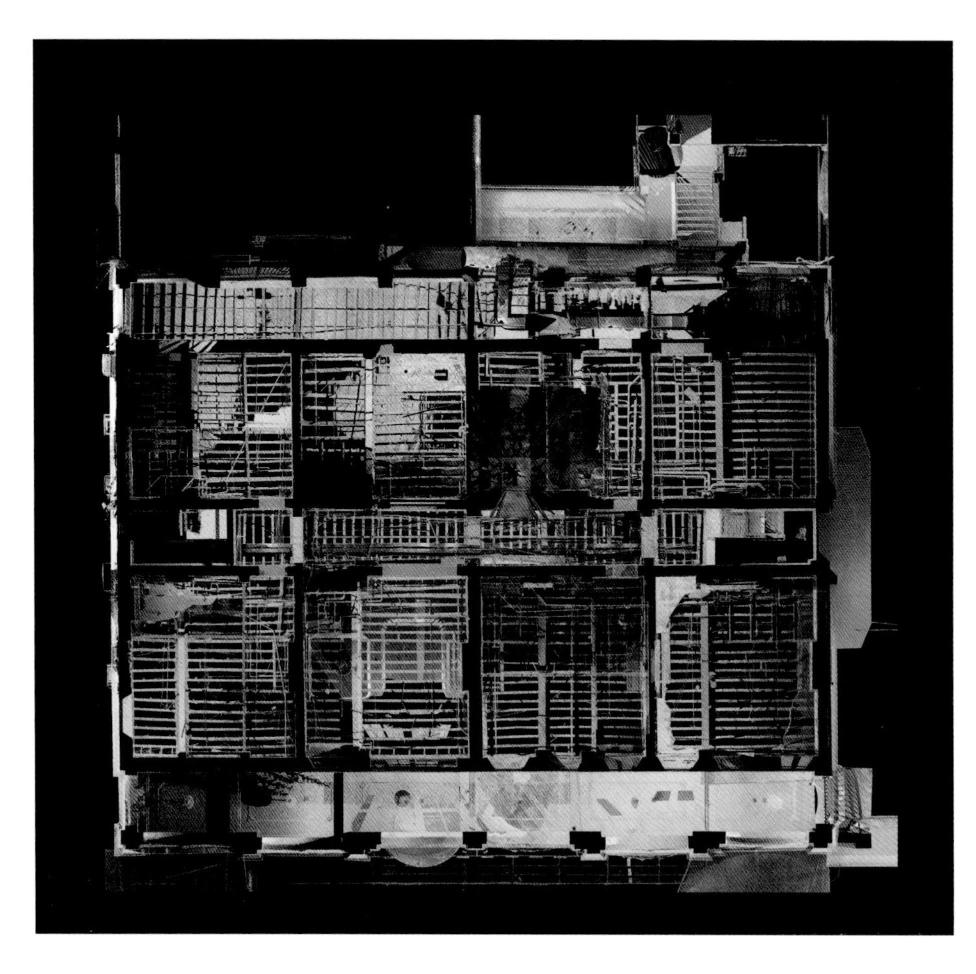

图5-2　首层仰视点云素描

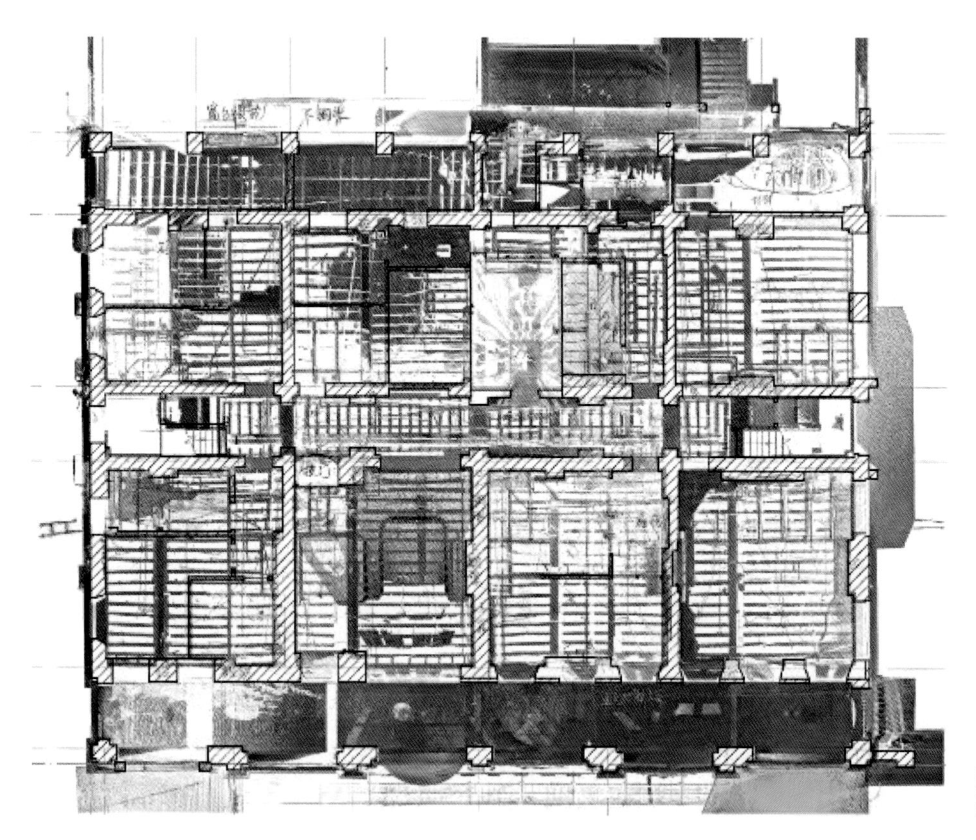

图5-3　木楼板现场摸查记录手绘

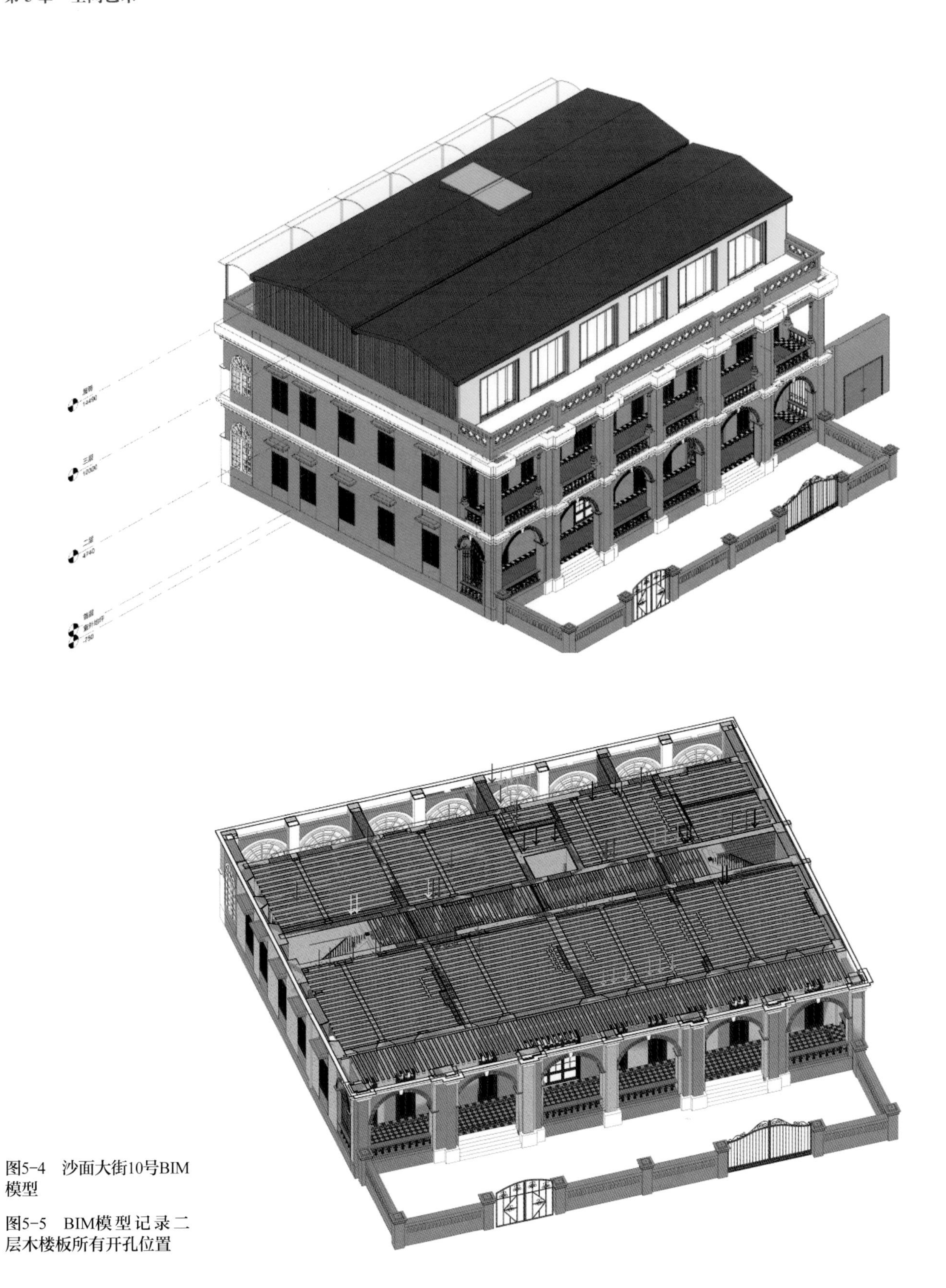

图5-4　沙面大街10号BIM模型

图5-5　BIM模型记录二层木楼板所有开孔位置

放置，格码间应留有空隙（不小于50毫米）。

监测指标与内容：①加载前需确认木梁的现状（变形、裂缝、腐朽以及虫蛀等缺陷情况）。②竖向位移。每个试验房间取堆载宽度中部一根梁，梁两

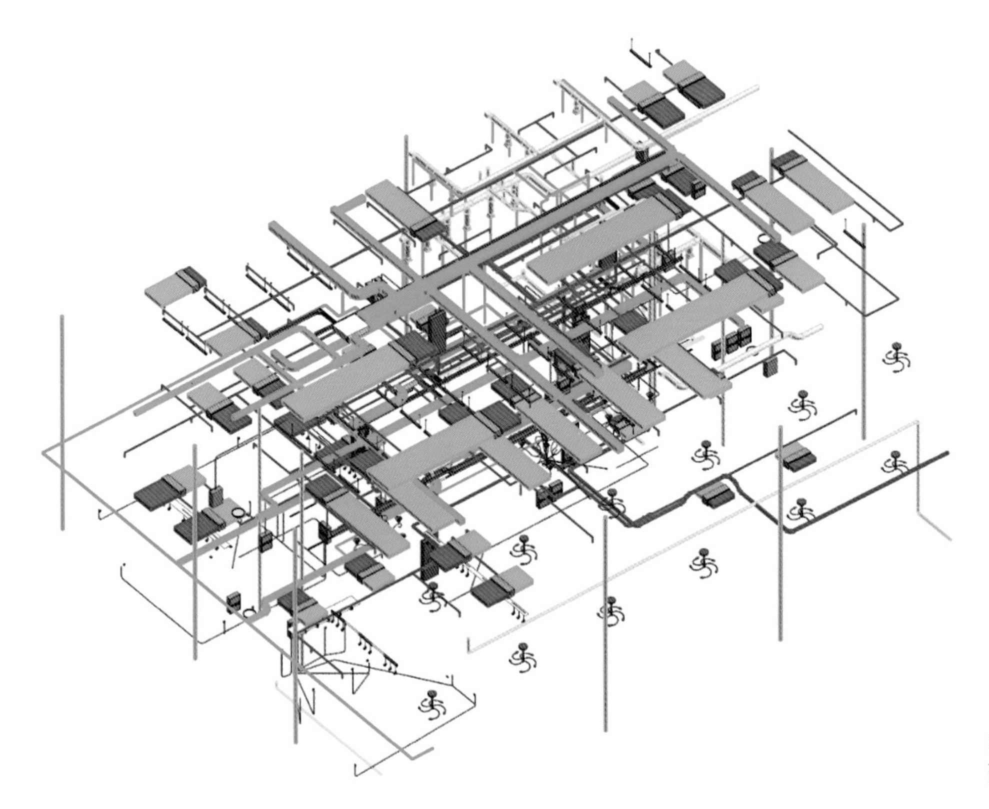

图5-6 BIM模型记录隐蔽设备信息

端、中点、四分点共5处为监测点，每级加荷稳定后测量监测点竖向位移值。③监测位置每级加载稳定后目测木梁外观变化，包括有否新增裂纹，如原已有裂纹是否发生变化等，并应拍照记录。④卸载过程中及卸载后，也应监测木梁挠度及裂缝的恢复情况，并拍照记录。

试验控制指标及处理措施：本次加载最大值约为设计总负载标准值的40%，考虑木材使用已久刚度的变化，建议梁中最大竖向挠度值（梁中位移与支座位移的差值）按L/450控制，如加载过程中达到或超过该位移水平，待明确后续处理措施后方可继续下一级加载。如某级加载中目测构件外观出现明显变化，如新增裂纹出现或原有裂纹宽度明显增大，立即暂停加荷。必要时可实施卸荷，保证现场人员安全。

按木质楼板原位静荷加载试验方法加载至最大荷载后，楼板下木梁位各监测点移极小可忽略不计，且外观无变化，可认为二层楼板在正常使用状态下能满足结构受力要求。秉承最小干预原则，设计团队最终根据试验结果，对木楼板只进行面层修复与白蚁防治，不作过多加固补强措施（图5-7、图5-8）。

5.1.2 去除杂质与本体识别

设计团队通过历史资料研究、现场测绘勘察及清拆过程实时记录等，区分文物本体与非本体部分。抽丝剥茧式识别建筑，厘清这座老建筑在一百多年中的变迁与故事。去除“杂质”，认识建筑的“原貌”和真正价值载体。在

图5-7 现状勘察记录

图5-8 原位堆载试验实施区域及记录

这个过程中也惊喜地发现了许多精美的建筑细节，如拱形门洞、木楼板等，去杂去乱，重现原貌，是第一步，也是最有意义的一步。

在清理不当改建的隔墙后，建筑的空间格局得以完整展示：由内廊串联起南北两组带廊道的方正房间，首层与二层部分墙体材料为后加的混凝土砌块，原状的砖墙已经在20世纪60年代被清理，并在相应的位置后加了钢筋混凝土梁。内部的房间被打通为大空间供放映电影使用，而这恰恰也为我们后续的活化利用提供了更多的可能性（图5-9～图5-11）。

图5-9 清理后的二层连通大空间

图5-10 首层、二层文物本体识别

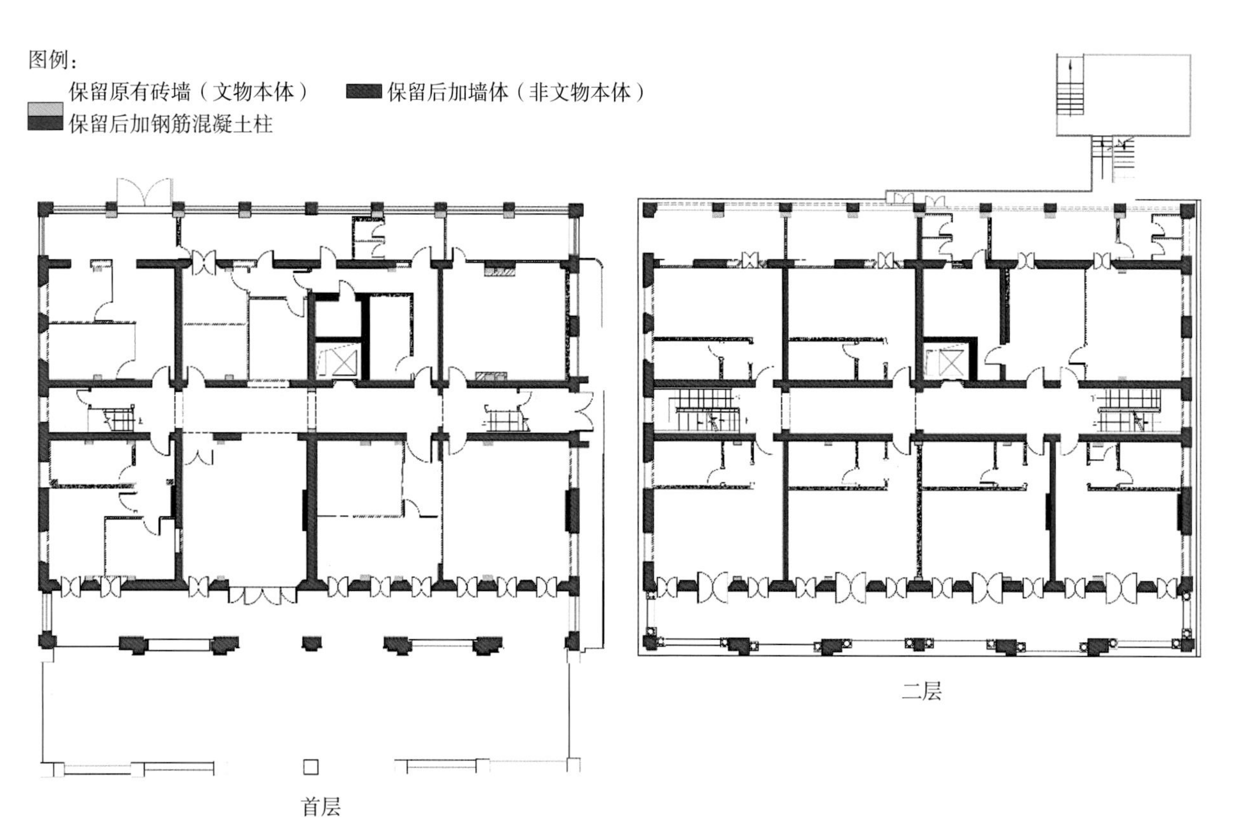

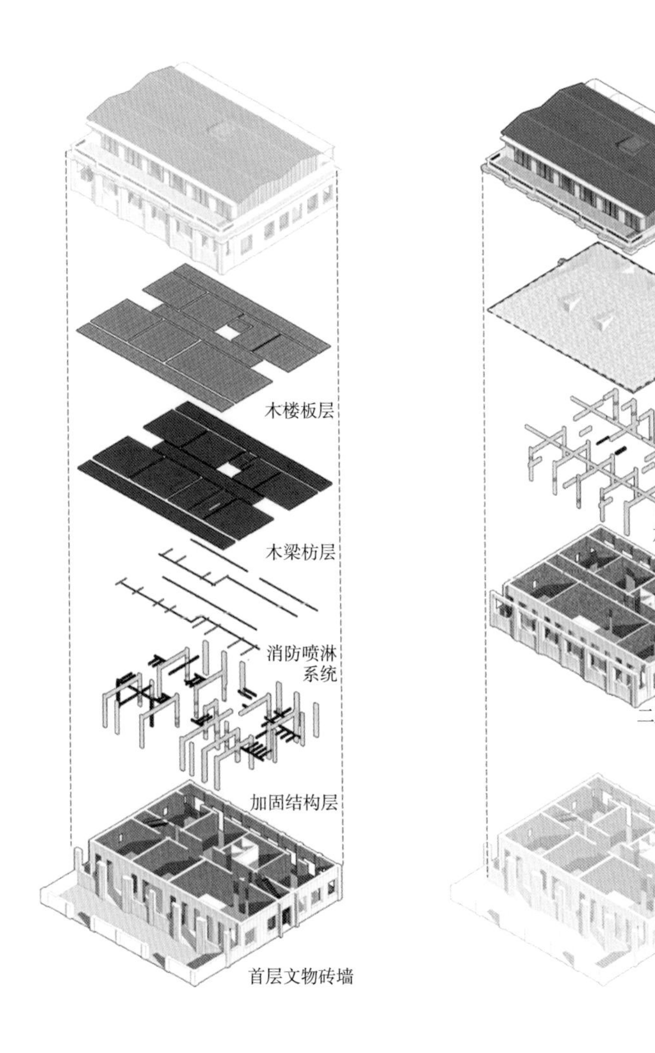

图5-11　文物本体与加建部分爆炸示意

5.2　室内设计风格的论证与选型

5.2.1　法国建筑室内外风格发展简述

从古至今，法国建筑一直吸引着世界各地的目光。它们不仅承载着法国人民的生活和文化，更展现了法国建筑师们独特的设计理念和风格变化。我们力求通过法国建筑的历史发展及室内外建筑空间对应的风格变化、近现代法国建筑的室内设计风格特点分析，确定沙面大街10号建设时期的法式风格，找寻合适当时历史背景的室内元素。

法国建筑的历史发展经历了主要几个阶段，同时产生了多种室内设计风格：

1．古罗马时期的法国建筑

古罗马时期，法国的建筑受到罗马帝国的影响，采用了古典主义建筑风格。著名的古罗马遗迹包括巴黎的凯旋门和阿尔勒的竞技场。后期保留下来较为完整的罗马式建筑代表就是巴黎的圣心大教堂，它同时也融合了拜占庭式风格，周围四座小圆顶，中间为一座大圆顶建在一个高大的蓬形壁之上，具有典型的东方情调。室内外都采用白灰花岩建造，特殊质感可维持永久的白色外观，双层的拱券及柱廊，视觉中心就是圆形拱顶下陶瓷锦砖拼接的基督圣像，圣像台及风琴以及二楼栏板上做的描金装饰是受后期文艺复兴装饰主义风格的影响，但整体室内空间营造追求纯净与端庄典雅（图5-12）。

2．中世纪的法国建筑

中世纪是法国建筑发展的重要时期，教堂和城堡是当时最主要的建筑物，其中最具代表的建筑就是巴黎圣母院。教堂建筑以哥特式风格为代表，它由罗马罗曼式建筑发展而来，为文艺复兴建筑所继承，哥特式建筑在当代普遍被称作“法国式”（Opus Francigenum），哥特式建筑的整体风格为高耸削瘦，且带尖。特色构造有尖形拱门、肋状拱顶与飞拱，以卓越的建筑技艺表现了神秘、哀婉、崇高的强烈情感，对后世其他艺术均有重大影响。圣母院建筑总高度达96米，水平与竖向的比例约为黄金比例1：0.618，柱子、拱廊、壁柱和柱廊均更突出了垂直效果，除了竖向空间感，其彩色玻璃窗也成为此后教堂及其他欧

图5-12　圣心大教堂内景

洲建筑参考的典范（图5–13、图5–14）。

3．文艺复兴时期的法国建筑

文艺复兴时期，法国开始受到意大利文艺复兴运动的影响，建筑师们开始采用文艺复兴风格。早期的卢浮宫和凡尔赛宫都是当时最具代表性的作品。注重比例、尺度，将柱式绝对化，强调对称、轴线和主从关系。16世纪法国的室内装潢多是由在意大利接触过雕刻工艺的手艺人和工匠来完成，追求更多的装饰元素与细节，重视瓷器、玻璃和石材等物料的应用，并注重对古典主义装饰元素的重新融合和演绎。而到了17世纪，浪漫主义由意大利传入法国，并成为其设计的主流风格（图5–15）。

4．巴洛克时期的法国建筑

巴洛克风格在17世纪传入法国，追求一种繁复夸饰、富丽堂皇、气势宏大、富于动感的艺术境界。这一时期出现了许多华丽而富有装饰性的建筑物，著名作品包括凡尔赛宫和巴黎歌剧院。这个时期法国室内装饰的历史是极为丰富的。“黄金世纪”的来临，使法国在整整三个世纪内主导了欧洲潮流，而此

图5–13　巴黎圣母院内景

图5–14　沙特尔圣母教堂玫瑰花窗

时其国内主要的室内装饰都由成名建筑师和设计师来主持了，到了法国的路易十五时代（亦称为“洛可可”风格的时代），欧洲的贵族艺术发展到了顶峰，并形成了以法国为发源地的“洛可可”室内装饰风格，追求秀雅轻盈、妩媚纤细是其代表性风格。室内强调富丽堂皇的气氛，重视对金属、石材、挂毯等材料的运用。特点是豪华、精致、复杂，强调装饰效果为主，装饰上大量采用大理石、金箔等材质，让整个空间更加奢华（图5-16）。

5．新古典主义时期的法国建筑

18世纪末，新古典主义风格重新流行起来，建筑师们摒弃了过于复杂的肌理和装饰，把线条进行简化，回归到古典主义的简洁和对称。巴黎凯旋门和协和广场都是这一时期的代表作品。设计师们在室内墙面上用了更平面的图形以及更浅的浮雕，经常采用单色粉刷或者应用垂地帷帐织品来装饰墙面。后期的帝国风格喜欢把建筑外观特征在室内再现，比如柱式、壁柱、栏杆和表现王权的象征性符号。其墙面偏爱宝石色，如深宝石红、宝石蓝、金黄玉、蓝绿和艳绿色，并以浅棕色、桃红色和浅灰色作为辅助色调，这种类似于三原色的明亮色彩搭配充分展示了空间的灵动性，强烈的色彩对比彰显出复古怀旧的风格（图5-17）。

6．工业革命时期的法国建筑

19世纪是法国工业革命的时期，城市迅速发展，许多新型建筑物出现。埃

图5-15　文艺复兴时期室内装修风格

图5-16　凡尔赛宫洛可可室内装修风格

菲尔铁塔和巴黎地铁都是当时最具代表性的建筑。当时的大部分建筑都延续了新古典主义风格，更看重建筑的功能性。同时室内设计风格中的“学院派”也比较流行。这是一种坚守17～18世纪法国古典建筑的风格，在室内装饰中大量使用雕刻、镀金和贵重大理石等，用奢华且过度照明创造出富丽堂皇的气氛，适宜于宾馆、百货酒店、歌剧院和显贵们用以炫耀财富和地位的室内空间装饰。当时的代表作品是巴黎歌剧院，整座建筑将巴洛克式的、古典的、希腊的以及拿破仑三世时期的建筑风格完美地结合在一起，规模宏大，金碧辉煌（图5-18）。

图5-17　新古典主义典型室内空间

图5-18　巴黎歌剧院内景

7．现代主义时期的法国建筑

20世纪初，现代主义运动开始影响法国建筑界。著名建筑师勒·柯布西耶提出了“形式追随功能”的口号，许多新型建筑物如巴黎拉德芳斯大厦也应运而生。

8．当代法国建筑

现在的法国建筑呈现出多样化的风格，从传统到现代都有涉猎。著名作品包括巴黎卢浮宫玻璃金字塔、巴黎歌剧院二期工程和里昂博物馆。现代装修的巴黎艺术风格在国际上均具有鲜明的特色，强调采用自然、人性、生机勃勃的蓝色、绿色和红色，以及抽象或现代主义的装饰品来烘托家居气氛（图5-19）。

一些法国室内装修风格不是随时代演变而成，而是受地域气候及文化形成，例如法式乡村风格：其起源于南法的田园乡村，以法国南部普罗旺斯为代表，让人感受法国南部明媚的风光。田园风倡导“回归自然”，美学上推崇“自然美”。追求自然、舒适、朴实与浪漫的风格，强调回归自然与适度的奢华。墙面及天花均不做装饰处理，直接以白色灰浆抹平或者裸露着原木天花，体现返璞归真（图5-20）。

可以看出，不管任何时代或风格，法国传统建筑室内艺术特色都会有一些鲜明且共性的特色及元素：

精美的雕刻。无论是古代城堡还是教堂，法国建筑都充满了精美的雕刻。这些雕刻以其细腻精湛的工艺和独特的设计风格而闻名于世。例如，巴黎圣母院外墙上的浮雕，展现了法国传统雕刻艺术的高超技巧。

图5-19 2023年MAISON &OBJET巴黎时尚家居设计展

图5-20 法国石屋民宿

多样化的拱门。在法国建筑中，拱门是一种常见且重要的元素。从罗马式到哥特式再到文艺复兴时期，每个时期都有不同类型和风格的拱门出现。这些拱门不仅具有实用功能，还体现了法国建筑师对比例和对称的精确掌握。

花窗玻璃。花窗玻璃是法国建筑中最具特色的元素之一。它们不仅为建筑增添了色彩，还起到了室内采光和装饰的作用。在法国的教堂和宫殿中，我们可以看到各种不同风格的花窗玻璃，每一块都像是一幅艺术品。在很多公共建筑上，特别是兼顾采光的同时又要遮挡视线，花窗玻璃也经常采用。

对称的布局。法国建筑师对比例和对称的追求可以从建筑的布局中得到体现。无论是宫殿还是教堂，它们都采用了对称布局，让人感受到一种平衡和谐的美感。这也是法国传统艺术中的重要设计理念之一。

注重细节。不管墙面白色雕花图腾、家具的装饰线条、水晶器皿、水晶灯，每一个渺小的地方都不会错过，即使是民居都很看重装修细节，体现高贵和典雅。古董镜框、陶瓷摆设、水晶材料和枝叉型吊灯追求艺术造型，体现精致和浪漫的情调。

拼花及图案选用。拼花砖、大理石拼花、图案复杂的雕花地毯以及镶木地板都是法式建筑地面常用材料。

线条的应用。法式装修风格重线条。不管是家具、天花还是墙面，几何构图或自由曲线的线雕或凹槽都不可缺少。墙面材料多用木料、织物、石材等自然材料，也可采用壁纸、裸露石材或砖、布艺、实木拼花等，近代民居多采用奶白色的灰泥墙。

色彩的大胆应用。法式风格通常用白、金、深棕等作为主颜色，再通过洗白处理的办法来表现其内敛气质，公共建筑常选择含蓄深沉的颜色，再配以精致的手工雕刻，更突出典雅精致。深浅对比和三原色撞色配色手法让空间感染力和表现力更强。

5.2.2　根据近代法国的历史背景推演广州沙面大街10号建筑室内风格特色

与广州沙面大街10号建筑建设同期的近现代法国建筑的设计理念和风格变化，受到了历史背景的深刻影响。19世纪中叶，法国经历了工业革命和巴黎公社运动，这些社会变革也带来了建筑领域的新思潮。随着城市化进程加快，人们开始追求功能性和实用性，建筑也从传统的宫殿式风格转变为更注重实用性的现代主义风格。

近现代法国建筑的设计理念强调功能主义与美学平衡。在19世纪末，建筑师开始将功能作为设计的首要考虑因素，追求简洁、实用、经济的设计理念。但同时也注重美学价值，在保证功能性的基础上，追求建筑形式和空间布局的美感。

沙面大街10号建筑与之紧靠的天主教露德圣母堂、法国巡捕房、法国海军办事处等建筑，均为1890年前后法租界内最早兴建的一批建筑。除了哥特风格的天主教堂，其他建筑风格都有统一的古典建筑特色，相对简洁而朴质，二层高并以对称的拱券式外廊或外窗为主要特征，并没有教堂采用的哥特风格那么视觉强烈，也没有宫廷建筑采用巴洛克风格复杂的装饰线条，考虑适用舒适并控制成本，室内装修也应同建筑外立面一样，较为简朴。

同时，广州临海，位于亚热带气候区域，与法国南部气候接近，在本次装修中，设计师融合法国乡村和新古典风格。摒弃了过于复杂的肌理和装饰，以自然舒适为主，深木色地面和天花及大面积留白的墙面组合，构成黑白撞色的宁静空间，用光影、门拱和田园色系的软装嵌入，让建筑仿佛被田园山水环绕，打造纯净通透、有温度的浪漫感，这也是英法选择沙面创造海外世外桃园的初衷，此风格恰好迎合了当时的历史场景。

因此，按建筑外观、历史背景下法国室内设计流行趋势，我们确定本项目室内装修按融合法国乡村风格的新古典主义设计风格进行设计。新古典主义风格作为一个独立的流派风格，最早出现于18世纪中叶的欧洲建筑装饰界，而与本项目同期的是法国新古典的晚期，一种来自于新兴中产阶级的装饰风格，它不仅有典雅、端庄的气质，又代表中产阶级追求安逸平和的诉求，其实用性的设计原则以及简约的造型对于后来的装饰艺术有深远的影响。“形散神聚”是其主要特征，保留了材质、色彩的大致风格，仍然可以很强烈地感受传统的历史痕迹与浑厚的文化底蕴，同时又摒弃了过于复杂的肌理和装饰，简化了线条。

结合融合法国乡村风格的新古典主义设计风格特色，我们对沙面大街10号的建筑空间复原与室内设计风格提出以下几个要点：

装潢工艺：新古典风格空间特别强调天、地、壁的线与轮廓的表现，处理手法上，力求简单、利落。装潢收边则是大量使用规则性的凹凸造型的线板，以细腻的工艺表现低调的奢华。天花造型除了做叠级来隐藏灯带，不做过多的石膏装饰线和角花，保持纯净。

家具选择：家具提倡简洁的线条和克制的装饰，追求朴素与单纯，腔调以直线条为主。源于古典柱式的带凹槽圆锥形或方锥形桌与椅腿，通过饰以玫瑰形饰物的方块连接，普遍采用桃花心木。沙面大街10号建筑室内大部分家居为简约设计，嵌墙大面积橱柜做线板，仅二楼贵宾接待室采用复古家具。

硬装设计：新古典风格在硬装上较之洛可可风格的顶棚要简化许多，但仍可以看到华美的线条。本项目在天花局部采用了法式传统纹样的透空石膏板这一装饰细节，其他区域尽量保持简洁，主要突出原始的木质楼板。

摆设饰品：空间干净整洁，为了营造新古典风格的视觉效果，吊灯尽量采用古典法式风格。结合壁炉区域设置精致的古典镜框装饰画，同时在烟灰缸、纸巾盒这些必要的用品上选用有复古格调的陶瓷或水晶质感，都可以增加装饰的丰富性。

第6章　室内装修

老建筑活化不是简单的形式主义，除了立面“外壳”以外，内里的空间、人文情怀、风格韵味发挥着重要的作用。所谓的“历史氛围”，并非仅仅是建筑形式上的呼应或空间功能的还原，而是对历史记忆的尊重与延续，同时“新”和“旧”并非是对立的，而是在同一历史环境中相互契合，达到“各美其美，美美与共”的境界，让老建筑在当代语境表达出鲜明的建筑活力。

在建筑的室内打造上，我们通过糅合色彩、造型与空间，提供一种唤醒记忆的场景，提供一种情感上的体验，或者沉重，或者梦幻，或者愉悦。它超越了功能性与美观，承载了文化及历史展示的作用，并不一定有实物展品，通过硬装创造某种空间，通过软装在细节上强化，唤醒人们对于特定时间的事件回忆。

6.1 复原室内价值要素

6.1.1 复原特色拱券，重塑空间结构

沙面近代建筑为适应热带、亚热带气候而采用的“券廊”形式是早期外廊式建筑的一个显著特点。沙面大街10号作为早期租界建筑，外立面基本保留了早期的外廊、拱券，但室内经过多次拆改，大量室内墙体被外包轻质板墙，已无法辨认原貌。在逐步清理这些轻质板墙的过程中，我们意外地发现了许多被封堵的拱形门洞，主要分布在房间与内廊、房间与房间之间的墙体上，这些门洞的存在为我们提供了更多建筑历史特色的线索（图6-1、图6-2）。

拱门，作为一种经典的建筑元素，在法式风格建筑中占据着重要地位。它

图6-1　清拆面层前二层房间

图6-2　清拆面层后二层弧形拱门

独特的形态和美感，使法式风格建筑展现出优雅、浪漫的特质。在室内装修中，拱门的应用不仅保留了法式风格建筑的特色，更赋予了空间新的生命力。

在欧洲建筑史上，拱门的应用可以追溯到古罗马时期。然而，在法国拱门的应用得到了进一步的发展和演变。从中世纪开始，法国的哥特式建筑便大量使用了拱门，无论是大教堂的门廊，还是城堡的主入口，都能看到拱门的身影。这种独特的建筑元素，逐渐成了法式风格建筑的标志之一。拱门在法式风格建筑室内装修中的应用广泛而深远。它不仅是法式风格建筑的标志之一，更是塑造优雅、浪漫室内环境的重要元素。通过巧妙地运用拱门，可以实现空间的合理划分、营造法式风格、提升采光通风效果、增强装饰性和满足人们的心理需求。

拱在法式风格建筑室内有大量的应用，对空间与风格的营造起到重要作用。拱门在室内空间中起到明确的界定作用，它不仅可以划分出不同的功能区域，还可以为空间增添层次感和深度。通过设置拱门，可以将一个大空间细分为若干个小空间，使空间布局呈现出独特的序列感。在室内装修中，拱门的应用可以延续法式风格建筑的特点，营造出优雅、浪漫的法式风格。无论是复古的欧式雕花拱门，还是简洁的现代风格拱门，都能让空间散发出法式风格的独特魅力。拱门的独特形态有助于自然光的引入，使空间更加明亮。同时，合理的通风设计可以使空气流通更加顺畅，提高居住的舒适度。

拱门本身的形态和雕花装饰都具有很高的艺术价值，可以为室内空间增添装饰效果。它不仅可以作为背景墙使用，还可以与家具、灯饰等元素相结合，共同打造出富有艺术感的室内空间。拱门的曲线形态常常给人以舒适、温暖的感觉，有助于营造出家的温馨氛围。它能够满足人们对美好生活的向往，提供心理上的舒适感和安全感（图6-3）。

连续拱门在法式建筑室内装修中具有塑造空间感的作用，法式风格建筑追求完美比例和对称，无论在建筑外部还是室内空间都喜欢用拱券和柱廊创造一种空间秩序感，并形成了强烈的视线导向性作用。空间序列构成基于展示主题信息的传递和效应，使观众随着空间与时间的变化交融感受到各种展示信息，这就是展示空间的基本特征。

空间的导向性：指导观众行动方向的空间处理称为空间的导向性，它引导观众行动的方向，使观众进入空间后，自然随展示空间的布置而行动。通常采用统一或者类似的设计元素进行导向，拱门作为一种有韵律构图和具有方向性的形象产生很好的空间导向，暗示或者引导观众的行动和注意力。

制造视觉中心：导向性是将观众引至视觉高潮，最终能给观众带来强烈视感的是展示空间中的展品。因此在展示空间里设计引起观众强烈注意的物体，可以吸引观众的视线，从而走向空间里浏览展示空间中的展品。因此，在主要展示空间入口采用拱门并通过视线分析构成镜框作用，就能构成有效的视觉中心。在功能空间的主要位置背景墙上采用拱门造型，也可以起到视

图6-3　拱门在法式建筑不同室内风格的场景应用

觉中心的作用。

创造空间的序列与节奏：将拱门元素综合运用对比、重复、过渡、衔接、引导等一系列空间处理手法，将大大小小、功能不一的空间组织成为一个有变化、和谐统一完整的展示空间。

围与透相结合：在建筑拱门有带实体门和仅为门洞空间的，因此构成有虚有实的空间分隔。围与透指的是空间密闭的程度。围合的空间使观众注意力集中，不受外界一切干扰，此类空间适合于展厅或艺术空间等。透的空间则具有开放性、多样性。两者结合的手法在展示和开敞的办公空间设计当中运用，是对视觉的精心设计，“围”是视线的范围，“透”则是视线的亮点所在。

重复与再现：除了壁炉这些装饰元素，拱门是唯一连续出现并有规律地重复的设计元素，这就是空间的重复。它不断再现文物建筑的经典空间场景，同时也强化了一种纯净的美感。

让空间延展和通透：建筑二层内走道原本封闭且光线昏暗，连续拱门构成了空间序列，将人的视线焦点直接延伸到走廊尽端楼梯间的外窗，立刻削弱了空间的封闭感。

建筑现存拱门主要可分为平顶拱、半圆拱，共计15处。这些门洞的宽度在1.5 ~ 2米之间，高度则在3 ~ 3.5米之间，拥有近乎一致的高宽比例和弧度。各门洞的保存状况不尽相同，其中部分被后加结构打断或破坏、部分被加气混凝土墙体封堵，设计团队对其进行逐一编号、拍照记录、尺寸测绘、结构鉴定，为后续清理及修复方案提供有力支撑。

其中，首层门厅、首层内廊及二层北内廊9处特色拱券保留较好。

清理面层后，需在拱券周边局部取样，由工人手工小心清理后加水泥砂浆抹灰，直至清理出砖墙表面，根据砖材质、色彩及砌筑形式判断文物砖墙与后加墙体的交接处，再进行砖墙结构鉴定，对跨度较大的拱形门洞进行补强，采用两根截面尺寸为80毫米 × 80毫米的方钢管紧贴门洞内侧作为支撑，方钢管沿高度方向每隔1米通过植筋固定，确保结构安全。

在面层清拆工作完成后，设计团队对沙面近代建筑群、岭南外廊式建筑及法国同期历史建筑进行大量案例研究及横向对比。以沙面好时洋行、德士古洋行为例，其弧形拱券式窗及半圆拱形门形制与本项目类似，弧形拱券式窗采取无边框的简洁做法，半圆拱形门则有木制多层装饰线脚或腰窗柱式，整体装饰精美典雅（图6–4、图6–5）。

图6–4　沙面好时洋行、德士古洋行半圆拱形门

图6–5　沙面好时洋行、德士古洋行平顶拱形窗

同时，对比2001年测绘图纸，从剖面图、门窗大样图可见，室内平顶拱券式门洞大多采用无门框的简洁风格，而半圆拱形门和矩形门则常常配备有木制的门扇和装饰线脚。根据各个洞口所在空间的功能需求，多方案比选，设计出相应修复措施，致力于在保留历史底蕴的同时，创造出既符合时代要求又具有独特魅力的建筑空间（表6-1）。

沙面大街10号建筑拱门清理前后记录　　表6-1

门厅作为整体建筑流线上的首个重点空间，我们将重复的半圆形拱券作为主要的空间元素，从南外廊的矩形玻璃木门向内看，视线可经过门厅隐约看见后方内廊及创意工坊，形成具有秩序感与节奏感的空间感受。为了保持空间纯净感并没有其他压花、浮雕、线条的装饰处理，简洁的半圆拱门洞采用奶白色的工字型木门套，强化简约、优雅的弧形线条，与白色涂料墙面在质感上多出细腻的层次（图6-6）。

内廊保留了三处半圆拱门洞，结合简约天花的线性灯光，空间元素只有线性的光和半圆形的圆拱，将历史元素与现代元素进行融合，形成连续、深邃的空间（图6-7）。

设计团队在二层北内廊处西侧惊喜地发掘出4个平顶拱洞，保存状态较好，能极大地改善靠近北内廊创意工坊的自然采光，弧形拱券式门洞经过结构复核，确认可原状保留（图6-8）。

图6-6　首层门厅实景

图6-7　首层内廊实景

图6-8 二层创意工坊实景

建筑室内采用了和外立面统一的拱券元素，用于室内房间门洞、空间分割的门洞、走廊构成的拱门序列以及北内廊与房间过渡的墙洞上，成为新古典风格室内不断重复应用的元素符号。从不同角度看，每个拱门既像时空穿越的门，又似一个又一个带着奶白色镜框的画，构成了人与物、时与空的对话，吸引着人将视线无限向远处延展。

6.1.2 精细保护修补，展露原木楼板

在清理母婴会所后期不当加建天花的过程中，惊喜地发现二层楼板还完整保留有130余年前的木楼板与密肋木梁，并且各时期叠加使用的痕迹也历历在目。包括20世纪60年代改建为电影院放映厅后加的混凝土梁，在梁的四周保留原木板条天花的饰线。以及20世纪90年代期间改建为三层建筑后加的钢筋混凝土梁柱，这些梁柱更为粗大，并且混凝土的风化程度也较轻微。还有在2000年后改建为酒店时期为增加卫生间后加的钢梁。在这个楼面，呈现出各时期使用的痕迹，体现了建筑功能的转变，由住宅空间变为办公空间又转变为商业空间的过程中对于建筑空间的不同需求，是一部生动的沙面建筑使用历史，也是该建筑的重要历史价值。

木楼板下方有各个时期的建设痕迹：有早期加固的木梁，后期加固的钢筋混凝土梁和钢梁，还保留了较早时期用于固定灯具的吊钩等，时间留下了诸多细节，这些都是这座百年老建筑所经历的时间轨迹和历史沉淀。风格和设计在故事面前已经无关紧要，我们希望，让建筑诉说展示它的时空全貌，因此，设计团队采用了露明木楼板的方案，将不同时期的痕迹展示出来，首层只设置少量天花以隐藏必要的设备，对原来木楼板下方路由混乱的各类管线进行了综合排布，让露明的区域“干干净净”，完全由木楼板为主角。柔和的灯光反射削减了暗沉的木天花压抑感，并让木质增添温馨感。

发掘出木楼板后，发现现状有白蚁蛀蚀、受潮等情况，在BIM模型中准确记录所有受损位置，并立即聘请专业人员展开对白蚁诱杀及消杀处理，局部腐蚀严重的小木枋、小木梁则选用同材质的杉木梁进行修复更换。对于看得见的木楼板，设计团队采用可逆的、最小干预的手法进行装修，手工清理母婴会所时期后加的天花吊杆吊钩及后加的木垫板，并刷清漆保护，充分展现建筑真实的历史信息，让看得见的地方尽善尽美（图6–9 ~ 图6–12、表6–2）。

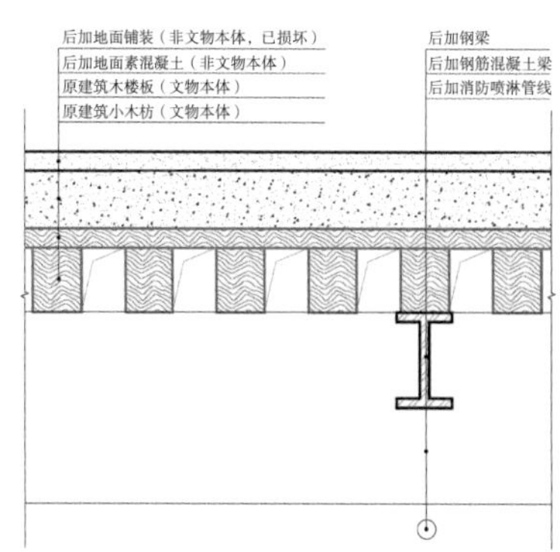

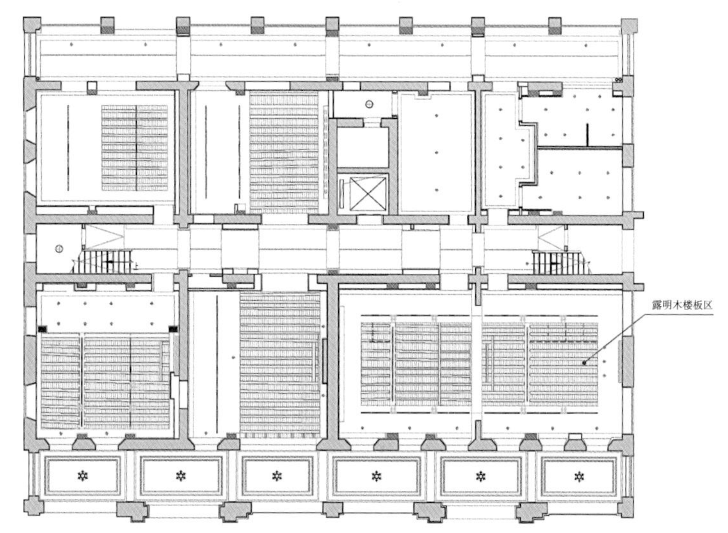

图6–9　清理面层后首层木楼板实景

图6–10　二层木楼板构造示意图

图6–11　首层天花平面图

图6–12　首层展厅实景

修复木楼板过程 表6-2

①白蚁防治：御底检查白蚁蛀蚀木构件的情况，涂防白蚁药，整体做防虫防蚁治理

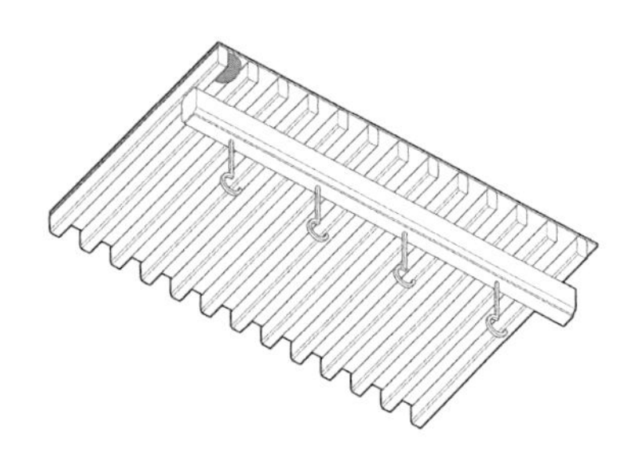

②朽木更换：腐朽损坏构件采用同材质杉木梁修复更换

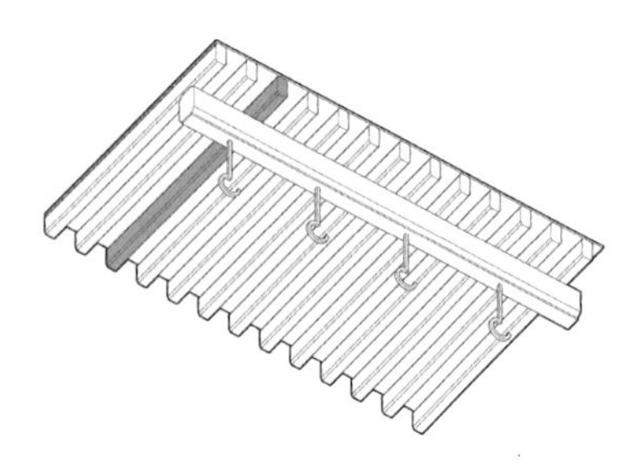

③手工清理后加吊钩：手工小心清理后加天花吊顶固定在木楼板上的吊杆、钉子

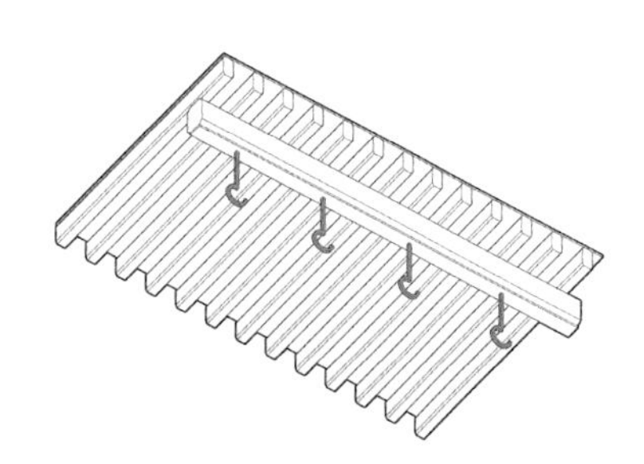

④清理后加木垫板：清理附着在木楼板构件上的后加损坏木垫层，轻轻清洁、打磨小木刺

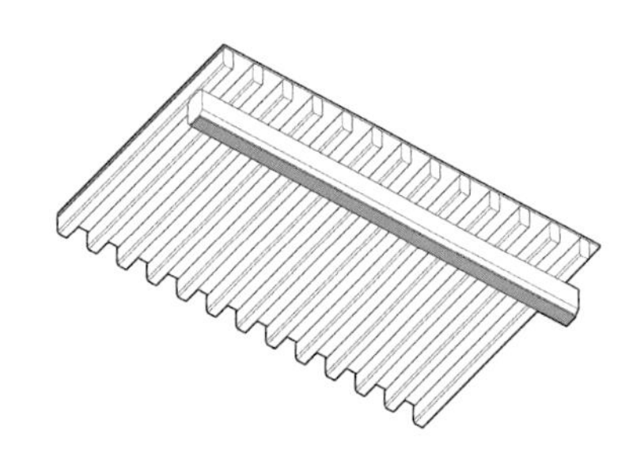

⑤涂刷清漆：上三道无色水性清漆，面层保护，真实展露木楼板的质感色彩

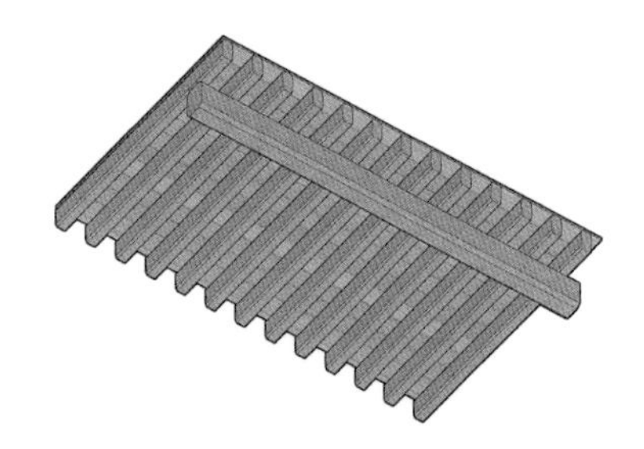

6.1.3　摹写历史信息，雕刻壁炉模型

根据20世纪90年代的历史照片，广州沙面大街10号建筑原有5组共10个壁炉，现已不复存在。壁炉原本用于西方国家，有装饰作用和实用价值，壁炉架起到装饰作用，壁炉芯起到实用作用。壁炉架，根据材质不同分类为大理石壁炉架、木制壁炉架、仿大理石壁炉架（树脂）、堆砌壁炉架；壁炉芯，根据燃料不同分类为电壁炉、真火壁炉（燃碳、燃木）、燃气壁炉（天然气）。

法式壁炉风格多样，与建筑室内风格统一，有装饰性强烈、色彩华丽的巴洛克或洛可可风格，也有典雅端庄、色彩柔和的古典风格。

新古典早期的路易十六风格的壁炉基本为全直线形，只是在支撑壁炉檐口造型的两侧支柱上，常常出现类似于卡布里弯腿的“S”形曲线，其材质通常为大理石，并且在檐口造型的两侧饰以玫瑰花结，此造型同样用在其桌、椅腿的顶部。有时候会在檐口造型的正中，以镀金铜质的橄榄叶形束带浮雕作为装饰。壁炉罩的做法和材料与洛可可壁炉罩相同，只是造型更加方正、严谨和对称，并且带有彩带花结图案。

帝国风格的壁炉雄伟壮观，与其家具的风格保持一致。大理石壁炉架表面和家具表面一样，经常出现镀金青铜浮雕的装饰物来体现帝国的威严。它的造型、细节源自古埃及神庙的雕像和建筑造型。壁炉罩则喜欢采用木质框架内镶羊毛织锦（图6-13～图6-15）。

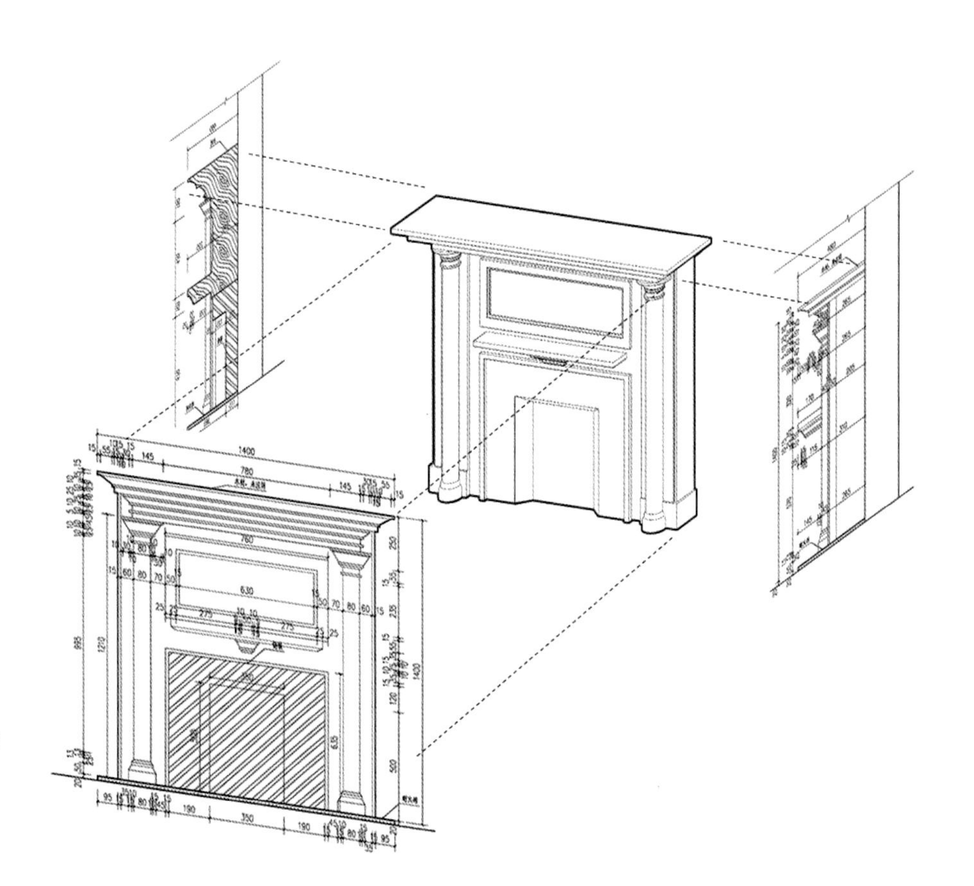

图6-13　根据2001年测绘图1∶1复原壁炉模型

图6-14 古典风格不同材质表现的壁炉

图6-15 复原壁炉模型实景

6.2 新旧融合的硬装设计

6.2.1 天花

广州沙面大街10号建筑原天花已经荡然无存，本次室内装修主要在首层局部、二层及三层重做室内天花。二层天花是在后加的三层楼板下新作的吊顶，结合空间效果、使用需求采用了现代工艺与传统样式结合的创新做法：大会议室周边做了一层叠级代替古典天花的收边线脚，在侧面隐藏了线灯用简约的光影塑造天花的层间感，靠内侧在平面内做了两圈装饰，一圈是极简的软膜灯带，另外一圈是镂空花饰石膏板，镂空石膏板既可透光，增加屋面细节，也可作天花空调回风口。

镂空天花的纹样也做了仔细推敲。新古典风格的顶棚相对洛可可风格的顶棚要简化很多，虽然还是用石膏浮雕，但只是保持了石膏本色，而且基本是简单的几何形状，很多时候甚至简化到只剩下顶棚中心圆形图案的石膏浮雕。路易十六时期的典型图案包括丝带结、花卉、贝壳、猴子、海豚、格子、小天使、花环、里拉琴、壶形和罗马柱式等。拿破仑一世时期的典型图案包括象征胜利的月桂叶，象征军事胜利的雄鹰，象征不朽与复兴的蜜蜂（蜜蜂被认为是法国君主的古老符号，也是古埃及王权的符号），象征优雅的手持号角的天使，代表军队的火炮、枪剑、火炬、战车和拿破仑时期的徽章等。天鹅因为约瑟芬皇后的喜爱而成为帝国风格的典型图案，代表拿破仑一世的大写字母“N”也随处可见（图6–16）。

本项目选用了在木楼板上遗留下来的原木板条天花透气带的纹样，在外廊天花上的装饰石膏板同样也采用同样的装饰板（图6–17～图6–19）。

首层综合考虑空间效果与功能需要设置少量吊顶，为保证新做的天花吊顶不对木楼板产生任何损伤，设计团队对节点做法进行充分研究与论证，采用无损式固定方式，天花横向龙骨网架与固定节点利用后加钢结构构件以及竖向龙

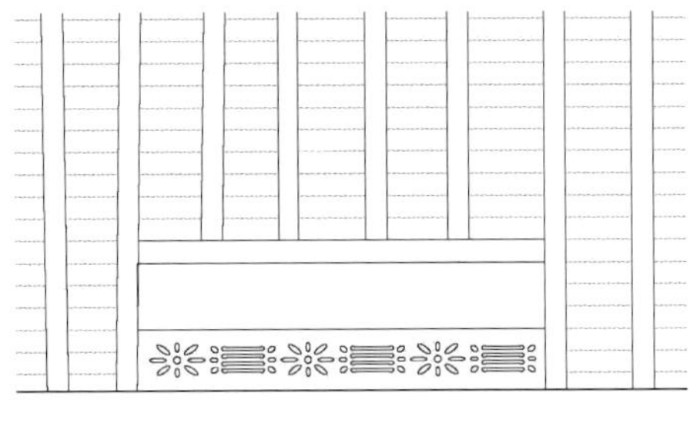

图6–16　新古典风格室内天花

图6–17　木楼板遗留的原木板条天花透气带纹样

图6–18　木楼板遗留透气带纹样测绘图

骨进行固定，用最小干预且可逆的方式进行吊顶和机电设备吊装（图6–20、图6–21）。

三层是20世纪80年代末整体加建的，屋面构造相对简陋，屋面没有设保温。三层开敞式空间用作办公功能，采用整体式石膏板吊灯天花，条形光膜灯带与空调风口组合布置，干净整洁。为满足日后实用的舒适和节能，在不改变原有结构的情况下，在天花板上铺设保温岩棉板做内保温（图6–22）。

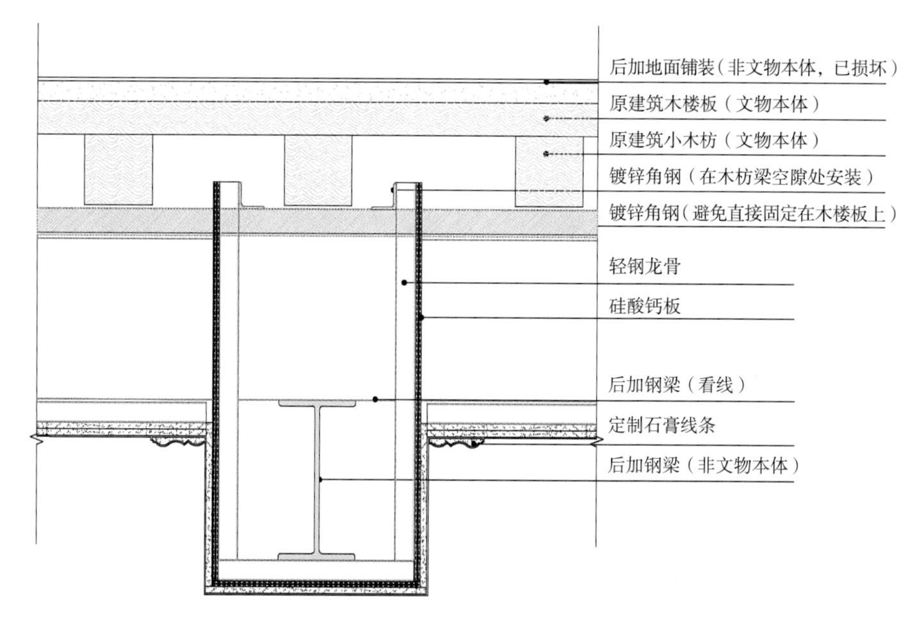

图6–19 室内采用的透气带纹样

图6–20 首层天花节点大样

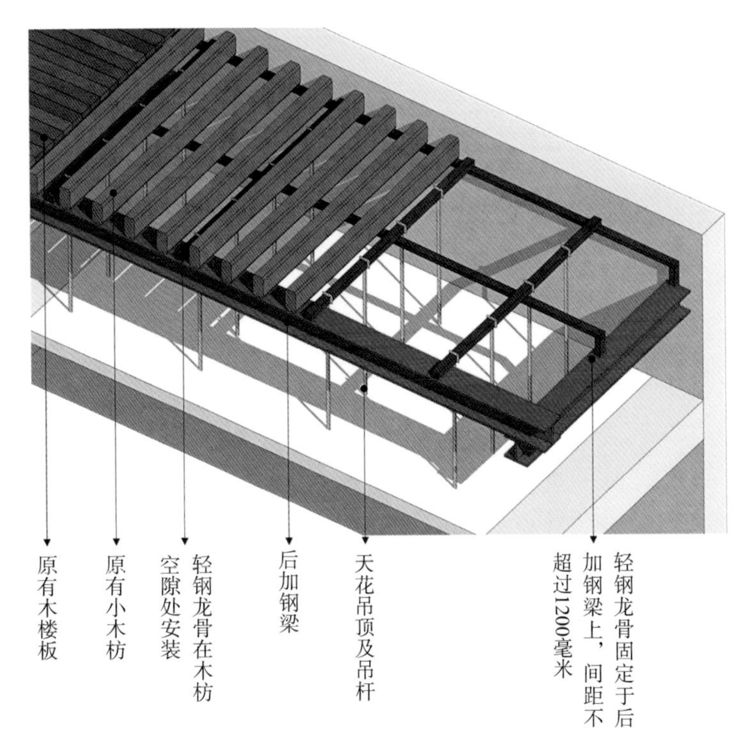

图6-21　首层天花固定构造示意图

图6-22　三层室内大空间实景

6.2.2　楼地面与墙面

建筑原室内铺装与墙面装饰均已不存，本次室内装修综合考虑建筑风格特色、文物保护要求以及岭南气候适应性等因素，对室内铺装与墙面饰面进行描摹修补。

建筑首层主要功能为咖啡厅、门厅及展厅，考虑到岭南地域潮湿多雨的气候，首层室内采用灰色水磨石地面，因工期限制，采用了预制水磨石地砖达到同等效果。三层敞开式办公室设计也希望达到水磨石地面的效果，为了尽可能减轻荷载，同时保证工期，采用了仿深灰色水磨石的同质透心PVC卷材地面，做到整体性好同时防潮防水的效果。复合卷材地面比传统地砖和水磨石地面除了施工便捷外，更有隔声效果，作为现代办公室是更为适用的地面选材。

二层的主要功能是会务及会谈，采用新古典的深色实木地板，选材阶段考虑采用复杂一些的鱼骨式或者菱形拼花木地板，但为更贴合以前的建筑功能，最终还是采用直拼大板的实木地板拼装方式，体现更有质朴的真实历史感。

南外廊局部保留的黑白拼接花砖，是法国古典时期经典的拼花纹样。因此，设计在室内北廊地面沿用了黑白菱形拼花地砖，体现新古典主义的典雅之风，也不失兵营硬朗的感觉，采用大理石质感，与南外廊采用的做旧感强烈的偏暖色调黑白花阶砖形成新与旧的对话（图6-23～图6-26）。

图6-23 新古典风格法式菱形拼花地面

图6-24 沙面大街10号建筑主要地面铺装

仿古黑白花砖
尺寸：200毫米×200毫米

黑白花砖
尺寸：200毫米×200毫米

工字拼实木地板
尺寸：200毫米×1200毫米

工字拼水磨石纹理砖
尺寸：900毫米×1800毫米

新古典风格墙面多采用墙板、墙布和涂料装饰墙面，设计师认为应该更为质朴、简约，故此考虑了南法田园风格喜欢的奶白色涂料灰浆涂料，考虑到防潮耐久性，不能用传统的灰浆技术，故采用质感涂料复刻灰浆的手工磨刷质感，来创造清爽、高雅的法式风格空间（图6–27）。

卫生间墙面贴的是和地面同一系列的浅灰色仿水磨石薄瓷贴片，简约且现代，但在厕位背后的墙面又选用了复古纹样的黑白拼花瓷砖，透着一丝法式浪漫。

为了隐藏大会议室大量的设备管线，做了两排封墙柜，乳白色的木质柜体上压了新古典的几何纹样，起到装饰作用，但与周边简约的涂料墙面不冲突。

法国人喜欢用铜镜装饰室内，精美的镜框可以体现环境品位，镜子的折射又可以扩大空间，使得房间更显明亮。因此，建筑的卫生间将法式情调的特色侧重在前室的洗手台及台面镜上。台面镜采用简约的复古圆角镜框，洗手台采用悬挂式，用白色大理石台面配黑色木底座，洗手台背景墙做成透光玻璃砖，从洗手间外窗透过来的光通过玻璃砖墙折射进前室，让悬挂于前的洗手台及台上镜更具有轻盈的漂浮感。纯净的黑与白配色仿佛将空间过滤到只剩下光与影，如同一张记录历史的胶片引发人们跨时空的回忆（图6–28）。

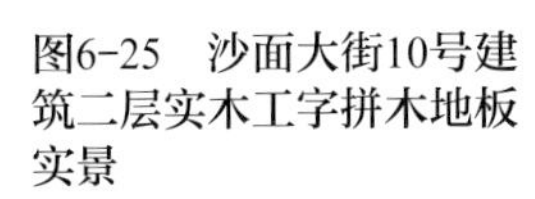

图6–25　沙面大街10号建筑二层实木工字拼木地板实景

图6–26　沙面大街10号建筑北廊实景

图6–27　欧洲销售仿古拼花地砖的商店橱窗

图6-28 卫生间镜柜实景

6.2.3 楼梯

2017年前后，原有楼梯被清理，原位改建电梯，并在内廊东西两端加建两处钢结构楼梯。母婴会所使用期间后加的钢梯外包木饰面已多处损坏，踏面面层为地板胶，宽度约220毫米，过于狭窄，扶手栏杆已松动损坏。

因考虑到电梯在日后使用上具有必要性，经过与文物专家反复研究论证后，保留现状电梯功能。对内廊两处楼梯进行修复和优化，人工清理损坏饰面并重做楼梯柚木饰面板，楼梯踏面铺设250毫米宽度实木踏板，柚木饰面板稍出挑于钢梯面，增加可踏面的宽度，提升步行的舒适性。清理后加损坏白色面漆柚木扶手，按照2001版测绘图，楼梯踏步面及扶手均为全实木，构造纯朴厚重，属于新古典后期风格，本次对楼梯柚木扶手进行1：1复原（图6-29～图6-33）。

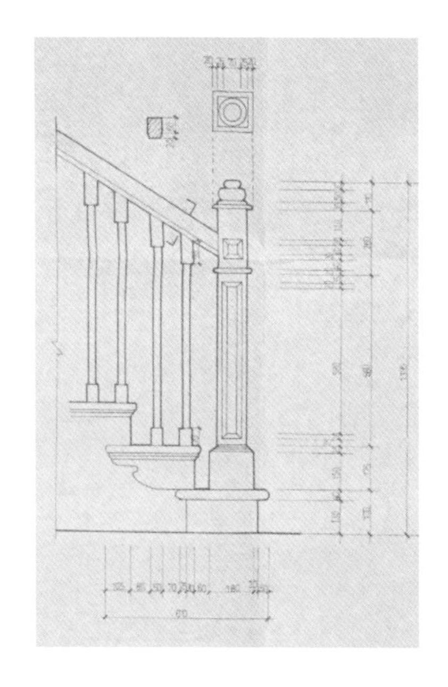

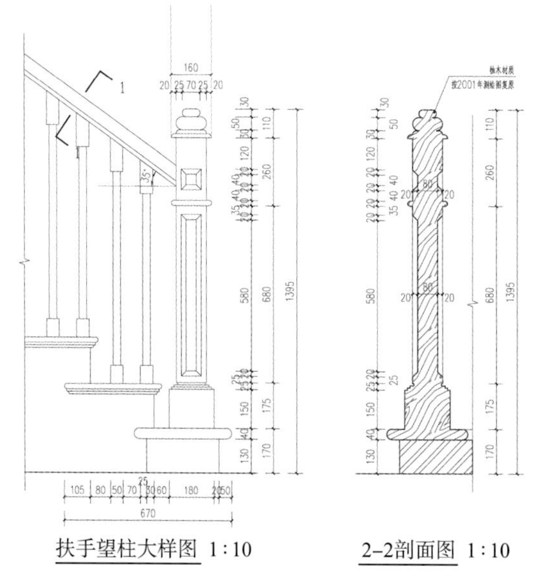

图6-29 2001年楼梯木扶手测绘

图6-30 复原楼梯木扶手望柱大样

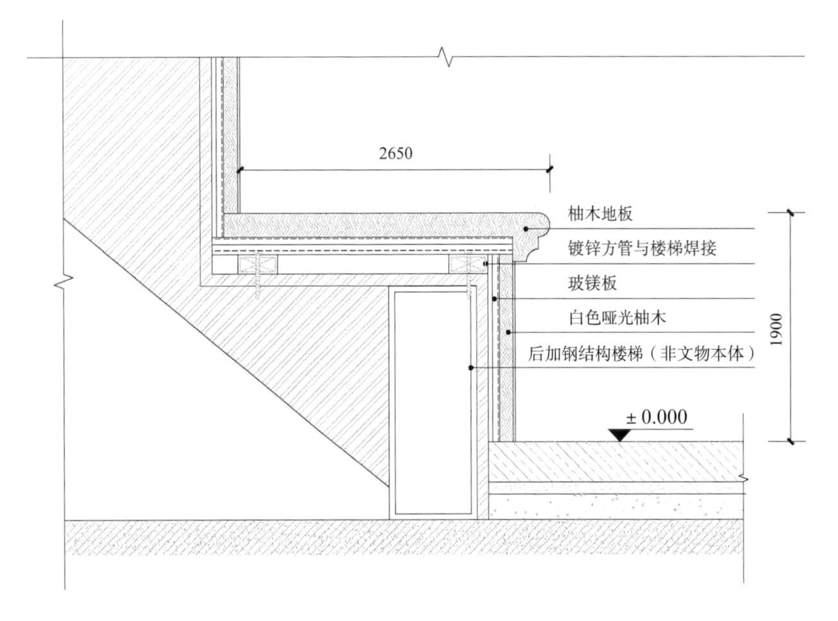

图6-31　楼梯踏步优化大样

图6-32　楼梯及扶手改造前

图6-33　楼梯及扶手改造后

6.3 用室内细节营造法式氛围

6.3.1 色彩、氛围与空间

1. 室内色彩设计的最基本原则是要以整体协调为基础

合理搭配可以让整个空间更富有层次感和视觉冲击力，需要从墙壁、地板、家具、装饰品等方面出发，考虑色彩的搭配和细节之间的关系，共同构建出整体协调的色彩氛围。主色可以依据空间的主调随意选择，而副色则可以选择互补色或者同色系，以增强氛围感。色彩的搭配需要遵循基本配色法则，例如补色、对比色、同色系等。利用这些原则，可以最大程度地发挥颜色的作用，营造出能够令人感到舒适、放松的色彩环境。

2．在室内设计中色彩的和谐性就如同音乐的节奏与和声

色彩的协调意味着色彩三要素——色相、明度和纯度之间的靠近，从而产生统一感，但要避免过于平淡、沉闷与单调。因此，色彩的和谐应表现为对比中的和谐、对比中的衬托（其中包括冷暖对比、明暗对比、纯度对比）。色彩的对比是指色彩明度与彩度的距离疏远，缤纷的色彩给室内设计增添了各种气氛，和谐是控制、完善与加强这种气氛的基本手段，一定要认真分析和谐与对比的关系，使用色彩的互补，才能使室内色彩更富于诗般的意境与气氛。

3．色彩与情感千丝万缕，不同的色彩会给人心理带来不同的感觉

老年人适合具有稳定感的色系，沉稳的色彩也有利于老年人身心健康；青年人适合对比度较大的色系，让人感觉到时代的气息与生活节奏的快捷；儿童适合纯度较高的浅蓝、浅粉色系；运动员适合浅蓝、浅绿等颜色以解除兴奋与疲劳等。

4．不同的空间有着不同的使用功能，色彩的设计也要随之作出相应变化

室内空间可以利用色彩的明暗度来创造气氛，使用高明度色彩可获光彩夺目的室内空间气氛；使用低明度的色彩和较暗的灯光来装饰，则给予人一种“隐私性”和温馨之感。室内空间对人们的生活而言，往往具有一个长久性的概念，如办公、居室等这些空间的色彩在某些方面直接影响人的生活，因此使用纯度较低的各种灰色可以获得一种安静、柔和、舒适的空间气氛。选择合适的色彩可以增加空间的感官体验。在小空间中应选择明亮的色彩，以增强空间的覆盖面积和延伸感，而在大空间中则应该选择深色，以减少感官空旷感。

5．室内与室外环境的空间是一个整体，室内与室外色彩应有相应密切关系

自然的色彩引进室内可有效地加深人与自然的亲密关系。自然界草地、树木、花草、水池、石头等是装饰点缀室内装饰色彩的一个重要内容，这些自然物的色彩极为丰富，它们可给人一种轻松愉快的联想，并将人带入一种轻松自然的空间之中，同时也可让内外空间相融。室内设计师常从动、植物的色彩中索取素材，仅从防火板系列来看，就有用仿大理石、仿花岗岩、仿原木等自然

物来再现，能给人一种自然、亲切、和谐之感。

新古典早期路易十六风格的色彩偏向活泼、鲜艳，如红色、玫瑰红色、粉红色等。后期帝国风格的色彩充分表达出帝王的尊贵与典雅，通常以红色、绿色和金色为主色调，以黄色、蓝色和紫色为重点色或者辅助色（图6–34～图6–36）。

建筑的贵宾接待室及咖啡厅等主要功能用房面积并不宽敞，天花和地面保留了原有的深木色，为了使房间显得明亮，墙面和天花采用了奶白色，要体现法国情调主要依赖软装配色。作为兵营时期，其空间氛围应该是硬朗而稳重的，不会用强烈的色调，考虑到沙面本身就是一个绿色成荫的绿洲，选用沉静的古典绿作为主色调，配以深色的木框，少量金属铜色点缀，落地窗帘则选用淡淡的抹茶绿，如同外面绿树的剪影，舒适且高雅，构成浓厚的法国古典气息。

祖母绿配色内装的设计理念源于对自然与传统的尊重，同时融合现代审美观念。它强调的是色彩的搭配与质感的和谐，通过祖母绿色与其他配色的巧妙结合，营造出舒适、自然、宁静的室内氛围。它是法国田园风和宫廷内装最常用的色彩，尤其是法国女性，喜欢用祖母绿做成法兰绒礼服，这个颜色更能衬托她们雪白的皮肤。看过《乱世佳人》的读者一定不会忘记郝思嘉用绿色窗帘改造的礼服。选择法兰绒质感布料，在自然光线下，祖母绿会更加明亮动人。

在咖啡厅，为了显得时尚一些，单人座椅采用的是橄榄绿皮面，让空间更为轻松，但吧台椅选用的是墨绿色搭配深咖啡木背板，带着浓浓的怀旧气息。桌面摆花选用金黄色法国雏菊等亮色植物，为室内空间增添生机和活力（图6–37、图6–38）。

图6–34　电影《乱世佳人》剧照色彩

图6–35　油画中展现出天鹅绒质感的祖母绿色彩

图6–36　色彩活泼浓烈的室内空间

图6-37 咖啡厅实景

图6-38 咖啡厅细节

6.3.2 灯光设计

室内照明设计是室内空间设计中非常重要的一部分，为室内环境提供良好的光照效果，提高室内舒适度、提升空间美感。在建筑灯光设计上，设计师提出“催化时光”的设计理念，通过照明设计技术和创意，根据建筑的特点和功能需求进行光景营造。采用局部照明、重点照明和氛围照明等多种方式，用光展示历史保护建筑的美和历史价值，唤起人们对过去时光的思考和回忆。

在进行室内照明设计时，需要明确照明在功能上、氛围上所需要达到的效果。

一是对照明用途分析，明确室内的使用性质和功能需求，确定室内的照明用途，如工作区、休息区、装饰区等。二是明确照明效果要求，根据室内设计风格和功能需求，确定照明效果的要求，如光线明亮度、光线分布均匀性、光线色彩、光亮强度等。三是根据照明的预设效果，选取适合用于文物建筑室内的照明工具，如吊灯、台灯、壁灯、射灯等。有些灯具主要起到美观的装饰作用，功能型照明很多时候要考虑方便隐藏和便于维修。四是明确照明控制系统及自动化控制的需求，根据室内照明的功能需求，确定照明控制系统的需求，如开关、调光器、感应器等，既要保证开关便利性，又不能因为开关影响墙面的美观。

在光源选择上，重点关注照明灯具的显色性能及色温。根据室内的色彩需求，选择具有良好显色性的光源，如CRI指数高的LED灯。白炽灯的理论显色指数接近100，是显色性最好的灯具。根据室内空间的大小和功能需求，确定光源的功率，确保光照效果和节能的平衡，有会议功能的房间宜选用可调光电源。不同的色温，和眼睛的舒适度、房间营造的氛围都有关系，暖光色温大于4300K，给人感觉稳重、温暖。在低照度需求的场合，低色温的光使人感到愉快、舒适；而高照度需求场合，低色温的光使人感到闷热。在沙面大街10号建筑中暖色光源主要应用在咖啡厅、接待室，营造温馨而放松的感觉，色温3000K。白光色温在3000～5000K之间，可营造爽朗、明快的感觉。在本建筑中主要用于展览、办公及会议空间，选取4000～4500K偏暖色调光源，照明环境偏向于自然光，显色性更为真实。

在设计与实施过程中，通过光照模拟及实地测试来把控灯光设计效果并进行评估。通过光照模拟软件模拟室内空间的光线分布和照明效果，评估设计方案的合理性，进行必要的调整和优化。在设计完成后，进行实地测试，评估照明效果的舒适度和符合度，根据需要进行调整和改进。同时，评估照明设计方案的能源消耗情况，提出相应的改进建议，以实现节能环保的目标（图6–39、图6–40）。

广州沙面大街10号是城市的重要文化遗产，也是展示城市历史文化的重要载体。然而，由于文物建筑的结构和使用材料等特点，室内照明设计需要更加细致和谨慎。设计在保护文物建筑的同时，提供舒适和适当的照明环境。在文

图6–39　二层大会议室灯光设计模拟

图6-40　二层大会议室

物建筑室内照明设计时除了常规照明设计关注点外，着重遵循以下原则：一是尊重文物本体，在照明设计中，应尊重文物建筑的原貌，避免对建筑结构和使用材料造成破坏。灯具安装和埋线都尽量避免在原有墙体上打凿，仅在后期加隔板或吊梁结构上安装。二是采用对建筑低损伤的照明方式，选择低能耗、低紫外线、低热量的照明设备，避免对建筑造成热损害。三是适度照明，满足舒适和使用需求的光环境，避免过多的装饰光效增加建筑的用电负荷。四是注重艺术性与风格化，照明设计、灯具选用应与建筑的艺术风格相协调，提升建筑的艺术价值。优先使用隐藏式照明、点状照明等方式，不影响建筑本体的艺术特色。五是采用智能控制或远程控制系统，为减少控制开关盒和埋线对于墙体的破坏，尽量采用无线的远程控制开关。

在本项目照明设计中大量采用无主灯照明方式，包括以下几类：

筒灯：筒灯是一种散光型灯具，通常嵌入到天花板内，光线下射时不会有光弧和光圈。它的最大特点就是能保持建筑装饰的整体统一与完美，不会因为灯具的设置而破坏吊顶艺术的完美统一。本项目大部分区域强调更为均质的光环境，除了办公室、会议室及接待室在周边设置少量筒灯在光照特别强时所用。在首层门厅的半圆形拱洞位置，通过筒灯照射出同样弧度的“光之拱”，突显了以拱为主体的空间序列（图6-41）。

轨道灯：轨道灯主要是以安装方式来分类的一种无主灯，安装在一个类似轨道上面，可以任意调节照射角度，一般作为射灯使用在需

图6-41　门厅“光之拱”实景

要重点照明的地方。首层多用于展览，因此轨道灯可以根据布展需求灵活调整（图6–42）。

灯带：灯带一般隐藏在吊顶、墙面或者地面，常常用来勾勒空间和天花轮廓，是典型的见光不见灯设计。特别是首层木楼板露明区域大量采用低温低能耗灯带照明，将光线均匀分布在木楼板上，强化了木楼板在空间中的比重，也通过光线刻画出木楼板的质感与细节（图6–43）。

软膜发光灯带：一种新型的LED灯带，耐高温、防寒、透光、防水，与天花造型融为一体，让设计更为简约，照明效率高，本项目应用在大会议室和办公区。

图6–42　展厅轨道灯实景

图6–43　创意工坊灯带实景

超薄埋地灯：埋地灯通常用在室外广场及景观园林。本项目原地面是木结构楼板，上面仅有一层很薄的水泥砂浆层，为了达到设计的需要，用点灯打破内走道封闭沉闷的感觉，同时强化圆拱门渐进的序列感，项目采用了近3.5厘米超薄型的埋地灯，隐藏在柱脚地面上，达到预期效果（图6-44）。

天际线极简LED线形钢丝灯：此灯具是LED灯带的最新形式，对于空间纯净的走道基本可以忽略它的存在，不需要为了隐藏灯具而特意做吊顶，并且给天花带来柔和匀质的光照。在本建筑中主要应用在内廊及北廊，强化了廊道空间的线性序列感（图6-46）。

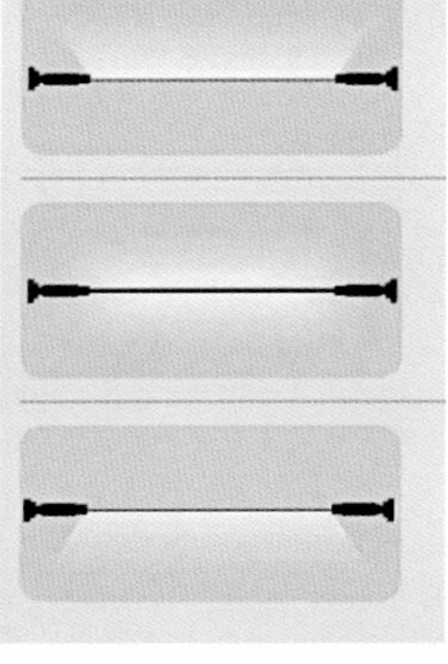

图6-44　超薄埋地灯在室内空间应用实景

图6-45　壁灯在室内空间应用实景

图6-46　天际线极简LED线形钢丝灯在室内空间应用实景

造型灯具不仅给室内带来照明，同时会成为室内装饰的重要元素。法国人一直都喜欢来自俄罗斯的枝形吊灯，有繁琐或古铜或金色雕花，凡尔赛宫的水晶吊灯更是精美绝伦。路易十六时期流行镀金青铜与水晶坠饰相结合的枝形吊灯、2～3头壁灯、落地台灯和桌台灯。其标志性的吊灯是由一个镀金青铜制作的圆环形，外伸出6支灯架，圆环通过三根吊杆向上倾斜收缩到一起，水晶坠饰呈方锥形倒挂。拿破仑一世时期最具代表性的灯饰包括较大的呈圆篮筐形的水晶吊灯、通过吊链或者吊杆悬挂较小的圆盘形吊灯。进入电气时代，法式风格吊灯开始变得简洁一些，电灯外面罩有球形或者盆状的玻璃灯罩，或磨砂半透明，或全透明（图6–45）。

在本项目里设计师着重强调历史氛围的空间，如南外廊、接待室、会议室中设置了造型吊灯，选择既有法国新古典主义风格又不会有过度繁复仿古感觉的多头水晶吊灯，大会议室及接待室采用15头1300毫米直径的枝形吊灯，之所以没有选用更大直径和多层吊顶，主要考虑不想额外增加楼板荷载。外廊吊灯则选用1000毫米直径的12头吊灯，黑金色支架与兵营硬朗的风格相契合。在咖啡厅、接待室、会议室及三楼露台加设了欧式造型壁灯，采用了全铜和实木做支架的球形灯罩造型，点缀古典的气息与氛围（图6–47～图6–49）。

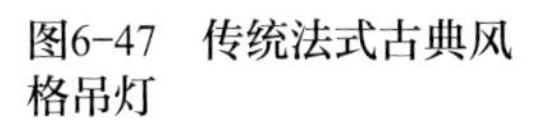

图6–47　传统法式古典风格吊灯

图6-48 二层古典15头吊灯

图6-49 南外廊古典12头水晶吊灯

设计师在照明系统中综合考虑智能化、场景化设计：根据室内照明的使用需求，设置手动控制、自动感应控制不同方式；根据室内空间的布局和功能需求，将照明控制划分成不同的分区和照明场景，以实现分区控制，如场景化照明分区、夜间照明分区等；根据照明控制需求，选择调光器、感应器等照明控制设备。

6.3.3 家具与陈设

法国家具作为法国生活艺术的一部分，以精致、高雅和浪漫而闻名，继承了法国独特的浪漫形象，充满了艺术气息。因此，它不仅被称为“情感家具”，更被称为“理性家具”。其“感性”主要体现在其浓郁的贵族宫廷色彩、细腻的作品、浓郁的艺术气息，“理性”是指其色彩多为素色。

法式家具在材质上以实木为主，常见的木材有橡木、松木、桃花心木等。这些木材的质地坚硬、纹理美观，能够承受雕刻和漆面处理，确保家具的耐用性。法式家具还常常采用金色或白色的漆面，搭配上布艺或皮质的软装饰，营造出一种温馨、华丽的家居氛围。布艺喜欢采用色彩娇艳、造型复杂的图案或者颜色厚重的法兰绒彰显华贵。

法国家具的设计风格不同于欧洲家具。它主要按时间排列顺序，可分为巴洛克风格、洛可可风格、新古典主义设计风格和帝王设计风格。

巴洛克风格、洛可可风格喜欢精美复杂的雕刻艺术。装饰题材多以自然植物为主，使用变化丰富的卷草纹样、蚌壳般的曲线、舒卷缠缦着的蔷薇和弯曲的棕榈。为了更接近自然，人们尽量避免使用水平的直线，而用多变的曲线和涡卷形象，它们的构图不完全对称，每一个边和角都可能是不对称的，变化极为丰富，令人眼花缭乱，有自然主义倾向。

相比巴洛克式家具，新古典时期家具提倡简洁的线条，线条以直线为主，在装饰上追求朴素与简单。此时期的家具特征是采用几何形式和直线为造型基调，追求整体比例的协调，不做过分的细部雕饰，多采用平行线脚、凹槽和半圆形线脚，表现出注重理性、讲究节制、结构清晰和脉络严谨的古典主义精神。家具多采用由上而下、逐渐收分的方形或圆形的角，柜体的边框部分则多用桃花心木等名贵木材做菱形或锥形的镶嵌贴面装饰。也用黄铜镶嵌饰片来装饰，并且经常采用大理石为台面。家具的圆锥形桌椅腿式样包括箭筒式腿、嵌杆凹槽式腿、古典式腿和螺旋凹槽式腿。到后期的新古典家具线条更为简洁、阳刚、干练、极少雕刻和应用金属镶嵌工艺（图6-50、图6-51）。

在沙面大街10号建筑二层贵宾接待室采用了当年修建时期的新古典时期家具，简朴厚重，端庄又不失温馨。因此，沙发选取了主色调为墨绿色的法兰绒沙发，全手工实木沙发脚，密实的镀铜柳钉，纯手工镶嵌，精美复古，扶手做弯曲加宽，更为舒适。为突出两个单人主席位，选用了相同质感的老虎椅样式，背靠做了零星褶皱，显得更为尊贵。圆形茶几选用的是小叶樱桃木角，台面使用艺术玻璃茶几面，几角采用凹槽锥形腿，既有法式的优雅，又不失硬

图6-50　巴洛克风格家具

图6-51　新古典主义风格家具

朗。木色、白色、墨绿色为整个空间的主色调，搭配少量的金色与深褐色为点缀，营造出典雅而宁静的氛围，与窗外教堂的玫瑰花窗、沙面大街上绿意盎然的榕树形成一种内外渗透的法式风情。

很多人会感觉在法式风格建筑内设置中式茶室有些不协调，但了解起源于17世纪风靡欧洲的“中国风”（Chinoiserie）就见怪不怪了。这是由西方人臆想出来的具有中国中式装饰元素的法式风格，但均源于法国人对于中国茶叶的喜好和对东方生活意境的向往。同时，即使沙面虽曾沦为法租地，设计师仍希望打造一个原汁原味的中式茶室（图6-52）。

广州沙面大街10号建造时期属于清末民初，设计师希望茶室与本建筑室内的质朴风格一致，同时也具有浓厚的东方茶文化气质，因此选用了明式家具。明式家具受当时文人崇尚雅洁简朴之风影响，家具结构简练，主要体现的是功能性的结构，构件多细瘦有力，几乎将框架式结构精简到了无法再减的程度，后来西方现代主义设计中的一些简洁风格的家具与此不谋而合，体现了现代主义设计观念中“结构也是一种美”的审美特征。单椅选用椅背较高并有微曲背板支撑的官帽椅，造型简洁，但在椅背上的搭脑突出其细节，同时也都配了米白色亚麻布套的软垫，增强座椅的舒适度。茶几、案台均为乌木打制，哑光漆面温润含蓄，茶室整体力求营造宁静而儒雅的文化交流空间。

与二楼接待室的古典风格相比，首层咖啡厅选用的家具更为现代一些，它选了更接近近代法国乡村的风格，让人有亲切和放松的感觉。小小的圆形咖啡座使人们相处更为贴近，矮脚的沙发椅以胡桃木配橄榄绿色皮面，吧台椅是实木配墨绿做旧皮面。同一色系的深浅变化，让不大的咖啡厅多了一些趣味和体验感。定制的摆台面和背景橱柜均选用奶白色，使空间显得宽敞明亮（图6-53～图6-55）。

图6-52 现代欧式建筑仍在流行的“中国风”装修风格

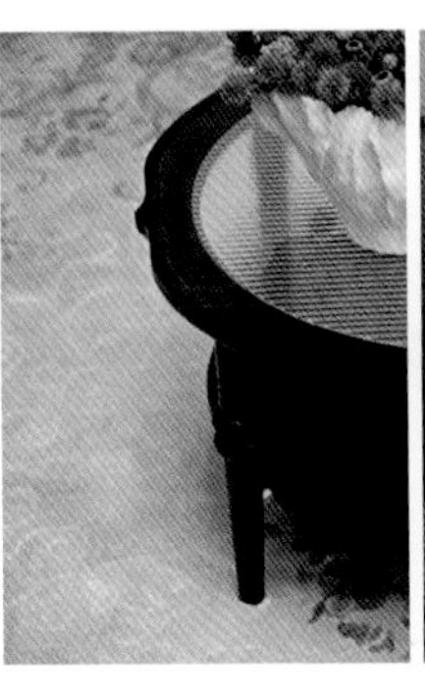

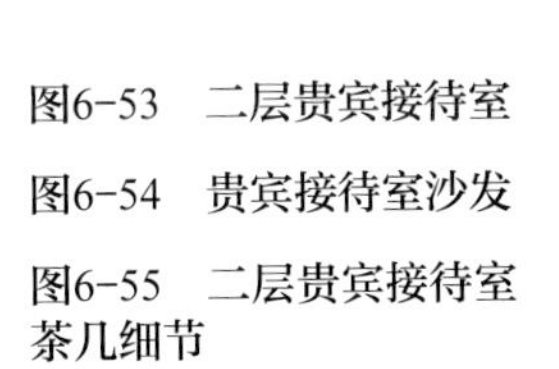

图6-53　二层贵宾接待室

图6-54　贵宾接待室沙发

图6-55　二层贵宾接待室茶几细节

室内陈设也是营造法式浪漫气息的重要载体，将一种材质或多种材质，经过艺术的提炼，产生一个有感召力的物品，强化空间的审美效果，丰富人们对空间的审美需要，暗示或升华空间特定的气质及个性。对室内空间形象的塑造、气氛的表达、环境的渲染具有锦上添花、画龙点睛的作用，同时起到传达空间内涵的重要角色，在室内三度空间展现张力与隐喻的景象，并通过恰当的组合赋予室内设计空间一定的精神内涵，部分陈设还具备实用功能。因而，陈设品的展示，必须和室内其他物件相互协调、配合，不能孤立存在。

法国人天生具有独特的浪漫情怀，不仅在餐饮上极为讲究，同时室内装修和摆设上也讲究精致品质，体现他们的气质或者艺术追求。他们喜欢收集古董，不仅是家具、油画、灯具，还有摆设，因此看到传统法国会客厅墙面天花都会让人产生琳琅满目之感。法式家居的材质以真丝为主，配以水晶、花边，家居中大量使用布艺软包，华美的布面与精巧的雕刻如影相随，尽显雍容华贵之势。在摆件上铜配瓷的装饰，成为空间的点睛之笔，增加了空间更加丰富的情节（图6-56）。

雕花地毯是法式混搭风格的典范之作，经过精细的手工编织和雕花工艺，呈现出独特的花纹图案。地毯的题材常见用浪漫的藤蔓、华丽的花朵和古典的几何图案相互交织，勾勒出一个富有层次感和艺术氛围的空间，柔软舒适的触

图6-56 现代法式室内设计的镜框墙面

感和细致的图案让人沉浸在浪漫的法式风情之中。无论是在路易十六时期还是拿破仑一世时期，法国的萨伏纳里地毯一直都是宫廷地毯的首选，并且逐步将之前流行的土耳其地毯和波斯地毯取而代之。拿破仑一世使曾经一度衰败的萨伏纳里地毯重新振兴，与奥比松地毯一同成为法国新古典风格，包括美国的联邦风格编织地毯。特别是奥比松地毯为大特里亚农宫定制的地毯，完全依照帝国风格偏爱的对比色、方圆结合图形而编织。

建筑接待室采用的是法国萨伏纳里雕花地毯，由浪漫的花朵藤蔓构成的几何图案，对称和向心型的构图与方形接待室以及家具摆设相呼应，相对淡雅的颜色，更衬托墨绿色的家具色彩。

室内摆设相对宫廷或者民居应更加硬朗和简洁，因此设计师在软装设计上尽量从简，基本都是必要和一些实用性的摆设，例如成套的纸巾盒、烟灰缸、茶具和必要点缀的花盆。

精美的水晶制品是法国人一直以来的挚爱，能体现他们高雅的品位，瓷器特别是带着中国风的青花瓷器也是19世纪法国人喜爱的潮流，因此在会议及接待室的摆设里各选用一套水晶或者瓷器质感的摆设。同时也准备了一套法国百年品牌的茶具，让访客能体会原汁原味的法式下午茶（图6-57）。

图6-57 “法国兵营旧址”
室内摆设器物

第 7 章　活化再生

“以用促保”是文物建筑最理想的状态,《雅典宪章》中指出:“建筑物的使用有利于建筑的寿命,使用功能必须以尊重建筑的历史和艺术特征为前提”;《巴拉宪章》也强调:“应为遗产创造相容用途。相容用途是指对某场所的文化重要性给予充分尊重的用途。”在阅读文物建筑历史沉淀的前提下,充分尊重遗产的物理环境、空间格局与文化特色,为文化遗产注入具有相容性的当代功能,给老建筑予以新定义,是“法国兵营旧址”活化再生的重要命题。

7.1 老屋新生

7.1.1 空间激活,场所再生

文物建筑是按照当时的社会环境按所需而建,当今活化利用,需要的是延续场所精神,并注入为城市所需的、和谐协调的新元素、新功能,发挥文物建筑的空间功能与文化魅力。

广州沙面大街10号建筑拥有130余年的历史,然而在近十余年作为酒店与母婴会所使用期间,作为百年文物建筑的文化属性被大大削弱,植入了不相容、不合适的功能,造成室内空间零碎割裂、流线场景混乱以及细节粗制滥造等让人痛心的现象,未充分体现百年文物建筑所应有的格调与气质。

沙面之于广州,具有独特的文化属性与城市记忆,对于该建筑的活化更新,我们在思考,尝试置入新的场景与功能,为沙面创造一种独特的社会活动空间,在感受历史厚重氛围的同时,提供展示城市与建筑文化、体会文化碰撞的复合的文化场所。因此,对建筑进行功能策划时,我们设想,这里将会成为“岭南地域建筑文化的交流平台”以及“文物保护工作的创新营地”,集合设计办公、专业会议、公众展览等功能,在文物建筑中进行老城市新活力的实践工作,实现文化与功能的和谐统一(图7–1 ~ 图7–3)。

沙面大街10号建筑有非常好的“空间胚子”:有完整的院落空间,丰富的外廊空间以及方正规则的室内空间。首层是公共性最强的区域,我们赋予首层空间“社交属性”,以展示沙面历史、广州城建以及岭南建筑文化为核心功能:首先建筑即展品,通过展示复原庭院、台阶、木楼板、壁炉等,让观者触摸到沙面文物建筑百年历史变迁的痕迹;二是在首层展厅大空间设置广州历史城区沙盘与罗马历史城区沙盘,让两个千年古城开展时空对话,同时展示广州千年以来的城建变化历史照片,感受广州“青山半入城、六脉皆通海”的城市格局;

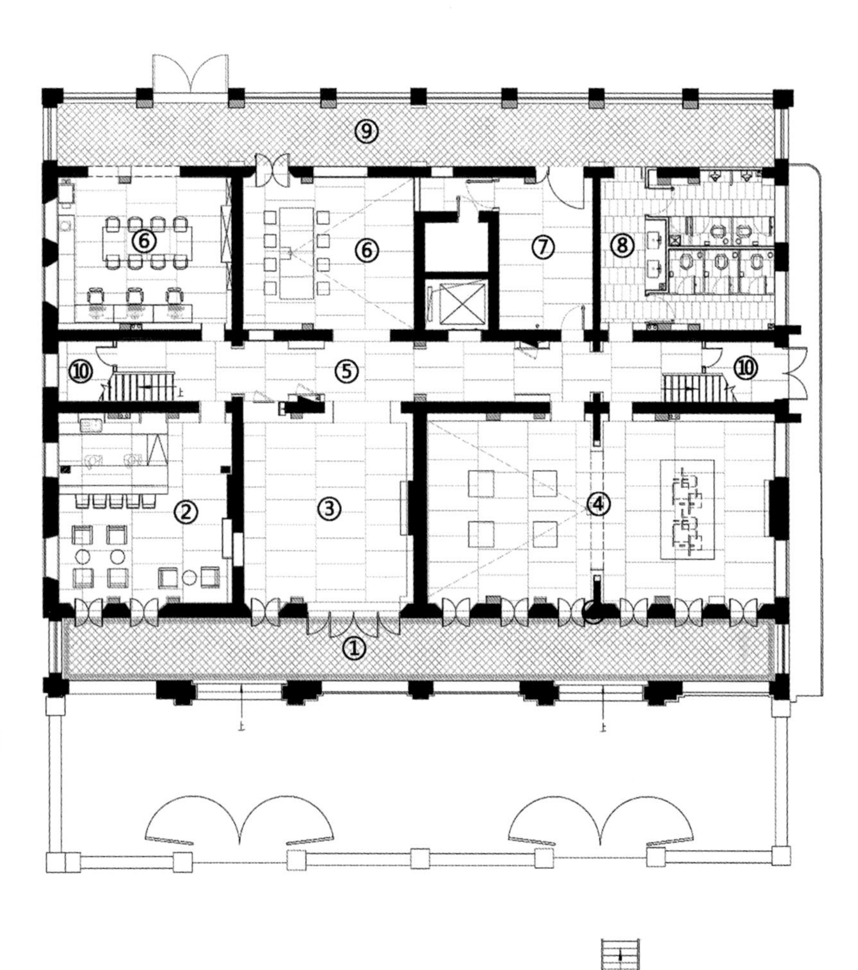

图例：
①南外廊
②咖啡厅
③门厅
④展厅
⑤内廊
⑥创意工坊
⑦储藏室
⑧卫生间
⑨北内廊
⑩配电室

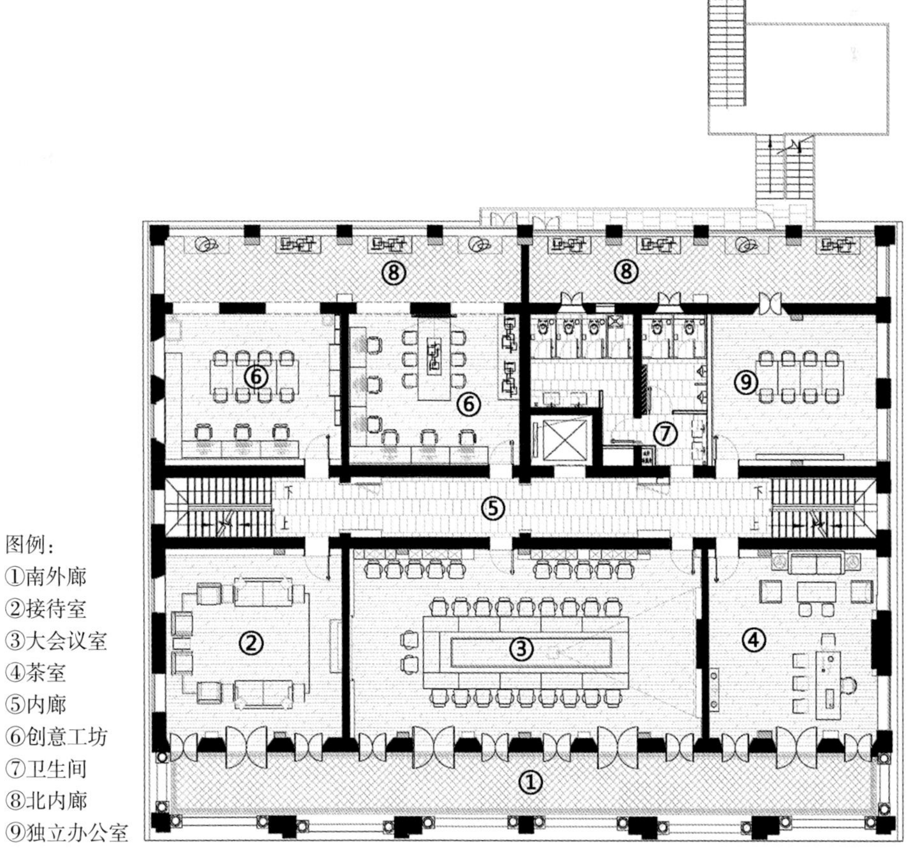

图例：
①南外廊
②接待室
③大会议室
④茶室
⑤内廊
⑥创意工坊
⑦卫生间
⑧北内廊
⑨独立办公室

图7-1　首层平面图

图7-2　二层平面图

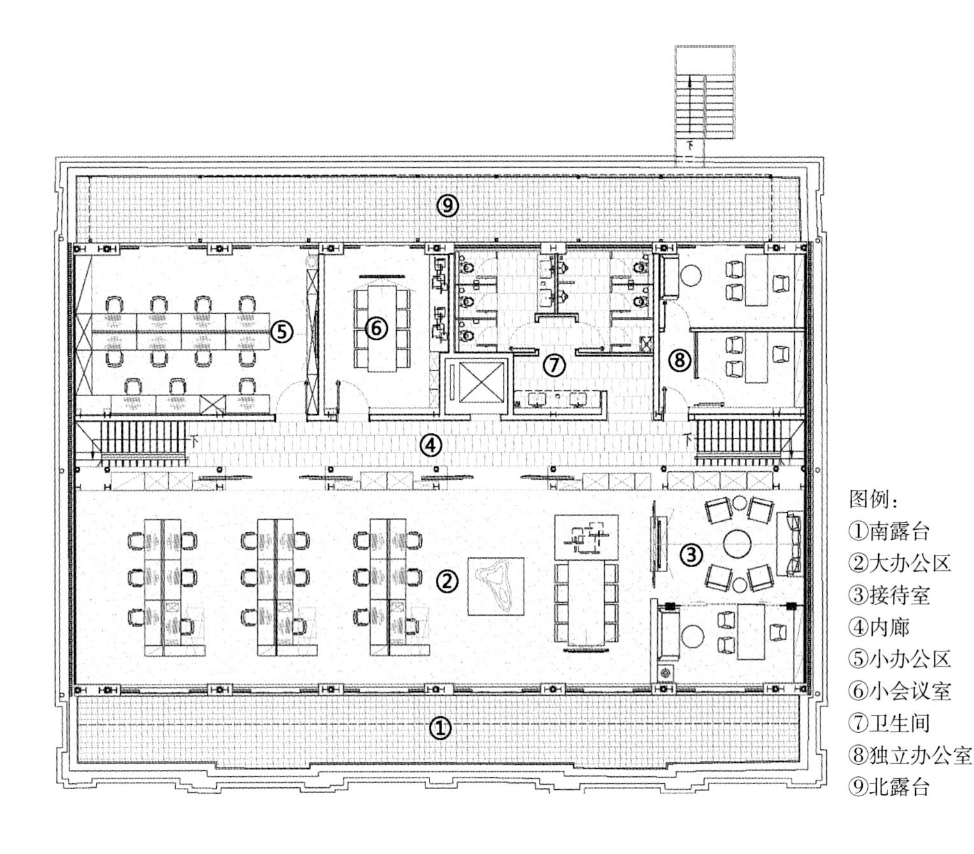

图7-3　三层平面图

三是，我们精选了从古至今最经典的岭南建筑、园林作品并将实体模型设置在首层、二层北内廊区域，从余荫山房、西关大屋等传统岭南建筑园林作品到广州三大园林酒家、山庄旅社等一批现代岭南建筑学派经典作品，将岭南建筑文化的时间轴线在百年建筑中缓缓展开。

同时也将社交属性最强的咖啡厅设置在首层靠近教堂区域。我们设想在未来，外廊、庭院的空间也可以在天气凉爽的白天作为户外文化沙龙的场所，甚至在夜晚也可开展夜间沙龙、酒会等文化活动，人们端着咖啡，在习习晚风中品味、交流与碰撞（图7-4～图7-8）。

二层空间相对静谧，我们在靠近教堂视野最好的房间设置接待室，采用法式新古典主义风格的室内设计，与教堂的塔尖、玫瑰花窗形成内与外的对话。利用二层大空间设置了会议室，靠北侧的房间用作创意工坊，用于开展国际工作坊等创意办公。

三层是规划设计的办公场所，将母婴会所加建的隔墙打通之后形成了一个共享、开放、充满活力的办公大空间。

一百多年前在沙面生活的外国人在日记中写道："屋顶天台是凉爽惬意的好去处，爬到屋顶的人们在这里能呼吸更新鲜的空气，视野更开阔。"虽然因为产权原因无法恢复建筑的四坡顶，但是也意外在三层收获南北两个天台，站在南侧天台，露德圣母堂的塔尖似乎触手可及，夜晚壁灯亮起，街道草木繁盛，再次感受百年前的惬意（图7-9）。

图7-4　首层展厅

图7-5　首层展厅罗马城市模型

图7-6　北内廊展示经典岭南园林酒家泮溪酒家模型

图7-7　首层咖啡厅

图7-8　庭院

图7-9　三层南露台

为了保证满足使用所需，经与文物专家多次谈论，对电梯功能予以保留，在不扩大梯井、不影响建筑外观和基坑结构的前提下对原来限载仅4人的电梯进行更换，提升承载能力，也确保轮椅能进入电梯，充分考虑无障碍设计需求，文物建筑也能充满人性关怀。

我们选择创作团队的设计师需具备跨文化设计的能力，既要了解法国传统建筑文化，又要掌握现代设计理念。在尊重历史的基础上，不断创新设计手法，实现传统与现代的和谐统一。同时对沙面及广州区域内同一时期建造的法式建筑进行调研，预期从同类建筑的结构、细节，以及家具和艺术品中，想象出当年的光景以及背后的故事，借鉴到本项目中。

7.1.2 中西融合，美美相容

开放包容、海纳百川精神是根植在岭南文化当中的。早在广东生产并销往海外的广绣、广彩、广雕、外销画与外销壁纸，洋溢着中华民族的传统风格、岭南本土的审美意趣，又散发着西方的异国情调，中西融合、异趣同辉。例如，清道光年间一对来样加工的广彩人物纹蚌壳形盘，是西方典型的曲线贝壳形状，绘制了中式人物家居场景，是中西结合的精品，西方来样广州加工后再出口到欧洲用于盛放海鲜，这样的例子在岭南文化中比比皆是（图7-10）。可以说，该建筑当年的建造就是“舶来品”与广州水土的融合。本次活化更新，我们希望让建筑空间也能产生东西异趣、和而不同的戏剧性融合，尝试着将法式浪漫与中式文化、岭南文化在同一空间中进行对话。

1．复原法式古典贵宾接待室，一次穿越时空之旅

本项目有建筑展览和举办技术沙龙的功能，需要一个较为正式的接待室，选用二楼紧邻大会议室的房间作为重要的会客厅。靠近天主教堂的二层贵宾接

图7-10 《异趣同辉》清道光广彩人物纹蚌壳形盘[1]

① 广东省博物馆. 异趣同辉［M］. 广州：岭南美术出版社，2013.

待室，窗外是哥特式建筑外窗，透过木质的遮阳外窗，午后的阳光温柔地投射进室内，为房间晕染出柔和的暖色，落地窗能直接看到中心绿色巨大的小叶榕，这满满的绿意几乎已经直接蔓延到室内，中古风的家具选用，厚重的法兰绒沙发让人恍然产生一种穿越的错觉。设计以壁炉作为视觉中心，用单人与双人沙发椅成“U”形布局，两个主宾位正对壁炉，背后有主题装饰画，其他沙发椅对称放置在主位两侧，每个位置一侧都设置了边几，便于放置茶具。座位中心铺设了巴洛克风格的雕花地毯，是向心的图案。法式复古家具、地毯、枝形吊灯、壁炉营造了百年前商谈的历史场景，祖母绿的法兰绒布艺沙发与抹茶绿的亚麻布落地窗帘衬托出典雅但不失温馨的气氛，设计师在空间中营造出“松弛感”，使人在这个空间内毫无负担地休息与交流（图7-11）。

2．咖啡和茶的对话：东西方文化在岭南文化大背景下的融合

法国人喝咖啡讲究的似乎不在于味道，而是环境和情调，他们会慢慢地品，细细地尝，读书看报，高谈阔论，一“泡”就是大半天。因此，法国歇脚喝咖啡的地方可以说遍布大街小巷、室内室外。在巴黎，一些咖啡馆本身就是颇富历史传奇的名胜。在中世纪旧王朝时代，法国文化生活的重心是在宫廷。而到了18世纪的启蒙时代，文化重心开始转移到各种沙龙、俱乐部和咖啡馆。像拉丁区的普洛可甫咖啡馆，就与两百多年前影响整个世界的法国大革命联系在一起。18世纪欧洲启蒙运动的思想家伏尔泰、卢梭、狄德罗，以及大革命三雄罗伯斯庇尔、丹东和马拉等，都是这里的常客。当年，伏尔泰的几部著作、狄德罗的世界首部百科全书等都曾在这里撰写。21世纪以来，咖啡馆往往成了社会活动中心，成了知识分子辩论问题的俱乐部，以至成了法国社会和文化的一种典型的标志。这里汇集着哲学家、作家、音乐家与画家，他们在这里艺术思想互相影响，作品自然与潮流相呼应（图7-12）。

设计师也希望在这栋百年的法式风格建筑里引入法国的咖啡文化，塑造一

图7-11　二层法式会客室

图7-12　梵高夜间咖啡馆

个独特的小天地，小圆桌不大，甚至会让人膝盖碰膝盖。到这里不分等级成分，也不论清高与世俗，来上一杯可以闲坐半天，或谈天说地，或读书看报。年轻同事愿意在这儿聚会谈心；搞创作的几个人凑一块儿争论；谈业务的可以坐在一起慢慢商谈；独自一人自说自话也没有旁人感到奇怪。大家都在享受着悠闲，没有人认为这是在挥霍时间。这里的特点就是随意、活跃、无拘束。

咖啡厅空间不太大，除了一个宽阔的吧台，只能摆上六到八张椅子和三张小台，沙发椅选了很久，既要舒服也不能过于慵懒，要以一种贵族精致的姿态围坐在一起，喝一杯浓香的咖啡或者英式红茶，欣赏着壁炉上镜框里的手绘画，享受属于一个人或几个人的温馨平静时刻（图7-13～图7-15）。

法式中国风茶室，回忆欧洲对于中国茶文化的喜爱。“Chinoiserie”指的是具有中国艺术风格的物品，18世纪在欧洲掀起一阵热潮，将西方美学与东方的艺术设计糅合。如今有一个更容易理解的中文名称，叫“法式中国风”。18世纪，精致的青花瓷器、芬芳的茶叶、优雅的绸缎面料等大量日用品传入欧洲，神奇富饶的东方文化改变了欧洲人的生活方式和艺术风格。在雨果故居里有一间“中国客厅”，大量的中国瓷器、漆木家具、宫灯等，打造出绚丽而独特的装饰风格，是雨果按照自己理解的中国风进行设计的。由此可见，充满魅力的中国风当时在欧洲是十分盛行的。绚丽的色彩、奢华的宫廷、繁复的装饰以及诗意的园林，他们带着对遥远神秘东方土地的憧憬，描绘出一个个充满法国式浪漫的东方绮梦（图7-16～图7-18）。

图7-13 从首层咖啡厅看南外廊

图7-14 首层咖啡厅

图7-15 首层咖啡厅

图7-16　法式中国风室内

图7-17　雨果故乡会议厅

图7-18　欧洲油画里中国瓷器及刺绣桌布

设计师也希望在这座法式建筑里设置一间中式茶文化的会客厅，它的设计不是按照法国人所幻想的色彩绚烂并充满异国风情，而是更有东风禅意纯净的中式茶室，如北宋沈括在《梦溪笔谈》中写道："目之所寓者，琴、棋、禅、丹、茶、吟、谈、酒，谓之'九客'"，在法式风格建筑中植入一个寄托东方传统文人心境空间，让文化之间的交流与融合形成更具有戏剧性的效果。一个屏风、一张茶台、几张茶凳还有几张软榻，房间里除了墨砚和镇纸、茶具，便已无它，但求贵在至简，淡雅的色彩，洗练的线条，再加一方清新雅致的茶席，家具布置围绕"观"与"谈"的需求而设。

茶室内主要依赖窗外的自然光线，天花不设吊灯，只有隐藏在天花内的射灯，让照度恰到好处，更使人产生一种亦真亦幻的朦胧视觉。至此注意力都会集中在茶与窗外婆娑的绿枝上，为之得宜，亦各有其乐（图7–19、图7–20）。

图7-19 二层中式茶室

图7-20 二层中式茶室细节

7.2 延年益寿

文物健康与建筑的硬件能否满足现代使用需求。提升文物健康，需要提升建筑安全、给水排水、暖通、电气、智能化、消防等各专业设备系统、设备路由以及设备末端的完整性与合理性，提升对岭南地域湿热气候的适应性，让文物建筑为其使用者提供安全、舒适的建筑环境，让建筑可持续发展，适应现代生活需求。

本次对建筑设备系统的整体优化，以“保护第一，完善系统，品质提升”为设计核心，先深入体检，再对症下药，遵循一切设施与做法必须遵循对文物建筑最小干预且具有可逆性的原则。

7.2.1　完善给水排水系统，合理布置用水空间

合理的排水系统设计，有助于保障文物建筑周边环境的卫生与安全，避免废水、雨水对周边环境和附近历史文化遗址造成污染；合理的雨水系统设计，能够提高文物建筑的抗灾能力，降低自然灾害对文物建筑的破坏程度；合理的给水排水设计有助于提高文物建筑的功能性和可持续发展能力，有利于文物建筑的合理利用和长期保护。

在实际装修过程中，建筑的整体水系统存在诸多亟待解决的问题：

用水空间分散：老建筑最怕水最怕潮，在作为母婴会所使用期间，建筑内每个房间都设置用水空间，并且缺乏相应防水构造设施，对文物负面影响较大。

系统不完善：原有的给水排水系统基于古老的设计和设施建造，存在年久失修，设备、管道老化的情况。这些设施无法满足当代的建筑排水、防水、防潮等多元化需求，甚至存在安全隐患。

路由不合理：在21世纪初，建筑经历了一次较大规模的更改，当时植入了消防水系统也大规模更改了给水排水系统，但由于当时的设计缺乏充分考虑，大量路由走向不合理，管道乱走、不合理交叉的情况尤为严重。

缺乏应对自然灾害的能力：老旧的给水排水系统缺乏对自然灾害（如洪水、暴雨等）的有效预防措施或应对能力，增大了文物建筑受灾风险。

在摸查勘察阶段，给水排水专业技术团队对现场现状整体管网进行了一次全面检测，排查给水排水系统完整性、路由合理性以及构件的保存情况。主要采用水质检测和压力测试两种手段。水质检测是评估水体中各种物理、化学和生物性质的过程。在本项目前期摸查阶段，安排人员定期到现场管道出水口取水样，并将水样交专业机构检测管道出水口水质（物理性质、化学成分、微生物组分等），以此判断管道是否出现渗漏、路由接驳错误以及污染等问题。水管压力测试是用于评估水管系统中水流压力和管道系统稳定性的过程。对给水主管道内施加一定压力，在管道出水口处安装压力表，观察管道压力是否稳定，以此来判断管道是否存在渗漏或破损。经过以上两种手段的测试，最终确定，现状管道在隐蔽位置已出现渗漏，且在管道渗漏位置结构板已出现发霉腐蚀的情况，并在BIM模型中进行准确的定位与记录。

给水排水设计力求将文物保护要求落到实处。首先是布局上优化，将分散用水改为集中用水，取消分散式卫生间，每层改为集中设置，从根源上减少用水空间；其次是对给水排水系统进行完善，结合设备管线设计，真正做到“不打一个洞，不拆一块砖”，补充防水构造，将保护落到实处。

1．重设给水系统

给水系统经过多方案比选，采用表后给水管循环供水方式，具有提高供水可靠性、增强供水压力、提供备用回路等优点，能够在建筑物的供水系统中提

供稳定可靠的供水，减少由于支状管道布置产生的死水区，保证供水水质，并且具备较好的操作灵活性和适应性。

2．完善排水系统，提升排雨防水性能

在装修前，建筑采用雨污合流的排水方式，排水效率低，暴雨天气容易出现倒灌现象。本次装修完善为雨、污、废分流体制，采用专用通气立管+环形通气排水系统。污水经化粪池处理后，排入市政污水管网。

在摸查期间发现，建筑三层南北的露台在装修之前未做任何防水处理，且露台无找坡，暴雨天气积水严重，存在较为严重的漏水及下层天花发霉等情况。在本次装修中增加二道露台防水层，也顺应建筑原天沟的整体排水找坡，对露台找坡进行优化处理。

考虑文物本体保护要求，设计师对给水排水设计及施工提出了严苛的要求：在洁具及管网敷设时，要求100%利用现有孔洞管井，不可新增一个洞口。集中式卫生间采用同层排水的方式，为减少对文物建筑主体结构的荷载影响，卫生间区域仅预留150毫米提升高度，需要对排水管网路由、找坡进行精确计算并严选自带存水弯洁具。排水横管在通过150毫米的提升高度敷设到文物建筑楼板原有孔洞处，通过原有孔洞敷设室内排水立管，对文物建筑木楼板做到零破坏。

3．沿用消防系统，优化管线路由

根据现行规范要求，消防泵房的设置应使消防水泵能自灌吸水，且具有火灾危险性的全国重点文物保护单位和省级文物保护单位的火灾延续时间为3小时。综合成本、空间紧张、施工难度方面考虑，本次装修采用在原有消防系统上增加吸水总管上的止回阀，在泵房内加小容积应急水箱跟吸水管联通的方式，来保证吸水管长期充满水，进一步保证消防供水的可靠性。

同时，对原消防系统多处不合理路由进行优化处理。如原喷淋系统水泵接合器位置设置在庭院正中间，既不方便消防车取用，又影响外立面美观，且原有消防管在加固钢底部走管影响南外廊的天花高度。为配合南外廊天花高度调整方案，考虑水泵接合器方便消防取用的要求，同时秉承修旧如旧的原则，将原水泵接合器移至庭院围墙边，将南外廊天花内消防管调整在工字钢中部走管。但由于原加固工字钢与原主体外墙中间还有加固钢圈，导致天花内消防管下地面空间受限，计算了消防水量及流速后，最终在有限的空间采用了将原*DN*100消防管改为3根*DN*65管并联在工字钢与外墙内走管，以满足整个项目系统的使用效果（图7–21、图7–22）。

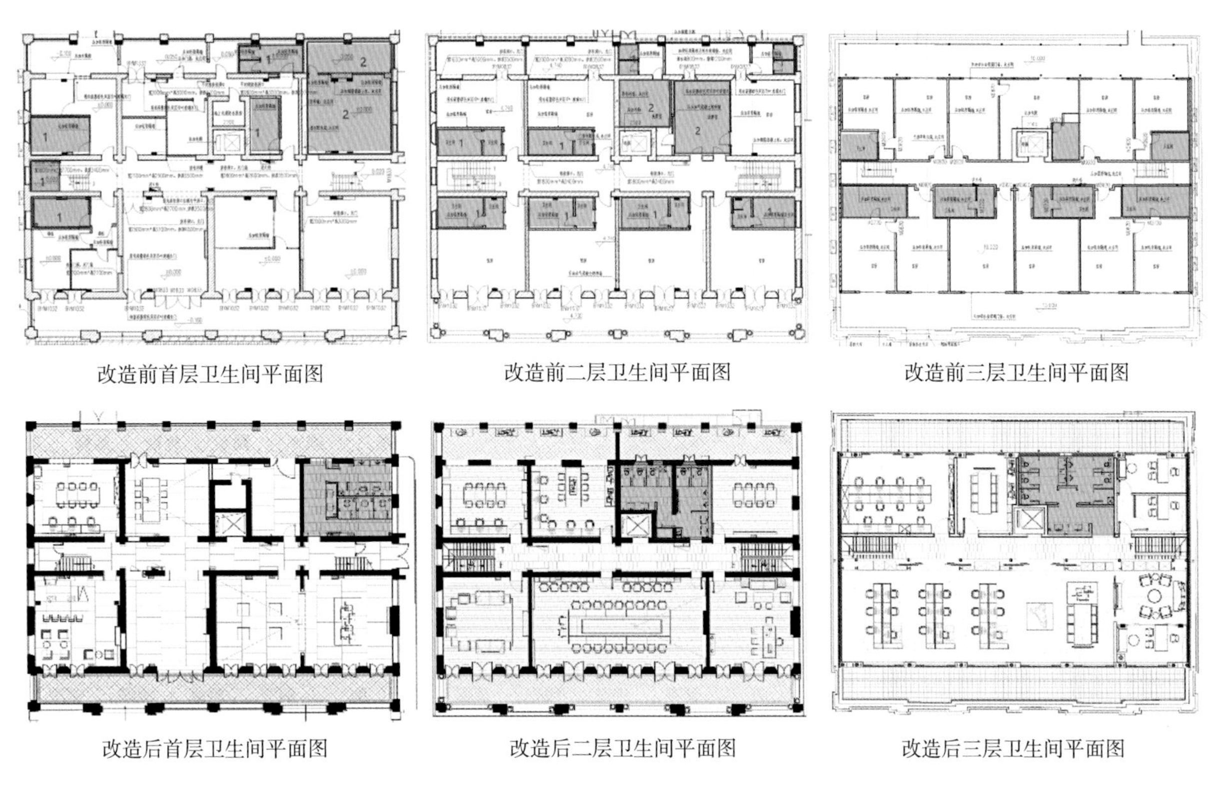

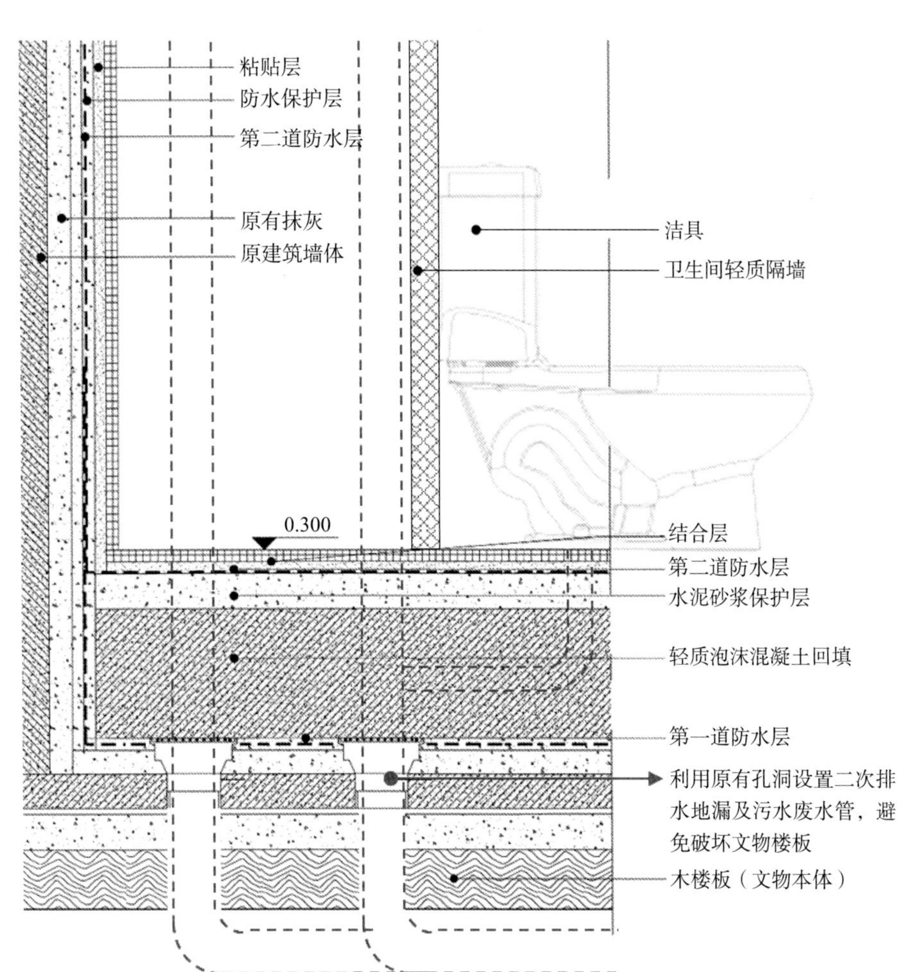

图7-21　用水空间集中布置

图7-22　利用原有木楼板孔洞排水构造示意图

7.2.2 电气系统完善，提升火灾预警能力

在电气设备安装与照明控制的设计过程中，电气系统设计以“小干预”为原则，力求在满足功能需求的同时，保持建筑的整体美观和协调性，对已有的电气桥架及管线进行全面摸查检查后，对功能完好、路由合理的部分进行保留利用；对系统缺失、设备老旧的部分进行更新优化。

所有电气桥架以及大部分的电气设备管线均用文物墙体上已有的孔洞进行敷设。此外，设计团队严格控制管线管径的尺寸，在满足电气负荷的前提下尽可能对线路进行精简，少而精地完成整体电气路由设计。

在设备安装与照明控制的设计过程中，我们始终秉持保护文物建筑的理念，力求在满足功能需求的同时，保持建筑的整体美观和协调性。

对于灯具控制开关、空调控制开关等面板及相关的电气线路，优先考虑无线设计，以减少墙面的明敷线路。这样可以减少对原建筑墙体的破坏，使整体外观更加整洁美观。

出于对文物墙体的保护，部分插座面板和线路选择明装，设计师将面板与家具进行一体化设计，将线路面板进行巧妙隐藏，部分插座选择在家具或地面安装；配电箱与墙面柜体进行一体化设计，实现隐藏式安装，既满足了使用需求，又考虑到了整体的美观效果。

在照明控制开关的选择上，除楼梯间采用红外感应延时开关、空调控制采用遥控器外，其余均采用无线动能开关。这种开关基于微动能采集技术，按压开关即可发出微小电能，发送无线射频信号至控制器进行通信，从而对灯具进行控制。这种开关可实现一对多个控制器（如一键全关），也可实现多个开关控制一个控制器（如双控、三控、多控），设计组合灵活，使用方便。其厚度约为1厘米，可贴装在墙面上，无需在墙上埋管和布线，兼顾了美观和实用性。同时，其防护等级可达到IP67级防水，方便在任意场合下使用，如二层、三层外廊等室外环境均能使用。

对于室外庭院绿地设置的泛光照明，我们采用经纬度时控开关进行控制，同时也可在值班室集中控制。这种控制方式既方便了管理，又实现了智能化的照明控制。

在消防安全方面，为了降低火灾发生的可能性并减少其带来的经济损失，设计师重新设计了建筑电气消防系统。

火灾自动报警系统沿用原区域报警系统，并根据建筑的新改造布局对该系统进行重新设计，该系统报警主机安装在首层值班室。在大厅、办公室、会议室、公共走道、设备用房等场所，我们设置了感烟探测器；而在消防水泵房，设置了感温探测器。每层都配备了手动火灾报警按钮，并在楼梯口、建筑内部拐角等显眼部位设置了火灾声光警报器。这套系统能够敏锐地探测到火灾的早期特征，并及时发出火灾报警信号。不仅为人员疏散提供了宝贵的时间，还为

启动自动灭火设备和防止火势蔓延提供了重要的控制和指示。

电气火灾在所有火灾中占有相当大的比例，在引发电气火灾的原因中，线路故障是一个非常重要的因素，例如线路短路、过载、接触不良等都可能导致电气火灾的发生。这些故障会导致线路中的电流异常，产生大量的热量和火花，从而引发火灾。为提高广州沙面大街10号这一国家级文物保护单位的建筑防火灾预警能力，本次装修增设了电气火灾监控系统。这套系统由电气火灾监控设备、电气火灾监控探测器以及相关的线路等组成。当被保护线路中的探测参数超过设定的报警值时，系统会立即发出警报，并指示出具体的报警位置。

此外，为了确保人员在疏散时的照明和安全，以及在火灾发生时仍需工作的场所的照明和指示，我们设置了应急照明和疏散指示系统。考虑到距地面2.5米及以下的高度为正常情况下人体可能直接接触到的高度范围，火灾发生时，水灭火系统产生的水灭火介质很容易导致灯具的外壳发生导电现象，且在火灾扑救过程中，灭火救援人员一般使用消火栓实施灭火，由于灭火用的水介质均具有一定的导电性，这样就会通过消火栓及其水柱形成导电通路。为了确保人员的安全，我们经过综合考虑现有系统产品的技术水平和工程应用情况等因素，决定选用电压等级为36V的安全电压A型消防应急灯具。这种灯具的设计能够最大限度地减少电击事故的风险，为人员疏散和火灾扑救提供安全保障。

7.2.3　适应岭南湿热气候的暖通设计

建筑在作为酒店及母婴会所使用期间采用了分体机空调，空调室外机对建筑立面风貌造成较大的负面影响。缺少有效的新风系统、卫生间排风系统，在装修前建筑室内环境潮湿闷热，环境舒适度低。

本次装修工作在暖通系统改造提升上，充分考虑沙面文物价值，以保持原有的建筑风貌、避免对原有结构造成干扰为原则，对暖通设施设备的选型、敷设进行了缜密的思考：

暖通系统重点关注建筑防潮、防腐：由于沙面大街10号处于江边，室外树木繁茂，周边环境潮湿，充分利用空调系统温度和湿度控制功能，将建筑内的温度和湿度稳定在一定的范围内，抑制微生物的生长，防止建筑受到虫蛀和霉变等自然因素的破坏。同时，稳定的温湿度条件下可以减缓文物建筑的氧化和老化过程，从而延长其使用寿命。

增强建筑通风：为了保持室内空气的流通和清新，在装修过程中加强通风设计，新增功能用房新风系统及卫生间排风系统，提升人体舒适度，良好的通风也提升了建筑防潮性能。

运用智能化控制：通过智能化控制系统，可以实现对空调系统的远程监控和控制，确保系统的高效运行和节能。同时，智能化系统可以实时监测室内外环境，自动调节温度和湿度，提供舒适的环境。

结合前期勘察摸查的情况，团队经过深入研究和多次讨论，并参考广州地区同类型建筑物空调系统设计方案，最终采用多联机空调系统进行改造。

多联机空调系统是一种具有高效节能、灵活配置、易于维护和管理等优点的空调技术。相比于传统的分体空调系统，多联机系统更适合用于文物建筑：一是多联机空调系统采用先进的变频技术，能够根据室内负荷变化自动调节压缩机转速，从而保持高效的制冷/制热效果，还能根据室内的能量需求精确控制冷媒流量达到控制输出的效果，利用自动调节冷媒的蒸发/冷凝温度，实现空调在各种工况和负荷下，达到一个最舒适节能的效果；二是多联机空调系统可以根据文物建筑的特点和需求进行灵活配置，包括室内机位置、室外机容量等，以满足不同空间的需求，相较于分体式空调系统，多联机组室外机相对集中，摆放位置灵活，可大大减少对建筑立面的影响；三是多联机空调系统的室内机和室外机之间通过制冷剂管路连接，无需像分体空调系统那样需要维护和更换外部制冷剂管路，降低了维护成本；四是多联机空调系统的室内机通常安装在建筑物吊顶内，远离人员活动区域，可以降低噪声对文物建筑内部的影响。

沙面大街10号建筑作为历史悠久的文物建筑，其空调系统的改造不仅关乎到建筑的舒适度和保护，还涉及与周围环境的和谐共生。对此我们提出以下的改造方案。

应用BIM技术，多联机室内机布置与室内设计专业要求高度协同，优化送、回风口设计，采用送、回风分设两侧的设计方式，让室内形成对流，提高气流组织效率。例如，入口门厅处新风系统一进一出的布置需要，巧妙借用原木楼板梁间空隙设置回风口，尽可能提升空间净高，将空间利用做到极致（图7-23、图7-24）。

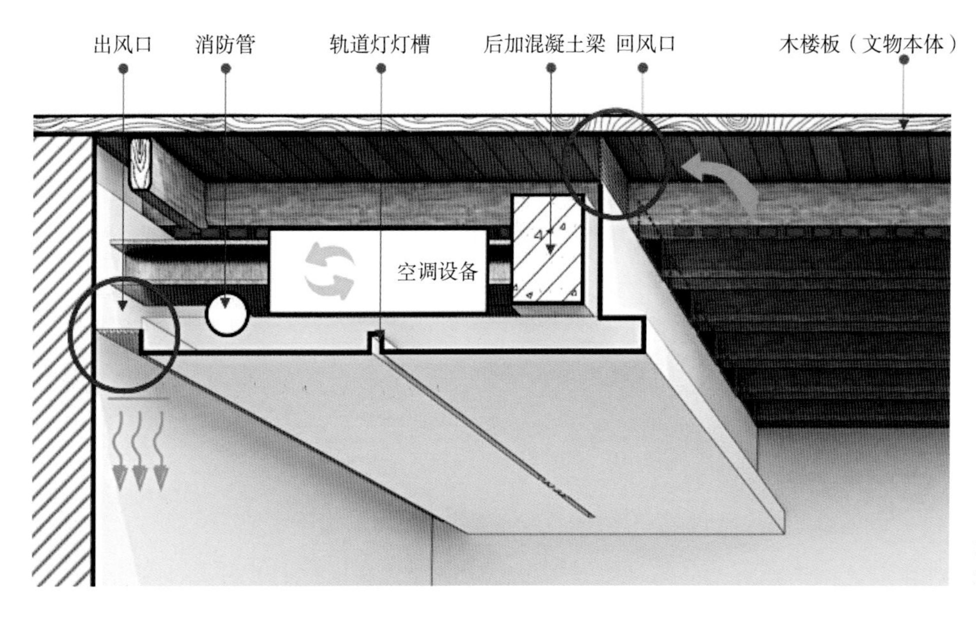

图7-23　入口门厅利用木枋间空隙设计回风口示意图

多联机室内机管线敷设100%利用房间内原有孔洞，避免对文物建筑物本体造成损害。在实施过程前，需要确定原有孔洞的位置、尺寸和结构，以选取合适的风管。此外，室内机采用高扬程提升水泵型号，既可以避免排水不畅等问题，又能在一定程度上降低排水噪声，提高室内使用的舒适度。

多联室外机设于相邻建筑，减轻建筑负荷。设计团队对多联机室外机组的设置位置进行了多方案论证，为减轻文物建筑承重负荷，经与邻近街道办事处进行多次沟通协商，在取得街道办事处充分理解并采用有效的降噪减震构造确保不影响建筑正常使用的前提下，室外空调机组设置在街道办附属建筑的屋面，在极其紧张的场地环境中解决了文物建筑空调系统设备设置问题。保护好一个文物建筑，除了发挥设计的力量，也需要得到邻里的支持，更需要的是向社区、向公众宣传保护文物的理念，让历史环境的参与者都能达到保护的共识。保护历史环境是一个需要长期沟通与协调的过程，通过各方理解与努力总能找寻到最优的解决方案（图7–25、图7–26）。

图7–24　入口门厅木枋间空隙回风口细节

图7–25　装修前外立面的空调室外机组

图7–26　协调后空调室外机组置于附楼楼顶

7.2.4 结构减负卸载与绣花修补

在清理首层、二层后加非承重墙，恢复首层展厅、二层大会议室的大空间布局，复原建筑原历史平面布局，对文物建筑整体进行了一次全面减负。同时，结构荷载计算与装修方案设计同步进行，铺装、天花、卫生间等构造尽可能采用轻质材料，并在满足施工需求及规范要求的前提下对常规构造进行进一步的精简设计。通过多专业沟通与协调、多次计算与复核，确保装修后空间的恒定荷载小于装修前的荷载负担。同时，在功能规划的时候，我们将可转变为演讲沙龙的多功能展厅、咖啡厅等使用人数相对较多的空间设置在建筑一层，二层、三层以使用人数基本可控的会议、办公、接待功能为主，从功能规划上给建筑减负。

此外，建筑的后加混凝土存在多个单榀2层框架结构，且与原承重墙不相连、与二层木楼面没有结构连接，属跃层柱，平面外会失稳，结构体系存在缺陷，不符合抗震要求。为解决后加混凝土结构与主体建筑之间连接措施不足、结构整体刚度不足等问题，设计团队采用了柱墙间缝隙压力灌浆的方式对结构进行补强。为保证结构安全，拟在混凝土柱与承重墙间缝隙压力灌浆密实，使纵墙和框架柱互为侧向支撑，两者之间力可靠传递。具体方法如下：

①灌浆前，应用刮刀将缝隙两侧基面的浮尘、沙粒与浮皮面层等进行清理，缝隙较深工具无法触及的位置可用高压风枪进行清理。②灌浆材料采用无收缩环氧基灌浆料。压浆前应先灌水，空气压缩机的压力宜控制在0.2 ~ 0.3MPa。压浆顺序应自下而上，边灌边用塞子堵，压浆时应严格控制压力，防止损坏边角部位和小截面的砌体，必要时，应作临时性支护。③压浆完成后，在墙、柱两侧各500毫米范围（如已延伸至外墙外侧则在外墙外侧处截止），凿除抹灰层后用高延性混凝土作面层加强。施工过程中避免对已完成装修的饰面、门窗造成污染破坏。

7.3 国保复春

7.3.1 营造思考

本次装修，可以说是该建筑的一场复春之旅，参建各单位、各个负责人朝着“让建筑再一次充满活力”的共同目标，激发出巨大的创造力和主动性，同心同德，齐心合力解决了种种困难，为达到理想的项目质量和项目效果投入了大量的人力、物力与心力。

1．广泛调研，精准评估，高效协同

2023年3～5月，全专业设计团队共进行30余次勘察。同时搜集与整理研究领域相关文献，系统而全面地认识该建筑的变迁，有助于识别文物本体与后加构建。结合测绘新技术研究所提供的三维点云切片图，对文物建筑整体“地毯式+抽丝剥茧”信息全面挖掘与精细化记录，形成可视化高精度三维BIM模型，完整保存工程进场前的历史信息。包括建筑、结构、给水排水、强电、弱电、暖通、消防等十余个专业，由总工办专业总工牵头举行专业研讨会14次，全专业精细化勘察为后续工作提供有力支撑。形成问题清单，点对点式解决。

2．规范驻场，严控造价，精细管理

从摸查阶段开始，组建全专业现场驻场团队，每天驻场，当天出具巡场报告知会各参建单位，通过密切的现场跟进，确保细节落实到位。施工班组与设计团队默契配合，确保每一步都按照设计方案进行，设计效果高度还原，施工班组发现现场问题时及时向驻场设计师反馈，设计、施工、监理等团队及时商讨解决方案进行动态调整，设计团队确保48小时内对现场情况出具造价可控、实施可行的设计变更，由驻场人员现场与施工班组进行施工交底。遇到复杂机电管线碰撞问题时，通过BIM模型模拟施工过程步骤，确保变更方案科学可行。

施工完成后对实施效果与机电系统进行了全面的检查与测试，确保其性能达标且稳定运行。

3．优选样板，严控质量，把控造价

在本次装修项目中，规范科学的设计图纸、负责的施工团队及合格的材料选样缺一不可。在紧张的工期条件下依然坚持看样定板，项目负责人现场选样定板后方生产施工。例如，壁炉复原模型与厂家经现场1：1放线确定位置与尺寸，确定木材选样、面漆样板后再行生产与安装。

造价控制已经从一项要求变成一项纪律。对于动态设计、动态施工的工程，对设计概算、施工预算进行及时对比，以确保资金动态平衡，做到施工前预控与全过程管控。

7.3.2　过去、当下与未来

建筑遗产的保护并不意味着一成不变，核心在延续原有的历史语汇与文化价值，并在当前的时间维度下找到适合的功能定位，形成新旧和谐对话的整体，为传统和现代搭接超越时空的对话，共同回应城市、历史与空间之间的关系。在回应历史环境诸多要素的平衡问题时，建筑师不应单纯地关注其形状相貌，而应诉诸建筑的真、善、美。只有阅读历史，尊重历史，才能在当下书写属于历史遗产的独特建筑语言，为建筑遗产找到在当下时空的名片与意义。

建筑是有生命的，历史是流动的，意大利著名的文艺评论家与历史学家克罗齐在《历史学的理论和实际》中提出："一切历史都是当代史"，我们必须用当下的语境去领会过去的历史，不拘泥于某一种价值或理念，而是根据此时、此地、此情、此景，为历史环境赋予新的时代命题。过去之于当下，也是当下之于未来。不知何来，焉知何往？心知所向，方知何在。设计师以现代方法解读历史环境，挖掘背后承载的深层文脉，在对历史记忆尊重、唤醒与延续之下，让古老的文物建筑随着时间的流动，保持生动而鲜活的生命力，保留温情的记忆切片，并交予未来。我们也期待着，在时间长河当中陪伴该建筑奏响新的时代乐章。

附录

附录一 相关史料

1. 沙面岛历史地形

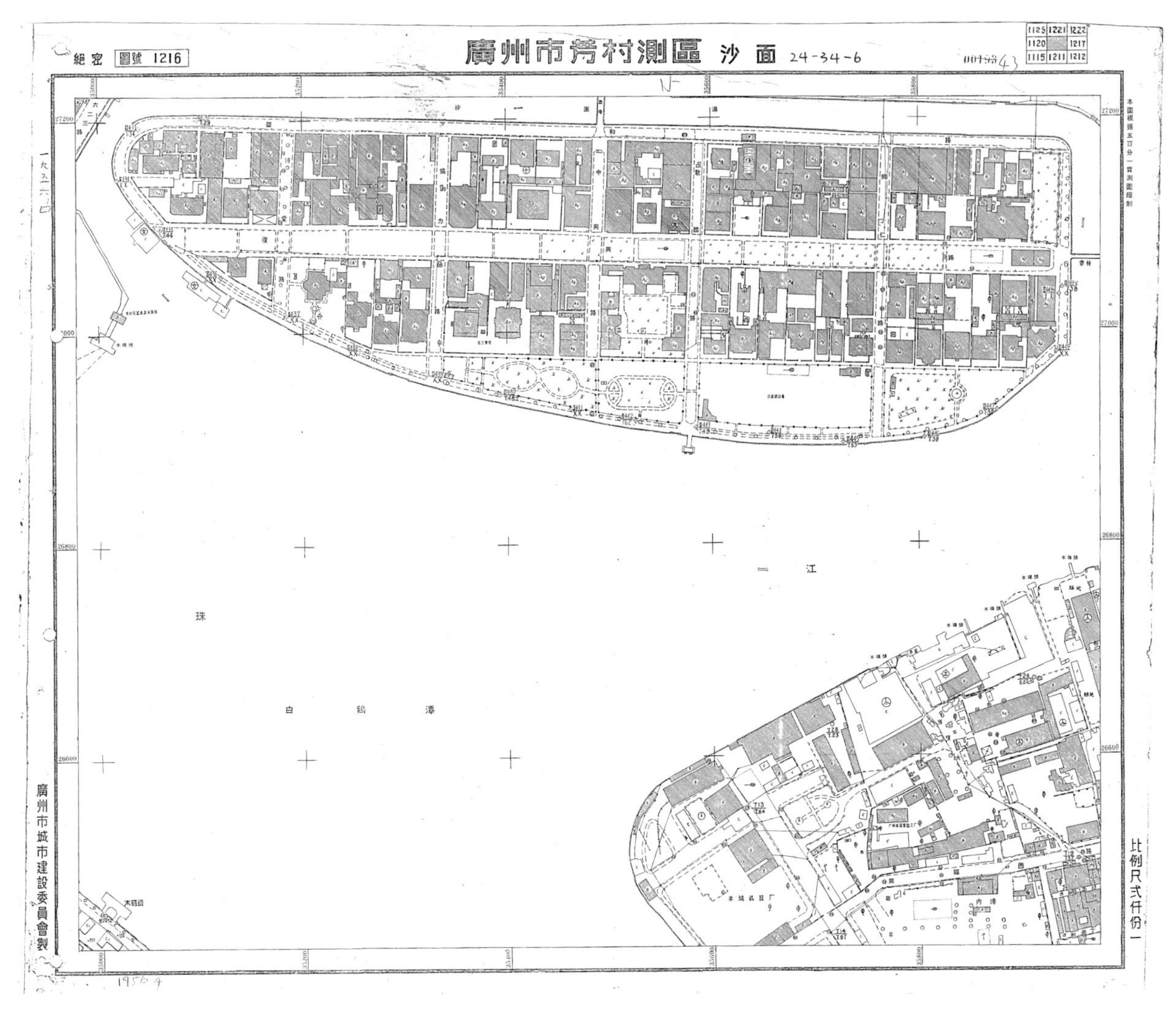

图1 1958年由广州市城市建设委员会绘制的沙面岛地形

（图片来源：广州市城市规划设计研究院档案）

2. 法租界历史地块

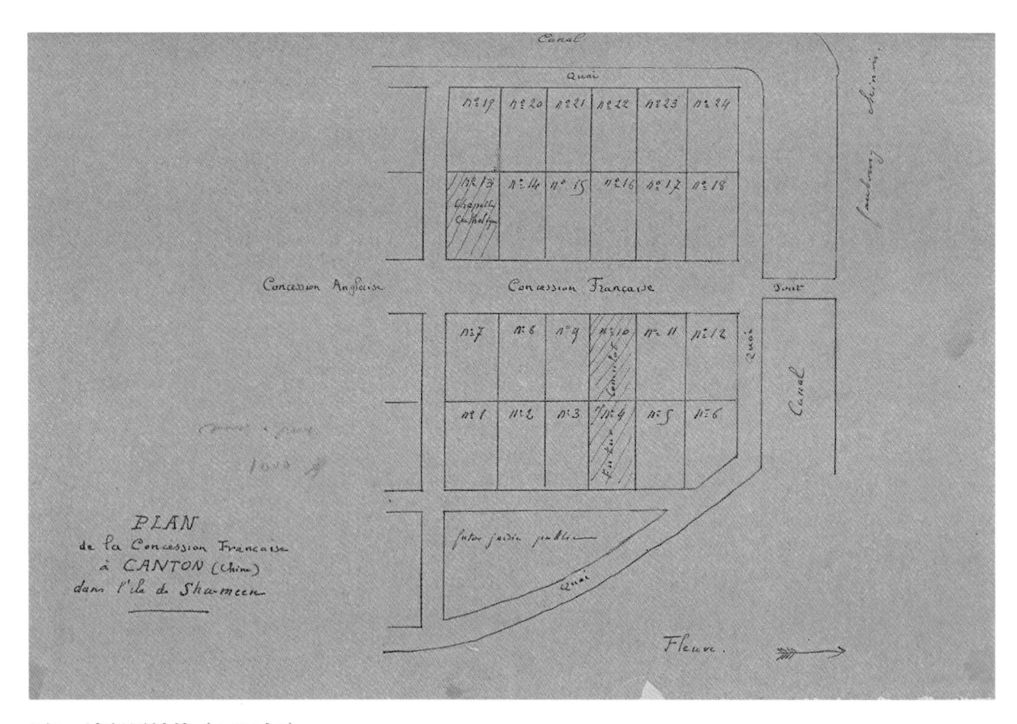

图2 法租界地块（1889年）

（图片来源：Ministere de l’Europe et des Affaires etrangeres. Concession francaise de Canton.1884-1890）

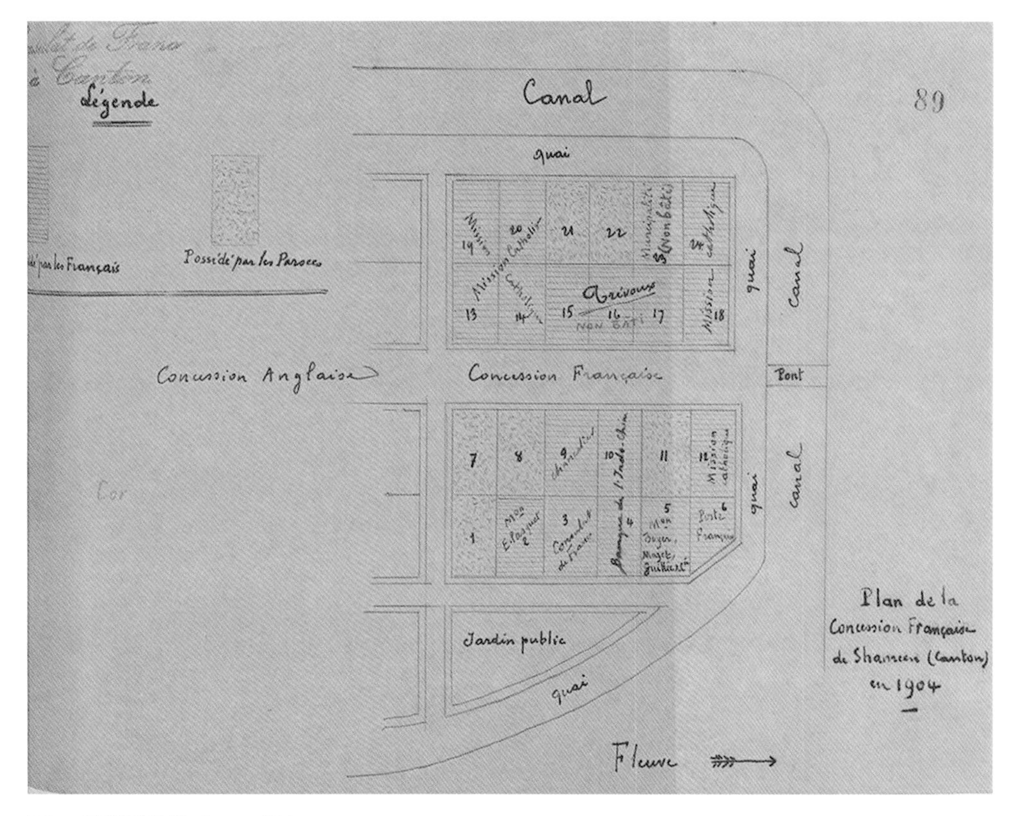

图3 法租界地块（1904年）

（图片来源：Ministere de l’Europe et des Affaires etrangeres. Concession francaise de Canton. 1900-1906）

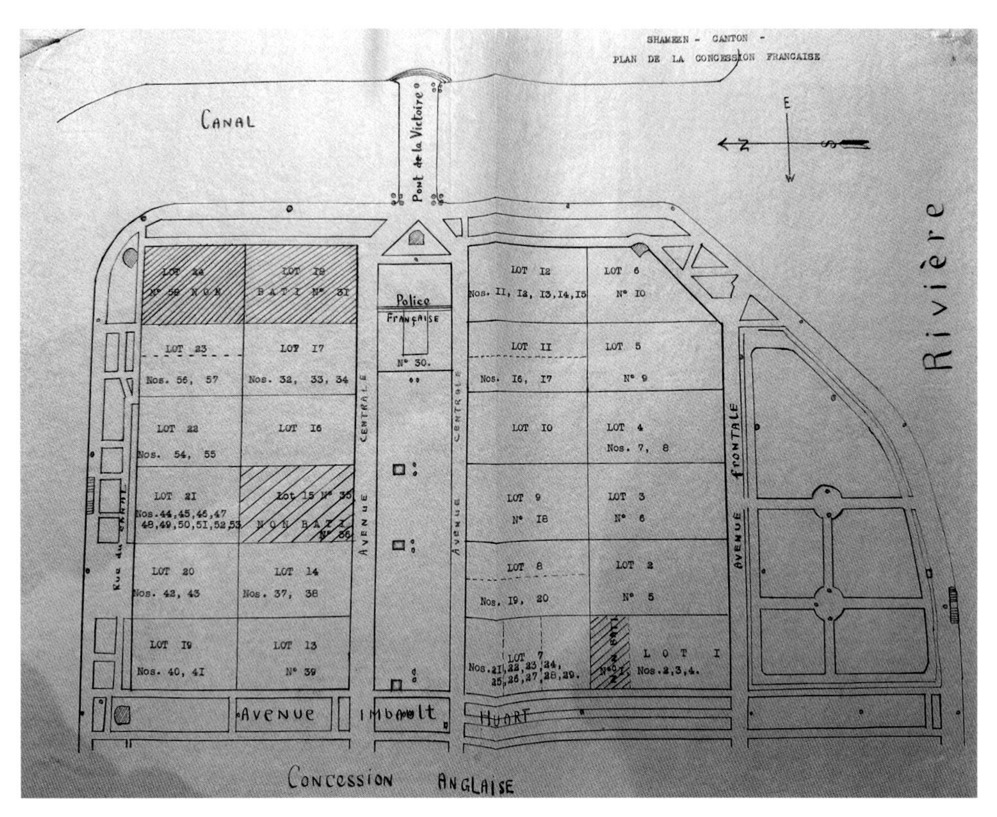

图4　法租界地块（1940年前后）
（图片来源：法国外交部档案馆南特分馆藏图纸）

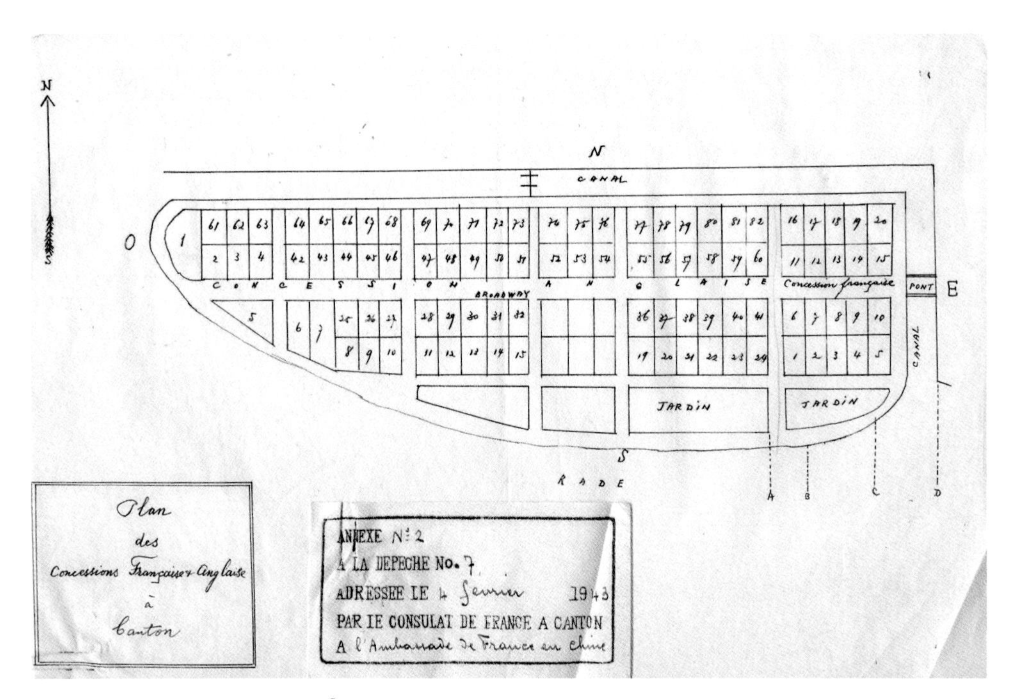

图5　英法租界地块（1943年）[①]
（图片来源：法国外交部档案馆南特分馆藏图纸）

① 此图中绘制者不详，但法租界地块的数量存在明显错误，法租界共24个地块，此处绘制的是20个地块。

3. 圣心大教堂地契

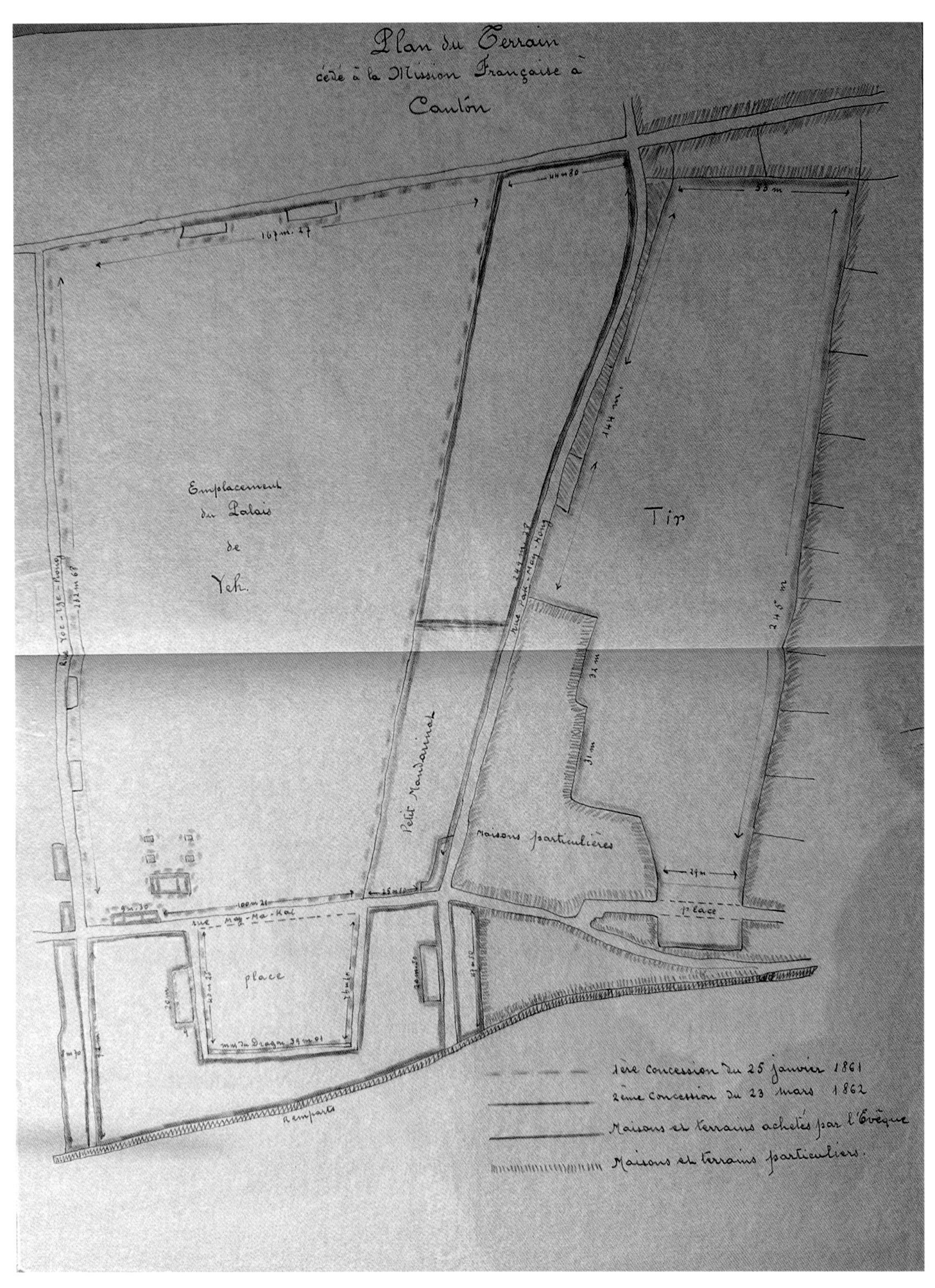

图6 1861年巴黎外方传教会与清政府签订的圣心大教堂地契
（图片来源：法国外交部档案馆南特分馆藏图纸）

4. “法国兵营旧址”历史照片

图7　1893年Edward Bangs Drew（杜德维）拍摄的露德圣母堂与“法国兵营旧址”照片
（图片来源：Harvard-Yenching Library）

图8　1893年Edward Bangs Drew（杜德维）拍摄的英法租界照片
（图片来源：Harvard-Yenching Library）

图9　1893年Edward Bangs Drew（杜德维）拍摄的照片
（图片来源：Harvard-Yenching Library）

图10　1985年荷兰人Aad van der Drift（阿德·范德·德瑞夫特）拍摄的原建筑庭院

图11　1998年拍摄的原建筑照片

图12　2009年5月26日文物三普时拍摄的原建筑照片

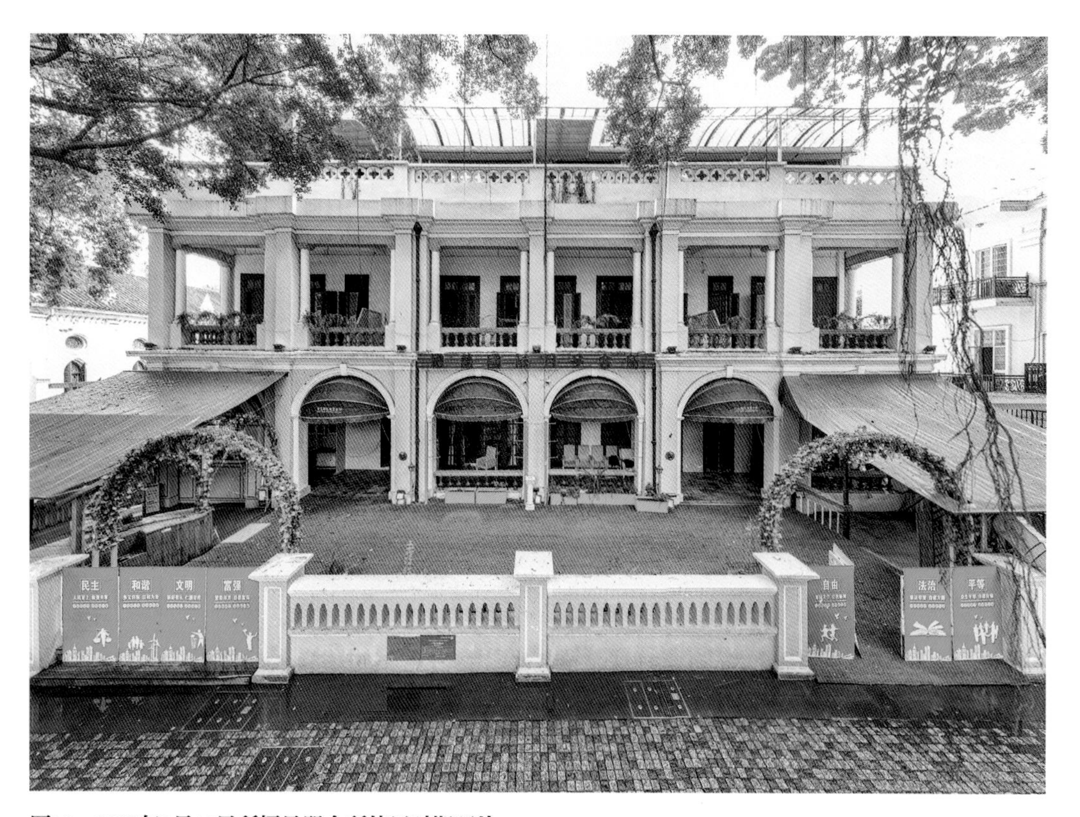

图13　2023年3月10日所摄母婴会所使用时期照片

附录二　沙面历史沿革

1. 珠江拾翠：通商要津

“中流沙，殆即拾翠洲，俗称沙面。”——清同治十一年（1872年）《南海县续志》。

沙面，曾名拾翠洲，坐落在广州白鹅潭畔，地处珠江三段河道交会之处，上承西北江之水，是珠江冲积而成的沙洲，也曾是广州水上居民的聚居地。

沙面在沦为英法租界前是与陆地相连的，它曾经是广州海上交通的门户，在宋、元、明、清时期是中国对外通商要津。明朝时，在此设立“华节亭”，管理外商货物进出，直至18世纪清朝乾隆期间，清政府在十三行建起“夷馆”以后，沙面才结束了它接待外商要地的时代地位。这里也曾经是达官富商、文人墨客经常寻欢作乐的地方，沙面一带及白鹅潭江面上，妓船鳞集，酒舫豪华，美食佳肴，笙歌不绝。[①]沙面在清代还是广州城的江防要塞，乾隆年间在这里设有西炮台，扼守着广州城的西南面。

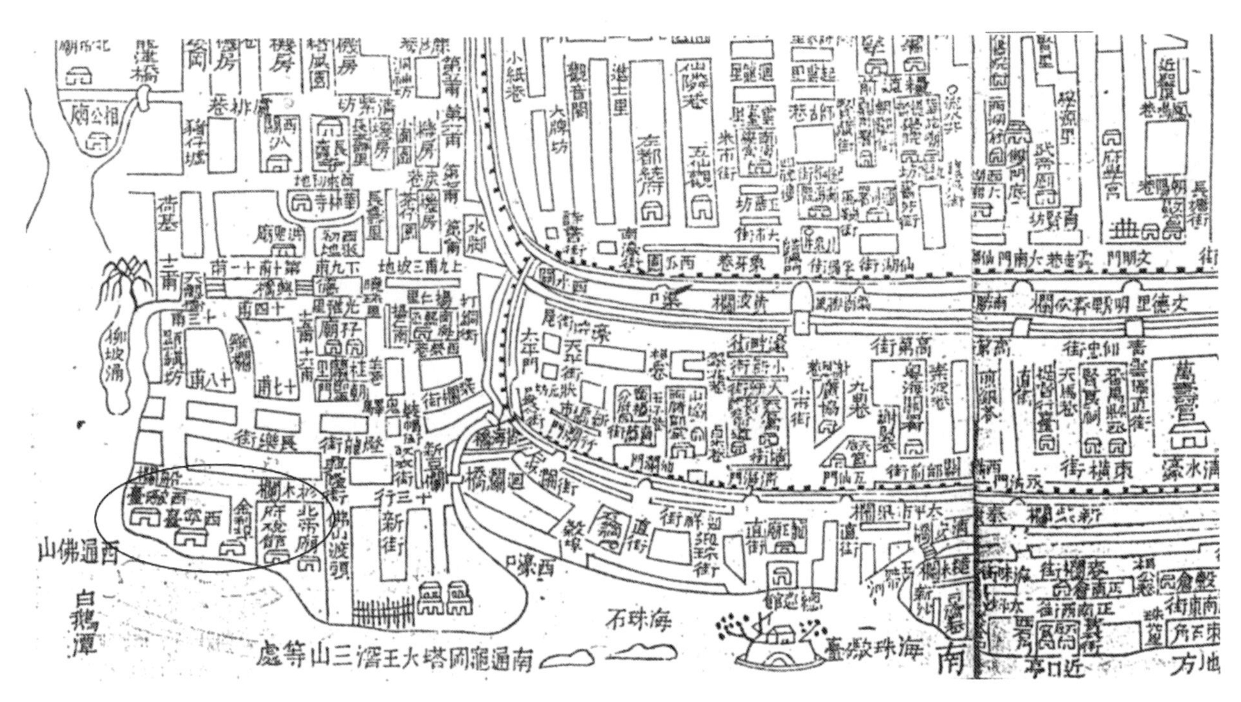

图1　沙面区位示意

（图片来源：出自清道光十五年（1835年）潘尚亭撰《南海县志》卷三，县治附省全图）

① 钟俊鸣. 沙面：近一个世纪的神秘面纱［M］. 广州：广东人民出版社，1999.

2. 夷馆后身：国中之国

（1）从十三行到沙面岛

沙面被划为租界，由洲转岛则是19世纪中叶以后的事情，距今已有160余年。要弄清楚沙面租界的历史起源和发展过程，那就不得不提到与之毗邻、密切相关的十三行夷馆。十三行地区是鸦片战争前后中国最发达的洋行商馆区和最集中的外国人居留区。[①]它是沙面租界的前身与雏形，与租界制度的形成有密切的关系。

正如清初史学家屈大均在《广东新语》中“洋船争出是官商，十字门开向二洋。五丝八丝广缎好，银钱堆满十三行”描述的景象，广州作为中国最早的外贸口岸，商舶凑聚、宝货丛集的世界性贸易中心，各国客商在此进行着密集繁盛的经济、文化乃至政治活动。自唐代设立市舶使起，各朝代都开始设置专门官职衙门和场地对来穗的海上贸易进行管理和约束。

十三行就是清代广州从事对外贸易的地方，最初是怀远驿附近中国人新建专供外国人居住、使用和通商的“夷馆”（或“藩馆”）所在地，后随着外商增多逐渐发展成为包办外商贸易的洋货行聚集地。十三行代表官方管理外贸，是国内长途贩运批发商和外商交易的中间商，官府通过培植十三行，垄断对外贸易、约束限制通商渠道。从康熙二十五年（1686年）起至道光二十二年（1842年），十三行存活了156年，其中一口通商时期，垄断中国对外贸易长达85年。1856年12月，十三行被烧毁，此后外国在广州的商贸中心转向沙面。

（2）沙面租界的设立

广州的租界直至第二次鸦片战争之后才形成，远晚于上海外滩英国租界（1843年12月划定）的原因有二：首先第一次鸦片战争后，广州人民反英情绪高涨，先后发生多次反抗殖民侵略的事件，大大制约了英国在广州建租界的企图；其次，第一次鸦片战争后，新的通商口岸开放，外商察觉广州群情未定，将资本逐渐向新口岸转移，特别是上海，广州对外贸易的中心地位逐渐被取代。

十三行被烧毁后，为了重新建立在广州的商贸基地，英法两国向清朝广州地方政府提出租界土地建新商馆，要求将西濠口划为租借地。广州地方政府以西濠口人口稠密不易迁移为由加以推拒。此后英国仍派员多次交涉，在1859年7月，当时的英国驻广州代理领事哈里·帕克斯（Harr Parkes）以中英《南京条约》及中国与英法分别签订的《天津条约》为据提出开辟租界的要求。租界与租借地是有很大区别的：租借地是指在通商口岸划定地界，允许外侨在此区域内由私人租地、居留，其租地手续由各国侨商直接向中国原业主商租，协议达成后由中国地方官发给契据，外侨直接向中国政府纳税，而非向领事纳税。而租界是由中国政府将界内所有土地整个租给外国政府，再由外国政府将该地段分租给租借国或其他外

① 中国人民政治协商会议广州市委员会文史资料研究委员会. 广州的洋行与租界——广州文史资料第四十四辑［M］. 广州：广东人民出版社，1992.

国侨商、侨民，租借国向中国政府纳总税，而外侨又向领事署纳税，地契由该国领事发给并登记，界内由该国管理。其中，归一国管理者为专管租界，归多国管理者为公共租界[①]。

关于广州租界的选址，外国人一开始尚有激烈争议。绝大多数商人考虑设立租界的地点应该是旧商馆地点的对岸芳村或河南（现今海珠区），因为那里靠近商馆的仓库，而且与广州居民区以珠江白鹅潭相隔，方便保护租界里的外国人。而哈里·帕克斯认为安全防范只要挖一条小涌将租界与民居分开就可以了，根本用不着远到芳村或河南。沙面的地理位置非常优越，处于三江汇集之处，夏天凉风习习，眺望甚佳；河南或芳村分隔了一条珠江，交通极其不方便，一定会影响今后租界的经济发展。沙面还靠近广州富贾巨商居住的西关，方便与广州的买办和商人来往，租界选点在沙面应该是最佳的方案。对于哈里·帕克斯的意见，许多外国商人还认为在珠江边的泥土上建租界工程难度很大而造成延误。最后还是由哈里·帕克斯报英国政府，英国政府于1859年5月31日以一份电报形式批准了选择沙面的方案[②]。

建设沙面租界的工程从清咸丰九年（1859年）下半年开始，先迁徙沙洲上的寮民，拆毁了城防炮台，然后用人工挖了一条宽40米、长1200米的小涌（即现在沙基涌），用花岗石砌筑起高出水面5～8英尺的堤岸，使沙面围合成为一个小岛，然后用河沙对岛内的泥地进行了平整，最终形成面积约334亩（55英亩），合22.26万平方米（即0.2226平方千米）的岛区。

随后又建东、西两桥连接“沙基路”（现六二三路），在沙面岛靠沙基涌岸边

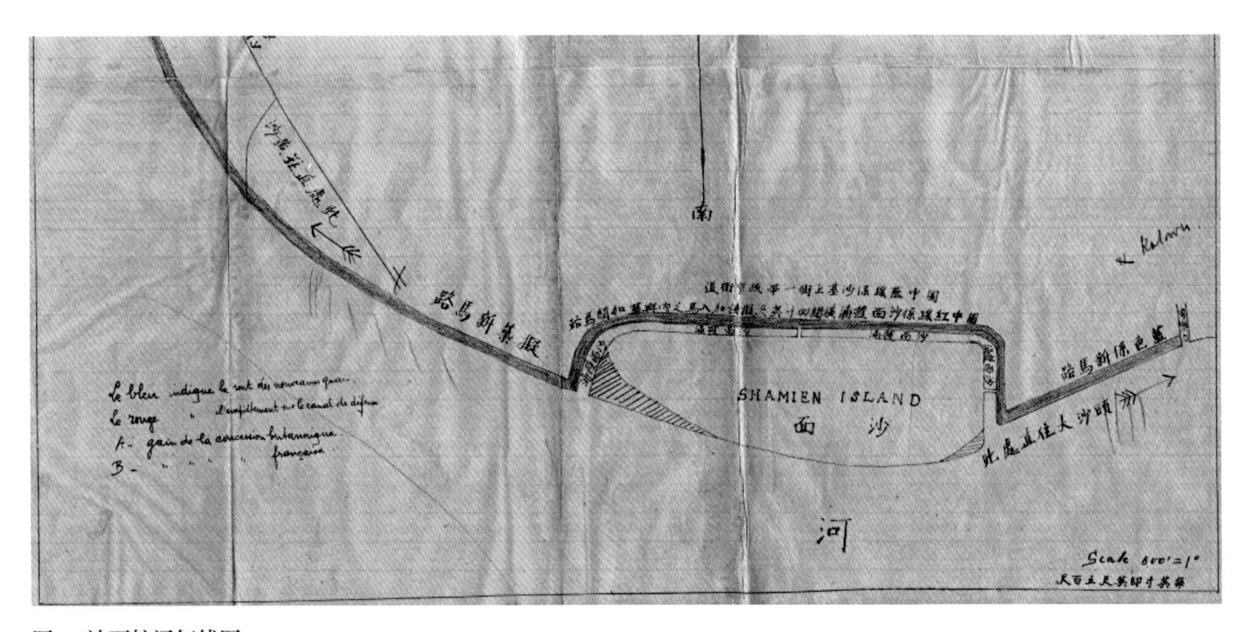

图2　沙面护涌红线图
（图片来源：法国外交部档案馆南特分馆藏图纸）

① 钟俊鸣. 沙面：近一个世纪的神秘面纱［M］. 广州：广东人民出版社，1999.
② 杨宏烈，陈伟昌. 广州十三行历史街区文化研究［M］. 北京：社会科学文献出版社，2017.

仅在东、西桥两侧附近各设1个小涉头，以利于英、法军队防守。沙面南面临江设一伸出珠江的条型码头，后来在其尽端建一避雨用的中式小亭，称“绿瓦亭”。整个工程历时两年。工程款原先预计280000美元，但整个工程耗资达到325000美元。

咸丰十一年七月（1861年9月）两广总督劳崇光与英国领事哈里·帕克斯签订了《沙面租约协定》。

英国以每亩1500钱向清政府租借沙面，每年由专人缴纳给广东当局，且规定“中国政府须放弃对该地之一切权力”，沙面从此正式开始了长达80多年的英法租界历史。很快领事馆、银行、邮局、住宅等一系列建筑拔地而起，至19世纪末沙面租界已经成为一个拥有各种公共设施的独立于广州城的地区。

3．荔湾明珠：滨江绿洲

广州解放初期，广州军事管制委员会军事接管沙面，曾一度作为特区建制。考虑到沙面特殊的政治、经济地位，1950年2月设立了沙面区人民政府来管理沙面，随着与新中国没有外交关系的外国领事馆的撤走和广州市行政区域的重新划分，6月，沙面区撤销，设沙面街办事处，直属市政府管辖。6月，原沙面公安分局改为广州市公安局直属分驻所。1951年归广州市太平区管辖，称沙面街办事处。1952年太平区合并入中区，沙面亦归中区管辖下的行政街，市公安局沙面分驻所亦改为沙面派出所。1960年4月，中区撤消，沙面转属荔湾区，并与清平街、岭南街等行政街同属清平人民公社。1961年8月撤销人民公社建制恢复街道办事

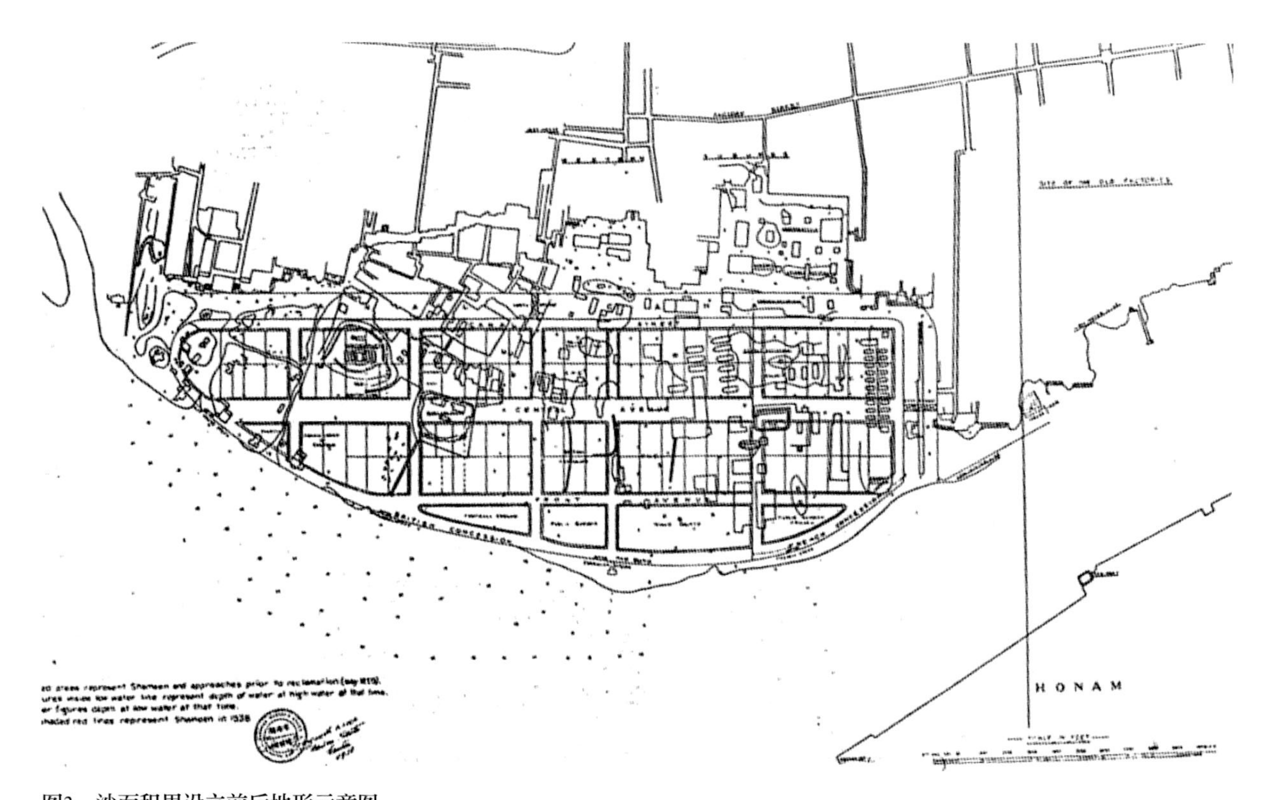

图3 沙面租界设立前后地形示意图

（图片来源：哈罗德·斯特普尔斯–史密斯. 沙面要事日记（1859—1938）[M]. 麦胜文，译. 广州：花城出版社，2020.）

处，仍属岭南街。同年10月沙面从岭南街分出，成立直属广州市人民委员会管理的市人委沙面办事处。50年代中期，随着与友好国家外交关系的建立，当时的苏联、波兰、越南等国的领事馆和办事机构设在沙面，沙面又成为广州市的外事区，并采取半封闭式的管理。东、西桥头有站岗，马路有民警巡逻，环境卫生有专业队伍管理，街上没有小贩摆卖，沙面按外事区严加维护和管理。1961年11月广州市人民委员会决定把沙面从岭南街分出，成立直属市人委管理的市人委沙面办事处，由当时分管城市建设的副市长林西兼任办事处主任，市人委颁布了《关于统一管理沙面地区的通告》，一些重大问题由省、市首长出面召开会议研究解决。办事处对沙面地区一切公房、公共建设物、园林绿化、市政建设、社会治安、交通秩序和环境卫生等实行统一领导、统一管理。为保持沙面宁静、优美的环境，广州市人委决定将沙面建成步行区，规定除警车、消防车、救护车外，小汽车及其他一切机动车辆均不得进入沙面地区行驶，为沙面地区服务的垃圾、煤灰、洒水车，要经沙面公安派出所批准，按规定时间行驶，时速不准超过10千米/小时。为配合沙面步行区的管理，在沙面的东桥外设置停车场，专门供岛内单位车辆停放，省、市首长、国际友人及外地参观代表团到沙面公干参观都在沙面东桥外停车，然后步行进入沙面。居住在沙面的居民进出沙面的自行车也要插上特制的小旗，推行进出沙面。沙面是广州市内第一个步行区。当时的沙面是羊城群众休闲、纳凉的好去处，漫步在沙面堤岸，一阵阵凉风吹来，到了晚上，白鹅潭畔靠堤岸一排排小艇上传来阵阵的“游船河呀”“艇仔粥呀”，还有那随风飘来的“咸水歌声”，仿佛一幅西关民俗风情画。“鹅潭夜月”更是当年羊城八景之一。

1970年9月，成立沙面街革命委员会，转为荔湾区管辖。1978年中共十一届三中全会之后，沙面迎来了改革开放的春天。全国第一家中外合资酒店企业白天鹅宾馆在沙面岛的西南边依白鹅潭拔地而起，沙面岛内原来只负责内部接待工作的沙面宾馆、广东胜利宾馆亦随之向社会开放。1984年9月13日，沙面地区管委会的第一次会议召开，会议决定将沙面地区的房屋、交通、市容环卫、市政设施、园林绿化等的维护管理工作移交沙面街道办事处统一管理。增设了房管科、绿化科、市政科，沙面街派出所成立了交通管理组，并组织开展了大规模的沙面地区环境整治和综合管理。在沙面大街绿化带建成了“翠坪晨雾”“欧式公园”“友好园”等绿化景观和园林；拆除一批违章建筑，实施了下水道、排污管道以及岛内路面等市政设施的全面修复和改造。这时期沙面的整治得到了驻岛内中央、省、市单位大力支持，沙面大街的“欧式公园”由广州海关无偿投资18万元人民币兴建而成，“友好园”是广东省对外友好协会通过发动美国、澳大利亚、日本、法国、意大利等十多个国家友好协会，共投资23万元人民币兴建而成的。而广州海运局、广州市医药局则将每年的绿化植树基金全部安排在沙面，保证沙面的绿化维护经费。广州海关还向沙面街道办事处无偿提供了大型洒水车辆，使沙面坚持了每天喷洒街道的制度，更优化了沙面的空气、环境质量。1985年广州市政府颁布了广州市首批古树名木209株，其中在沙面岛内就有102株；1995年市政府颁布了第二批古树名木，沙面又占56株，沙面是广州市古树最集中的地方。经过科学的规划和精心维护建设，如今沙面已成为一颗镶嵌在荔湾区的璀璨明珠。

4．沙面的规划与建设

（1）整体空间规划

在两广总督劳崇光与英领事签订开辟广州英租界的《沙面租约协定》后，广州法租界的界址也确定在沙面。英国与法国达成协议，由法国承担1/5的沙面岛填筑费用，英国划出1/5土地（约66亩）给法国开辟法租界。英国人对沙面租界进行了西方近代的城市规划：近似刀形的沙面岛采用主次道路纵横正交、环岛道路相连的道路系统。大小道路共8条：一条宽30米、东西走向的主道路（现沙面大街）贯穿全岛，南面还有一条东西走向的次道路（现沙面南街），另5条次道路（现沙面一、二、三、四、五街）南北走向，接通环岛道路（靠北的环岛道路现名沙面北街），于是沙面岛被分为12个区和4块公共用地。12个区内又划分若干地块，用于拍卖建房；4块公共用地用于建公园和运动场。

1861年9月3日沙面租界正式签订租约，翌日英国领事馆就将英租界划成82个地块，其中7块留下设领事馆、教堂、公共设施，其余75块按地段不同标价3550～9000美元不等，向所有驻穗外国人拍卖。共售出52个地块，获利24.8万美元，基本回收了填江造地的成本。其余未售出的地块，由英国政府控制，用以修建领事馆及教堂等设施。凡拍得英租界土地者，发给英国契证，使用年限为99年。

沙面租界的建设是按2000名常住人口规划的，法租界常住人口在300人左右，

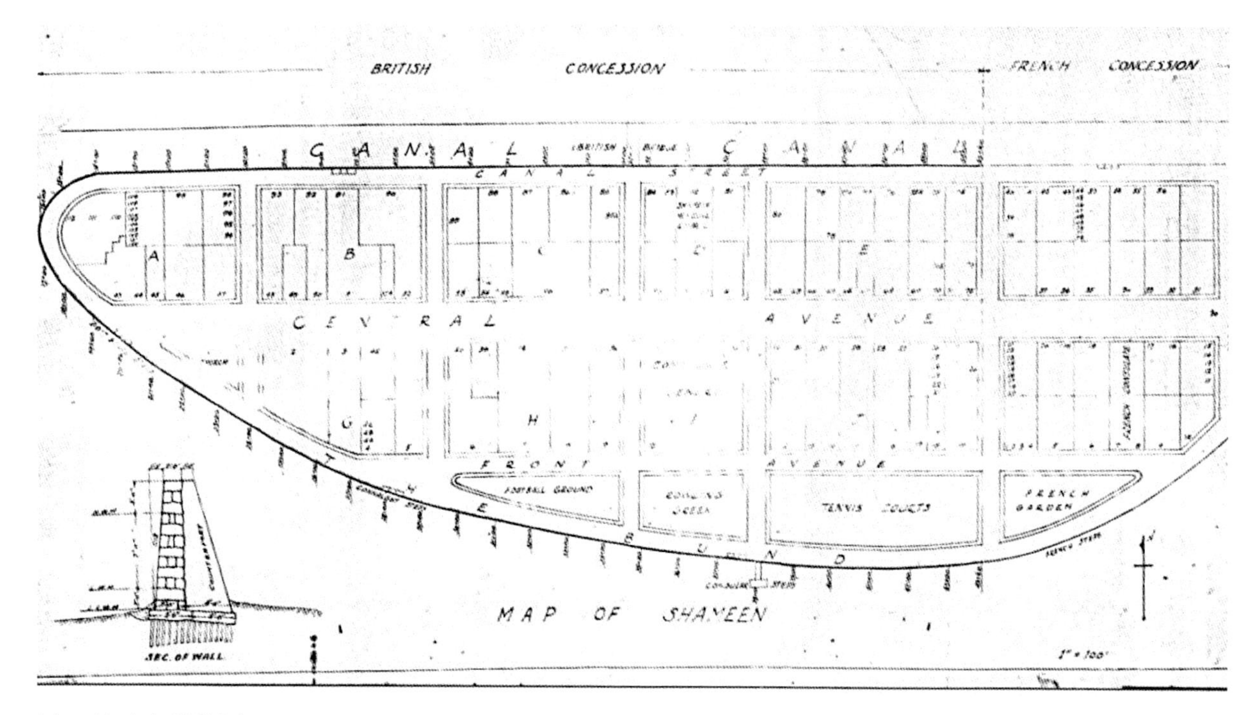

图4 沙面平面规划图
（图片来源：广东省档案馆藏）

英租界内的人口在1500人左右；1911年6月的人口普查，外国居民323人，中国居民1073人；1915年间，外国居民347人，中国居民1005人；1937年12月，外国居民有412人，中国居民1350人。

1864年4月16日，沙面英领事馆召开公共会议，组建广州公园基金，对沙面植树和环境美化问题进行管理。租界的市政管理早期是由两个机构共同负责的，“广州公园基金”负责绿化管理，而工部局负责租界内行政及其他市政设施的管理。1871年6月，沙面理事会从英租界的租者中选举产生，负责管理沙面的事务及在任何有利于改善沙面的行动中提供合作。1904年9月14日，沙面政务会指定A・H・贝利先生为政务会的第一任董事长。

随着租界建设的发展，政务会的议员认为没有必要对租界公共地方实行双重管理，于1881年1月27日召开会议，决定将“广州公园基金”的权力移交给政务会，由政务会统一管理租界内的绿化及公园。“广州公园基金”在2月7日完成移交工作后停止运作。沙面租界的市政公共建设和管理全部统一由工部局负责。工部局将租界内的税收及各种收费充作经费，进行各种道路修筑、绿化等，并雇请专人维护租界内的公共环境卫生。

（2）沙面租界的发展与组织

英租界分区拍卖后，各业主就开始了大兴土木，英国政府也抓紧兴建领事馆、基督教堂等工程。

1863年，怡和洋行在广州开设广州保险公司（即谏当保险公司），宝顺洋行也在广州开设广州联合保险社（即于仁洋行保安所）。

1864年，英国沙面基督教堂、牧师公馆相继完工，由广州教会协会（英国圣公会）代管。

1865年上半年，环沙面岛绿树带的种植基本完成。同年，英国领事馆入驻沙面（今沙面南街46号），随后美、葡、德、日等国在沙面设立广州领事馆。英国汇丰银行在广州沙面租界开设支行。英商创办的省港澳轮船公司在沙面租界设立办事处，提供各种大型轮船，来往于省港澳之间，后与美商琼记洋行、旗昌洋行在珠江下游的航运业合并，成为英美合资公司。

1866年，沙面基督教堂从本年起，指定英国总、副领事及香港维多利亚会督（主教）为该产业代管人；并每年选出旅穗英侨代表，与英领事、会督代表人组成3人小组代管委员会。

1868年5月15日，“前广州图书馆和阅览室协会”改名为“广州俱乐部”，它是沙面岛上最有特色的社交场所之一，也是英国在中国的租界中最早的俱乐部。

1870年，经过近10年的建设，沙面英租界的各种公共设施、楼堂馆舍已基本竣工。外国商行、银行等机构大都迁入沙面办公，其中英国13家、美国2家、德国2家、法国1家。1870年，英国传教士乔治・皮尔斯（George piercy）在沙面建造传教士公寓。

1872年，沙面租界以200英镑从英国购进第一台手动灭火器。1877年8月20

日，沙面草地网球场和槌球场（沙面草地网球俱乐部前身）对外开放。

1881年，太古洋行买办莫藻泉在沙面租界开办太古洋行广州分行。1883年，怡和轮船公司在沙面租界设立广州分公司，经营省港的运输业务，其势力仅次于太古轮船公司。

1887年，沙面英租界的外国人，利用沙面河滩兴建天然游泳场，作为健身休闲的场所。英国驻广州领事向沙面所有外商提议，共同组织一个广州俱乐部（Canton Club），内辖三个娱乐场所，包括球场、剧场、游泳场。

1888年5月5日，沙面租界第一家酒店——沙面酒店开业。

1892年4月21日，在广州城的广州电灯公司开始供电给沙面。1893年8月10日，一个乳牛饲养场在沙面英租界建成。1895年10月3日，沙面酒店停止营业。1895年11月7日，马达先生和汉默先生作为新的酒店-维多利亚酒店（原为沙面酒店）的承租人获得营业执照。这间广州唯一由英国人拥有的酒店由原承租人的长子法默先生负责管理。1901年10月24日，英国政府照会清政府，由于珠江溢泥，沙面附近土地增多，要求扩大租界界域。

1902年4月12日，A・S屈臣氏有限公司经营运作的蒸馏水和苏打水设备，为岛上居民提供服务。1904年8月，在沙面英租界建设一个新的排污系统。1904年，沙面政务会决定以电灯代替沙面大街小巷的油街灯。1905年12月，沙面美商旗昌洋行承办广州电灯发电厂工程。设厂址于长堤，发电机为546瓦。1905年，各国驻广州领事纷纷在沙面临江堤岸的空地上，犬牙交错地建起了多个网球场。1906年，电话设备开始在沙面租界使用。1907年，日资台湾银行在沙面设立广州支行。

1907年，沙面室内游泳场建成。这是广州市区第一个室内泳场，只向外国人开放。1908年，第一个化粪池获准安装在沙面，自始大多数建筑物都装有这种设施。1909年，美教士佛伦斯・德鲁在沙面设立海面传道会。1910年4月，位于沙面租界第52号地段的丝绸大楼被公开拍卖，并由英美烟草公司投得。1910年，沙面英法租界工务局建了一间小型水厂、水塔，供沙面租界自用，水塔容量为10万英加仑（454吨），采用珠江水，由英租界工部局向沙面各住户集资负责筹建。

1911年6月，沙面英租界进行了一次人口普查，查得有323个外国人和1073个中国人居住在英租界。1913年7月，法资中法实业银行在沙面开设广州支行。1913年8月1日，沙面岛自己独立的供水系统开始使用。1915年，沙面法租界当局兴建法国邮局，经营邮局各种业务。1916年4月，一个漂亮且实用的避雨亭——绿瓦亭在英租界的码头上建成，成为沙面岛上的一个特色景点。1920年，沙面香港汇丰银行大厦竣工开业，成为香港汇丰银行在广东的总部。1932年，沙面医院落成，医院由沙面政务会直接控制，由居民负责医药卫生监督。

（3）各时段风貌特征

沙面租界建筑群出现在近代岭南的意义，并非是一个融合、渐进的建筑文化传播载体，而是一个西方进行自我文化的线性展示的平台[1]。由于租界具有独立的管辖权，因此其建筑风格完全由西方建筑师控制。沙面集中建有各国的领事馆、银行、洋行、教堂、学校等各种功能的建筑，呈现亚洲殖民地风格、古典复兴、哥特式、浪漫主义、折衷主义等多种风格，可以说是西方建筑技术与艺术在广州展示的集中地。

总体而言，可以将沙面建筑的风格演变总结为三个阶段。根据汤国华教授在《广州沙面近代建筑群：艺术・技术・保护》中的研究，他将沙面近代建筑的风格概括为：早期的英法亚洲殖民地风格（租界形成至19世纪末）、中期的欧洲流行仿古折衷主义风格（19世纪末至20世纪初），以及中后期的现代主义风格（20世纪30年代以后）。彭长歆教授在《现代性・地方性——岭南城市与建筑的近代转型》中提出，在19世纪相当长的一段时间里，岭南西洋建筑处于外廊式向西方古典主义过渡的历程[2]。沙面建筑群漫长的建设历程恰恰反映了西洋建筑样式与现代建造技术的传入过程。

沙面早期建筑建设于租界形成至19世纪末的时间段，建筑风格以与香港相仿的殖民地风格为主。由于早期在中国难以获取诸如钢筋、水泥、玻璃等现代建筑材料，加上建造技术尚未跟上等现实因素的限制。自开建以来至19世纪末期的早期沙面建筑建造基本上是以小体量呈现的。

19世纪末至20世纪初的时间范围则可以看作是沙面建造活动的中期。经过欧洲工艺美术运动等一系列思潮之后的文化传播，沙面建筑的中期风格表现为当时西方所流行的仿古折衷主义。这一阶段，西方的建筑技术与建筑材料都有了较大的发展。1872年，世界第一座钢筋混凝土结构的建筑在美国纽约落成，钢筋混凝土结构开始在20世纪被广泛使用。随着1886年香港青洲英坭厂的设立、1907年广东士敏土厂的设立，中期建筑采用新兴的钢筋混凝土技术，建筑形体更高大、风格更多样；立面用“水刷石”仿石石材装饰，细节更丰富。另外，电扇等电器设备的引入使建筑不再需要完全依靠外廊形式进行微气候调节，立面形式更为灵活多样。

另外，早期建筑与中期建筑的设计主体也有所不同。早期外廊式建筑多是在英法帝国殖民政府实力较强的背景下、由英法殖民地军事工程师主导设计，建筑形象统一干练；中期则受到自由贸易的风潮，由更多独立西方建筑师参与设计。

在中期繁忙的建筑活动之后，沙面后期建筑的建设是在日军侵华、广州沦陷始至中国政府收回沙面主权的历史背景下进行的。我们可以在这一时期建成的建筑上看出当时国际上逐渐盛行的现代主义风格的痕迹。到了20世纪30年代，由于战争对往来贸易的不利影响，以及英法国家实力衰落的客观现实，沙面建筑的发

---

① 邵松，孙明华．岭南近现代建筑（1949年以前）［M］．广州：华南理工大学出版社，2013.

② 彭长歆．现代性・地方性——岭南城市与建筑的近代转型［M］．上海：同济大学出版社，2012.

展几近停顿，且质量也大不如前[①]。及至民国政府收回沙面主权，开始推崇中国固有式建筑风格，沙面的西洋风格便彻底消寂了。

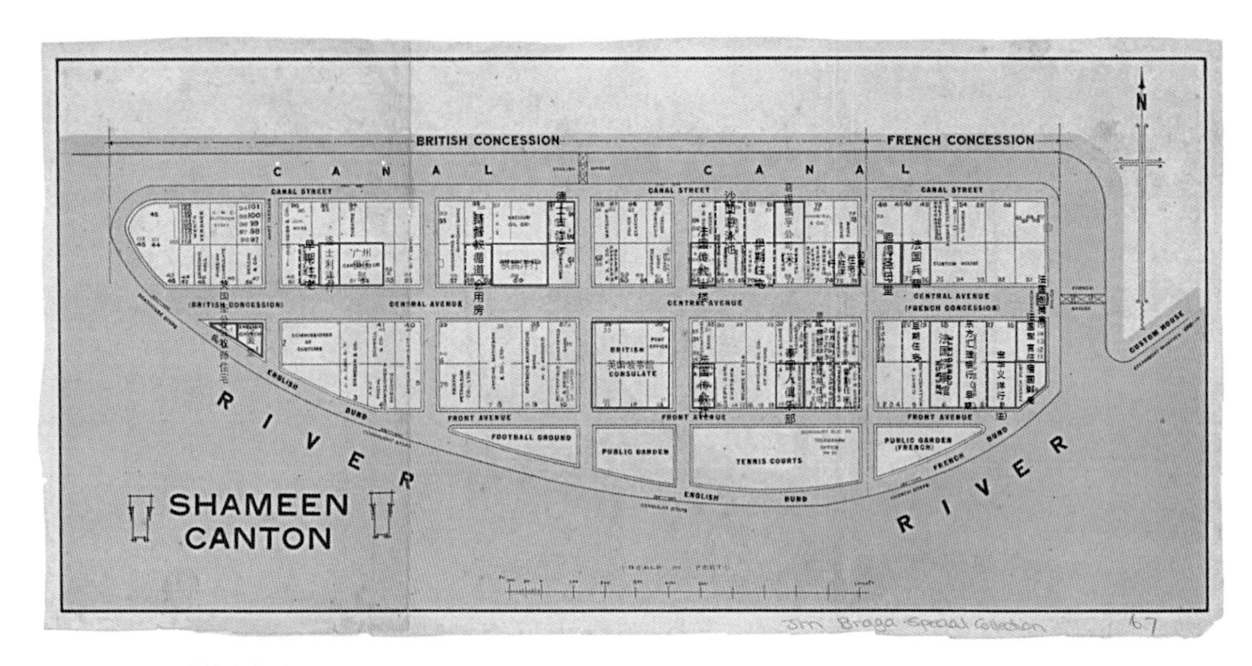

图5　沙面早期建筑分布图

（图片来源：底图为20世纪20年代沙面平面图）

① 汤国华. 广州沙面近代建筑群：艺术·技术·保护［M］. 广州：华南理工大学出版社，2004.

附录三 保养维护与装修效果

图1 日景

图2 夜景

图3　南立面

图4　西立面

图5 主入口

图6 首层庭院与外廊

图7　门厅实景图

图8 门厅实景图

图9 展厅实景图

图10　内廊实景图

图11　楼梯实景图

图12 展厅实景图

图13 首层创意工坊实景图

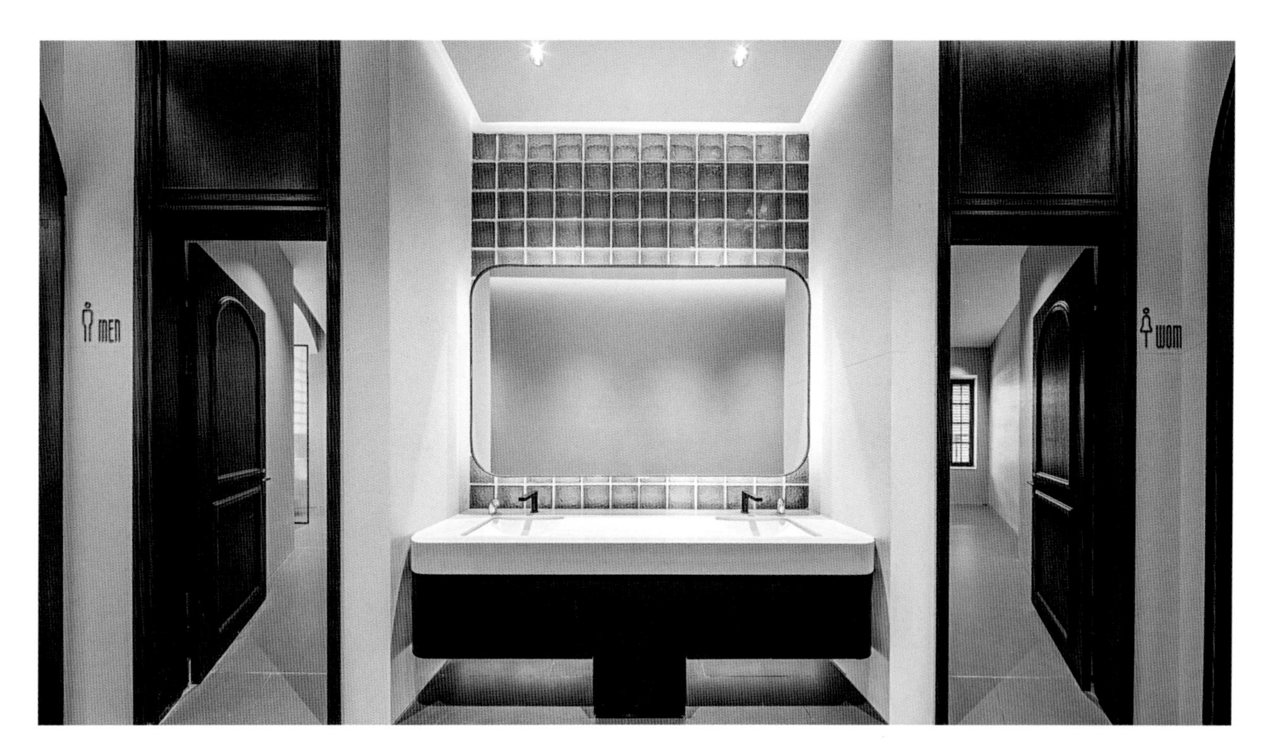

图14　卫生间实景图

图15　北内廊实景图

图16　咖啡厅实景图

图17　咖啡厅实景图

图18　壁炉实景图

图19　二层外廊

图20　二层外廊对景

图21　北内廊实景图

图22　大会议室实景图

图23　大会议室实景图

图24 接待室实景图

图25 接待室实景图

图26　茶室实景图

图27　茶室实景图

图28　茶室实景图

图29　二层创意工坊实景图

图30　二层创意工坊实景图

图31 三层露台

图32 三层实景图

图33 灯具细节实景图

附录四　技术图纸

1. 保养维护图纸

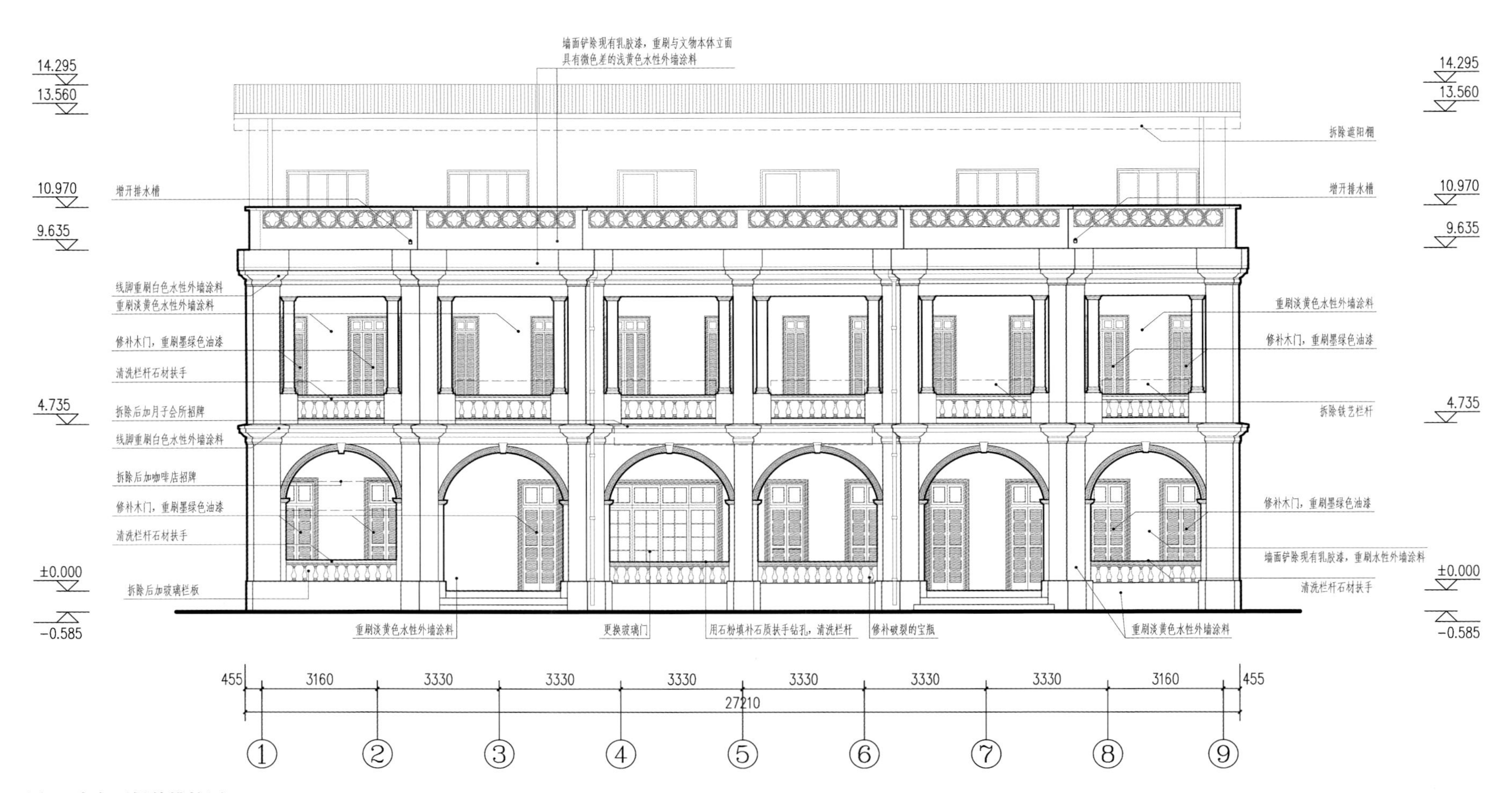

图1　南立面保养维护图

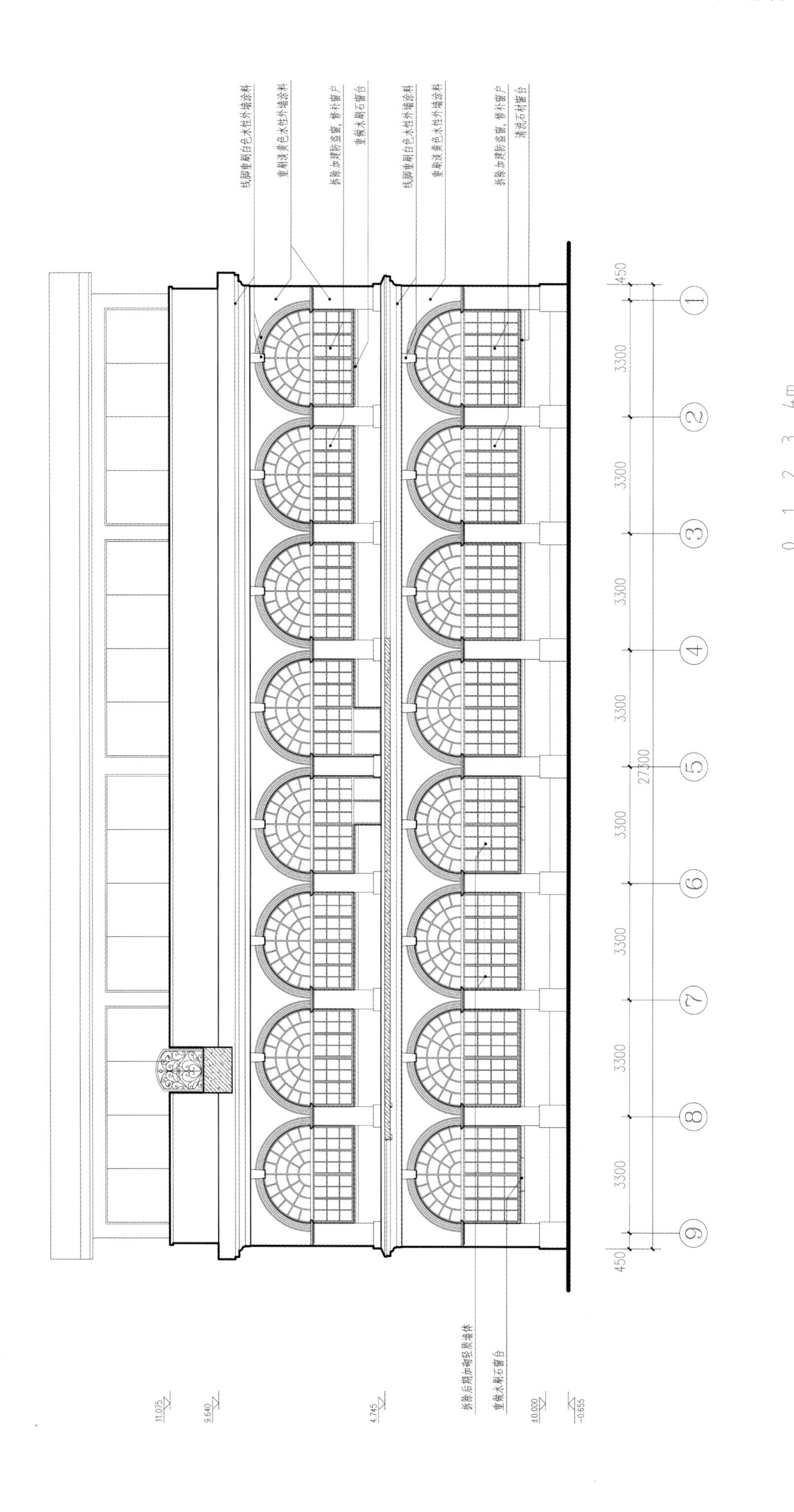
线脚重刷白色水性外墙涂料
重刷淡黄色水性外墙涂料
拆除加建防盗窗，修补窗户
重做水刷石窗台
线脚重刷白色水性外墙涂料
重刷淡黄色水性外墙涂料
拆除加建防盗窗，修补窗户
清洗石材窗台
拆除后期加砌轻质墙体
重做水刷石窗台
11.075
9.640
4.745
±0.000
-0.655
450
3300
27300
0 1 2 3 4m

图2 北立面保养维护图

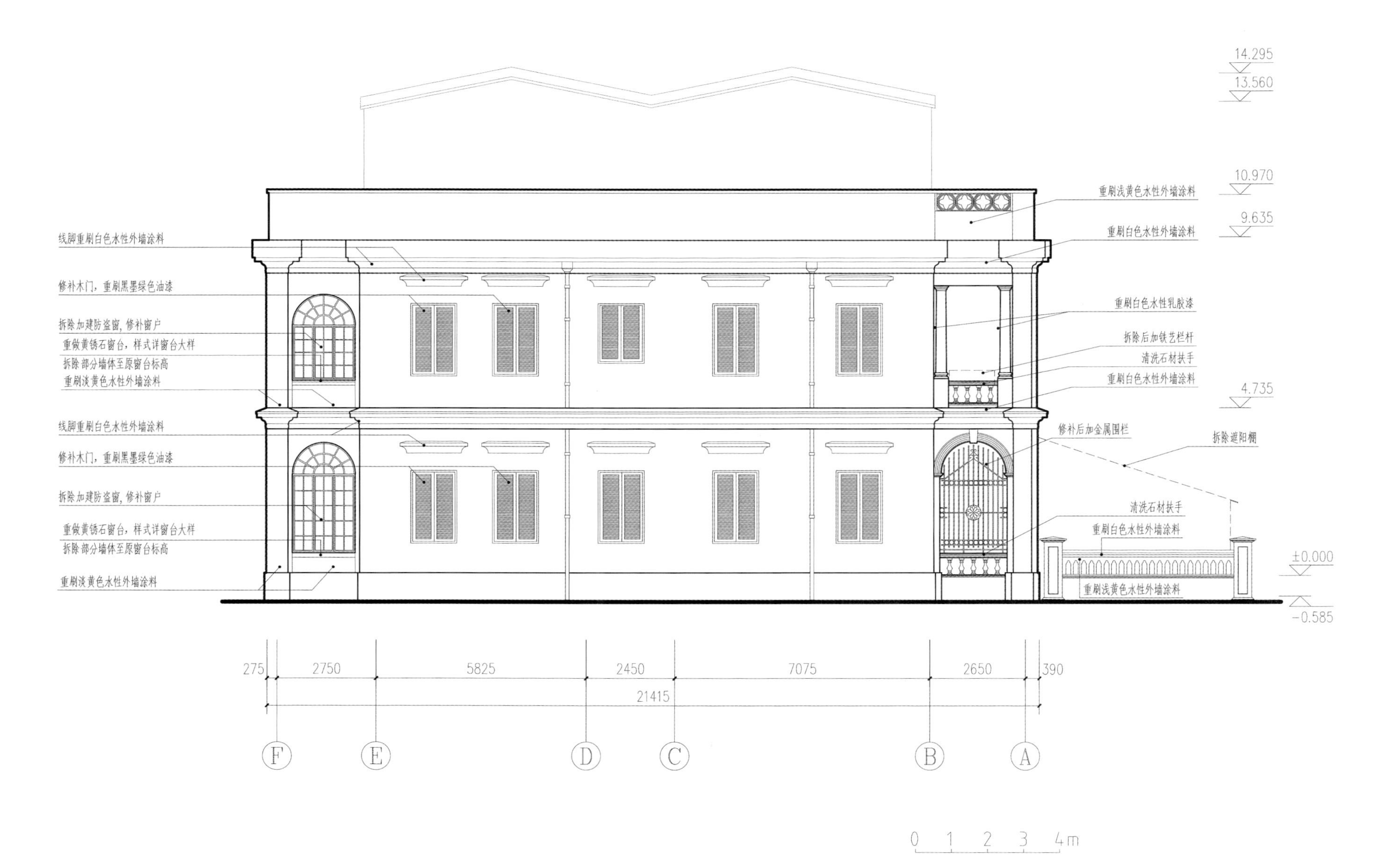
14.295
13.560
10.970
9.635
4.735
±0.000
-0.585
线脚重刷白色水性外墙涂料
修补木门，重刷黑墨绿色油漆
拆除加建防盗窗，修补窗户
重做黄锈石窗台，样式详窗台大样
拆除部分墙体至原窗台标高
重刷淡黄色水性外墙涂料
线脚重刷白色水性外墙涂料
修补木门，重刷黑墨绿色油漆
拆除加建防盗窗，修补窗户
重做黄锈石窗台，样式详窗台大样
拆除部分墙体至原窗台标高
重刷淡黄色水性外墙涂料
重刷浅黄色水性外墙涂料
重刷白色水性外墙涂料
重刷白色水性乳胶漆
拆除后加铁艺栏杆
清洗石材扶手
重刷白色水性外墙涂料
修补后加金属围栏
拆除遮阳棚
清洗石材扶手
重刷白色水性外墙涂料
重刷浅黄色水性外墙涂料
275
2750
5825
2450
7075
2650
390
21415
F
E
D
C
B
A
0 1 2 3 4m

图3　西立面保养维护图

2. 装修图纸

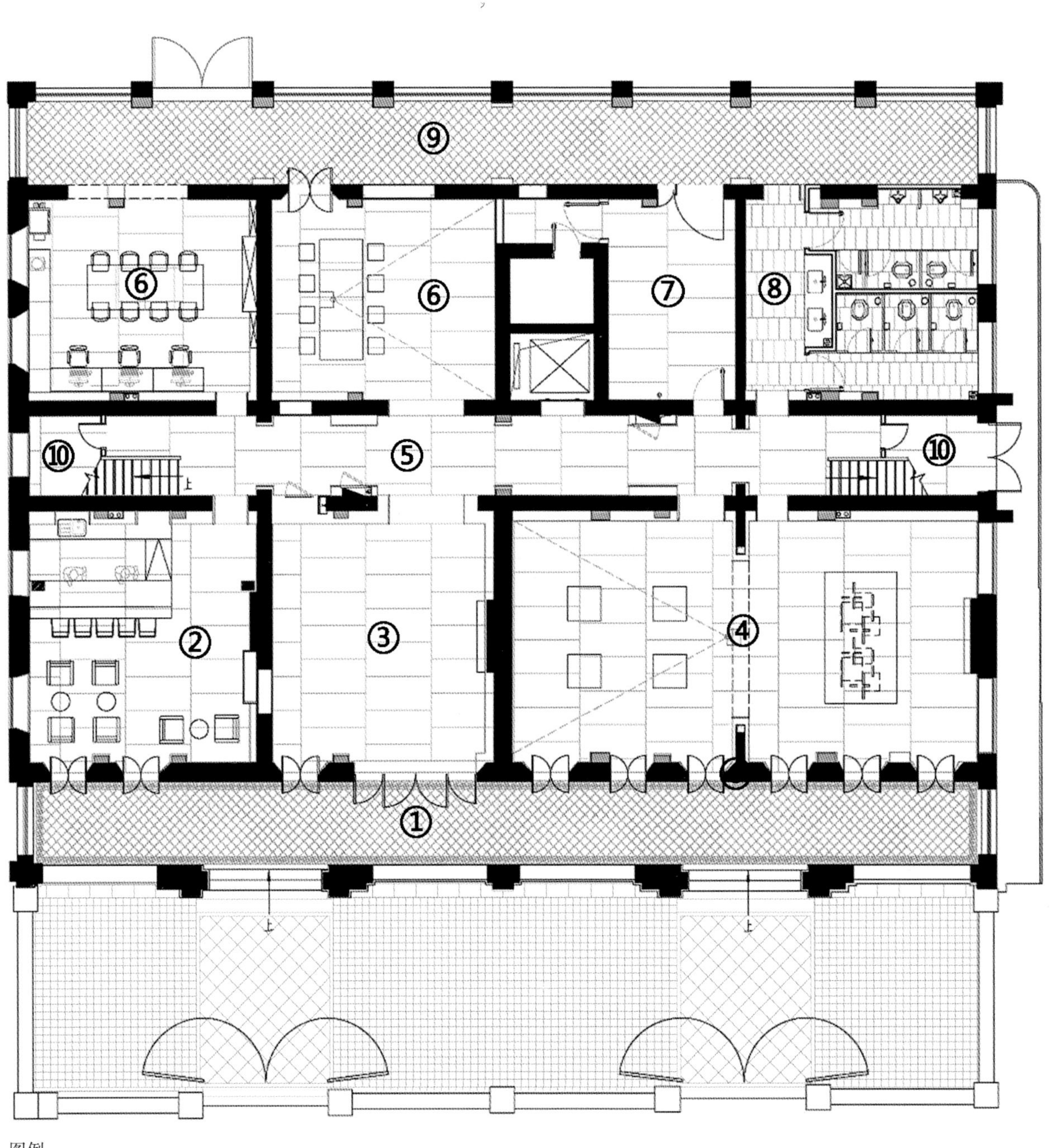

图例：

①南外廊　②咖啡厅　③门厅　④展厅　⑤内廊

⑥创意工坊　⑦储藏室　⑧卫生间　⑨北内廊　⑩配电室

图4　首层平面图

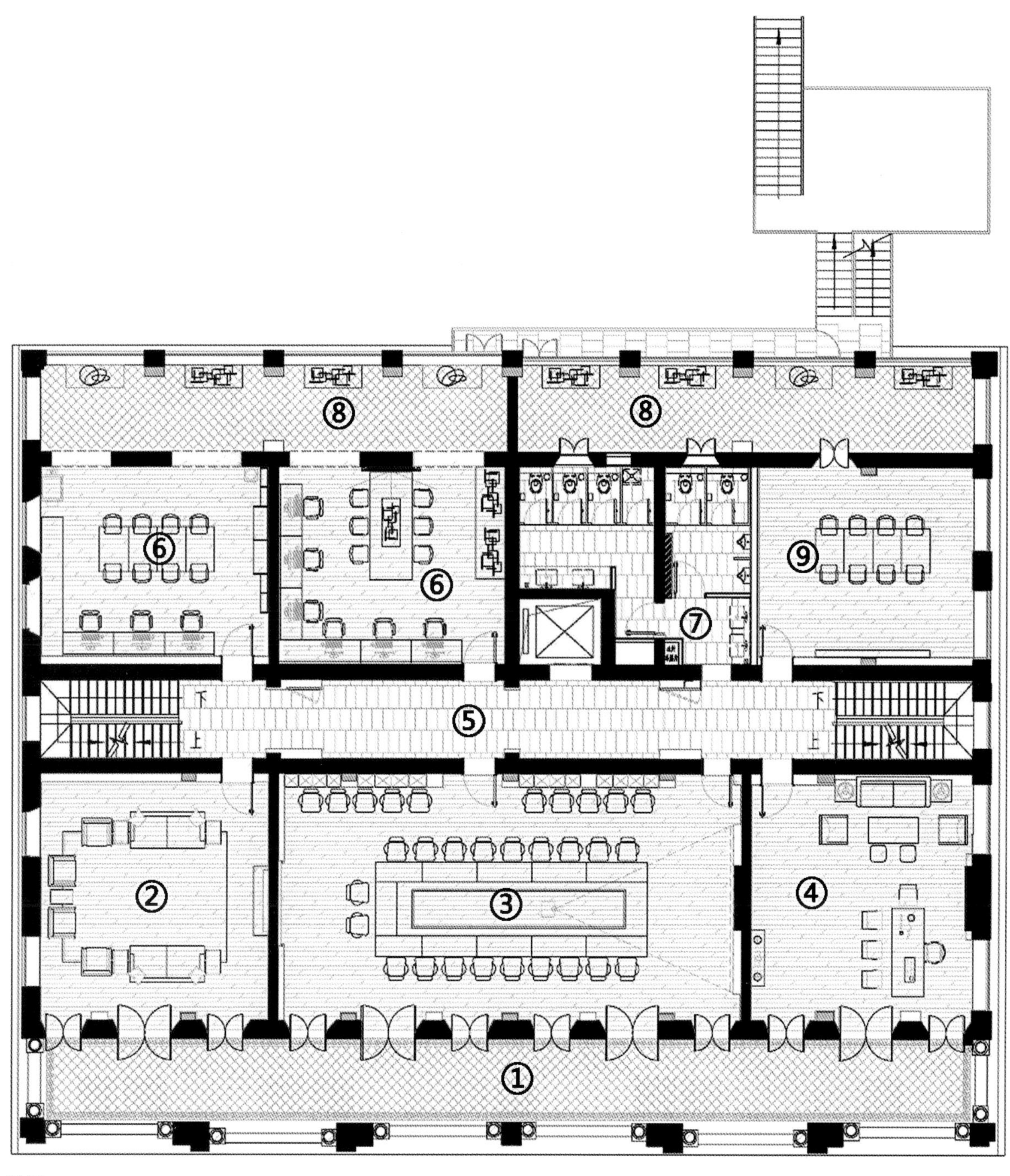

图例：
①南外廊　②接待室　③大会议室　④茶室　⑤内廊
⑥创意工坊　⑦卫生间　⑧北内廊　⑨独立办公室

图5　二层平面图

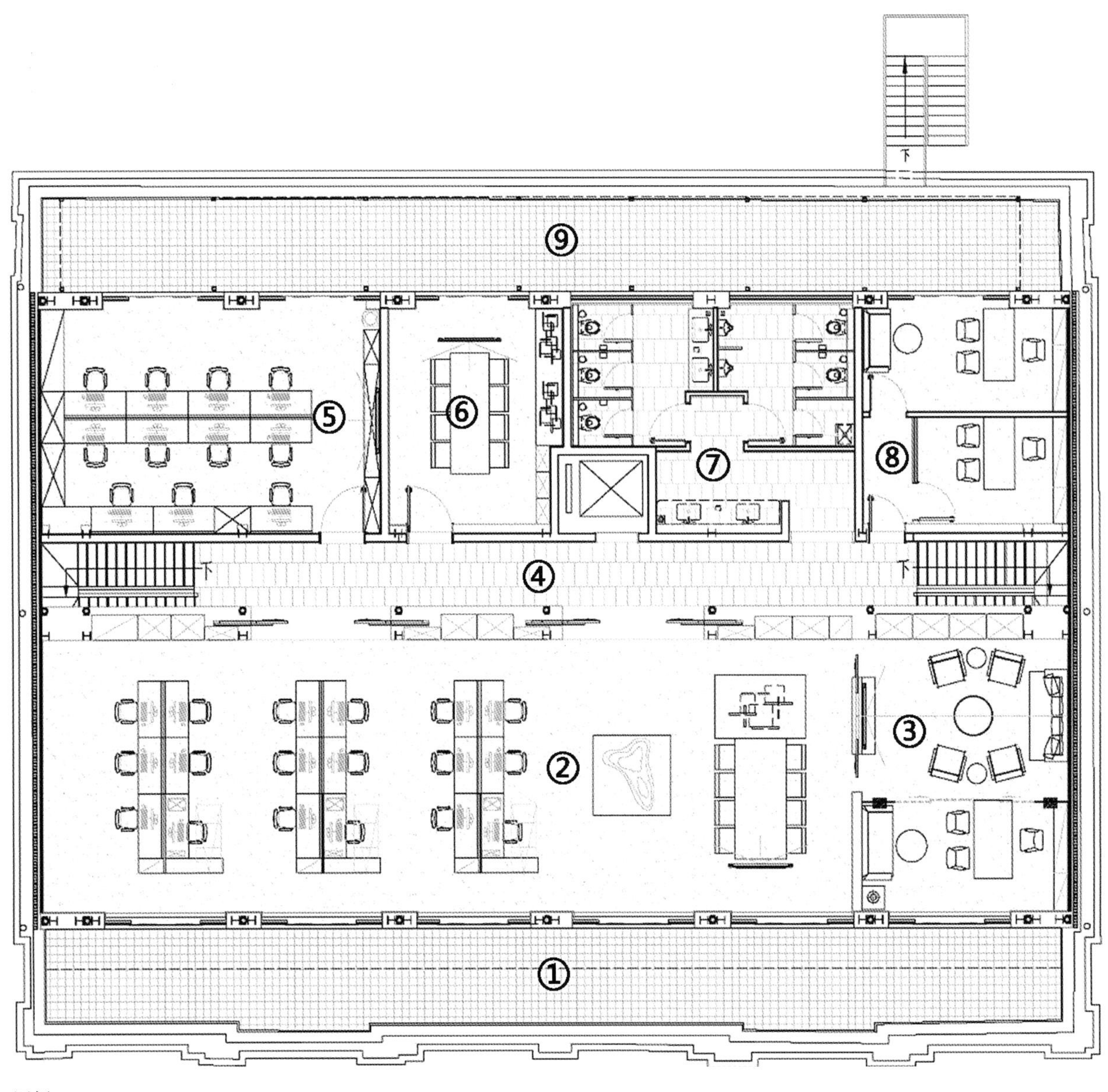

图例：
①南露台 ②大办公区 ③接待室 ④内廊 ⑤小办公区
⑥小会议室 ⑦卫生间 ⑧独立办公室 ⑨北露台

图6 三层平面图

附录五　2001年建筑测绘图

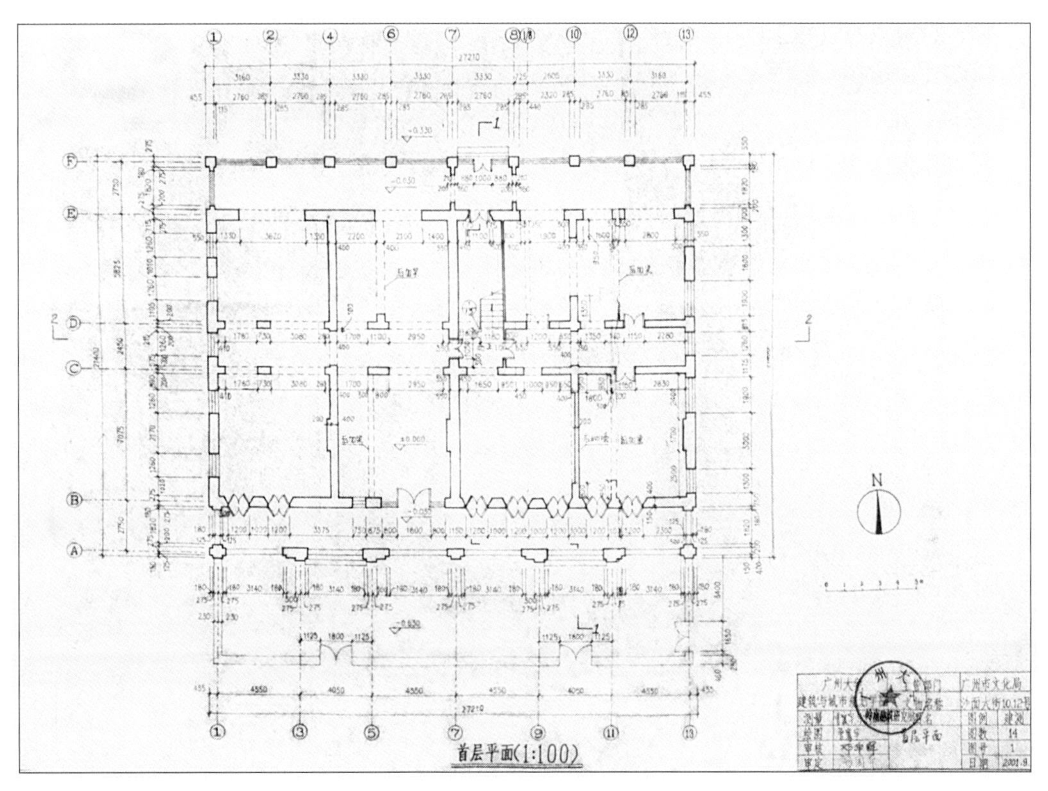

图1　首层平面图

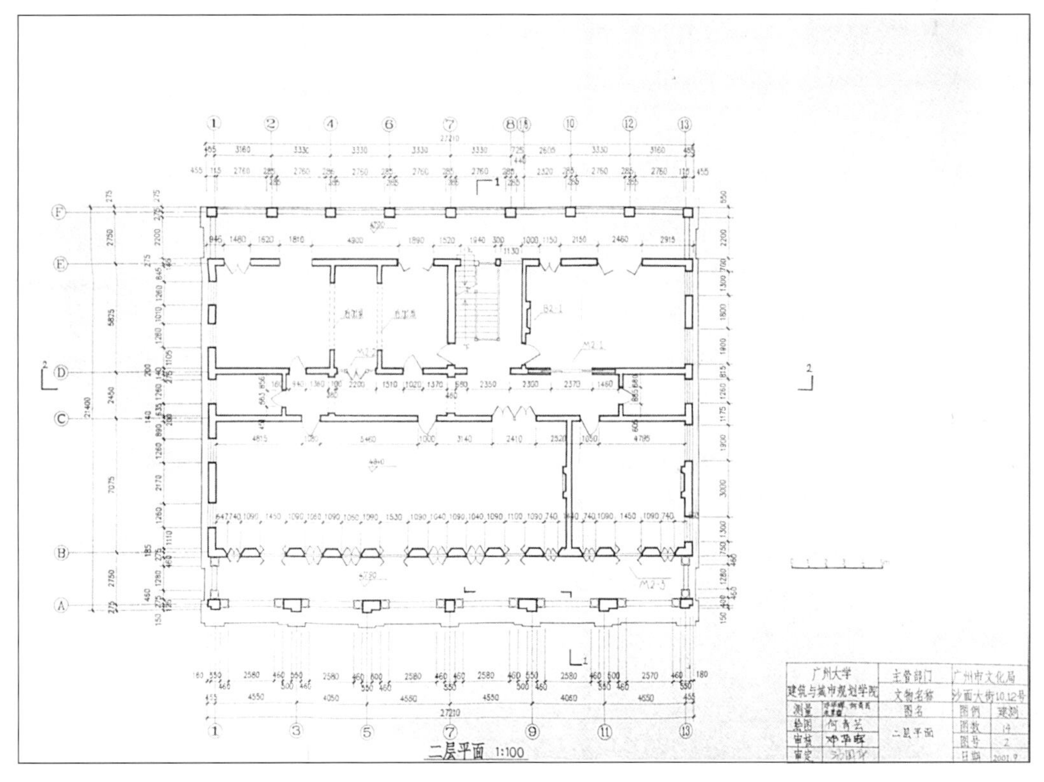

图2　二层平面图

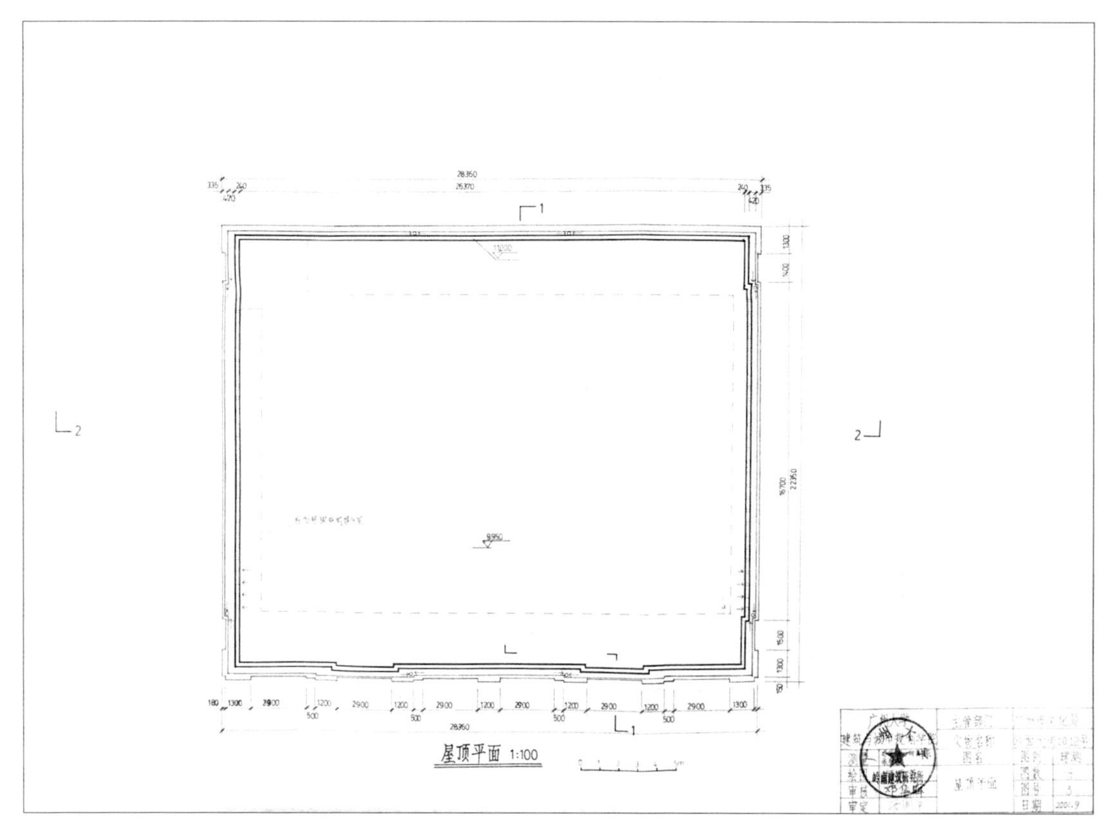

图3 屋顶平面图

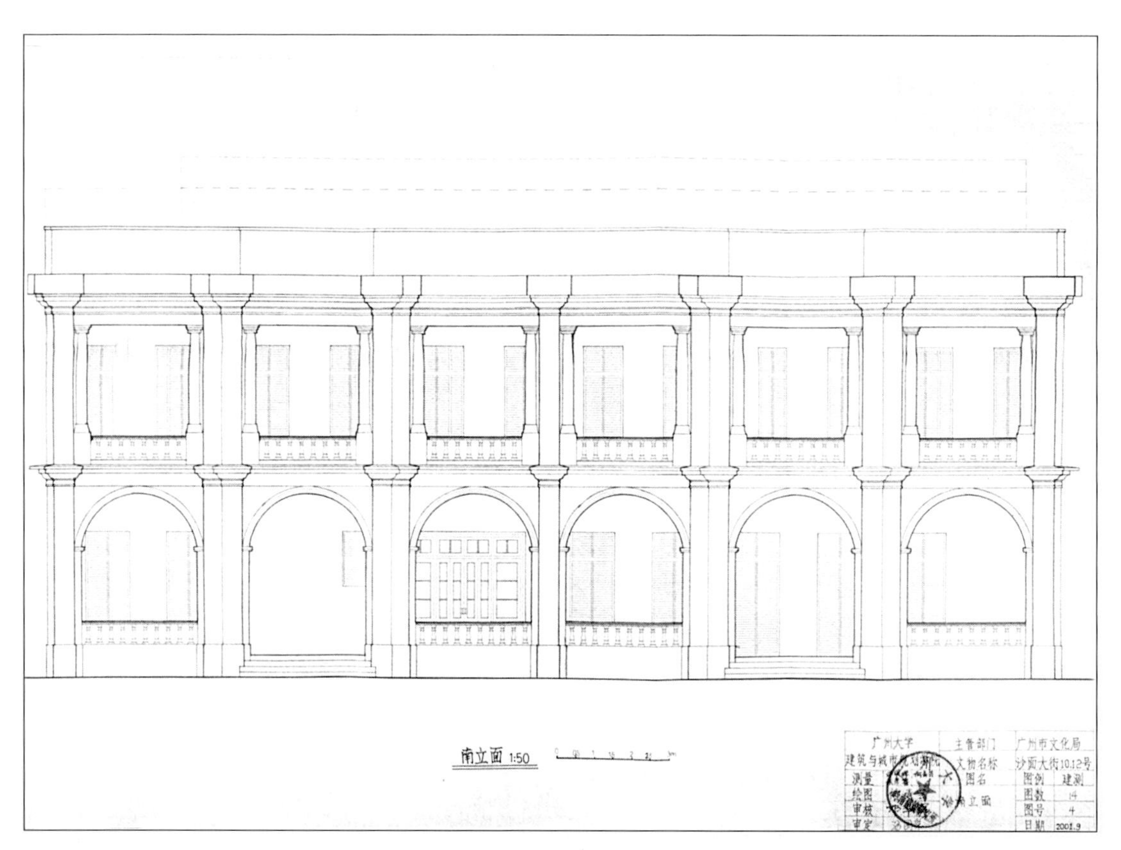

图4 南立面图

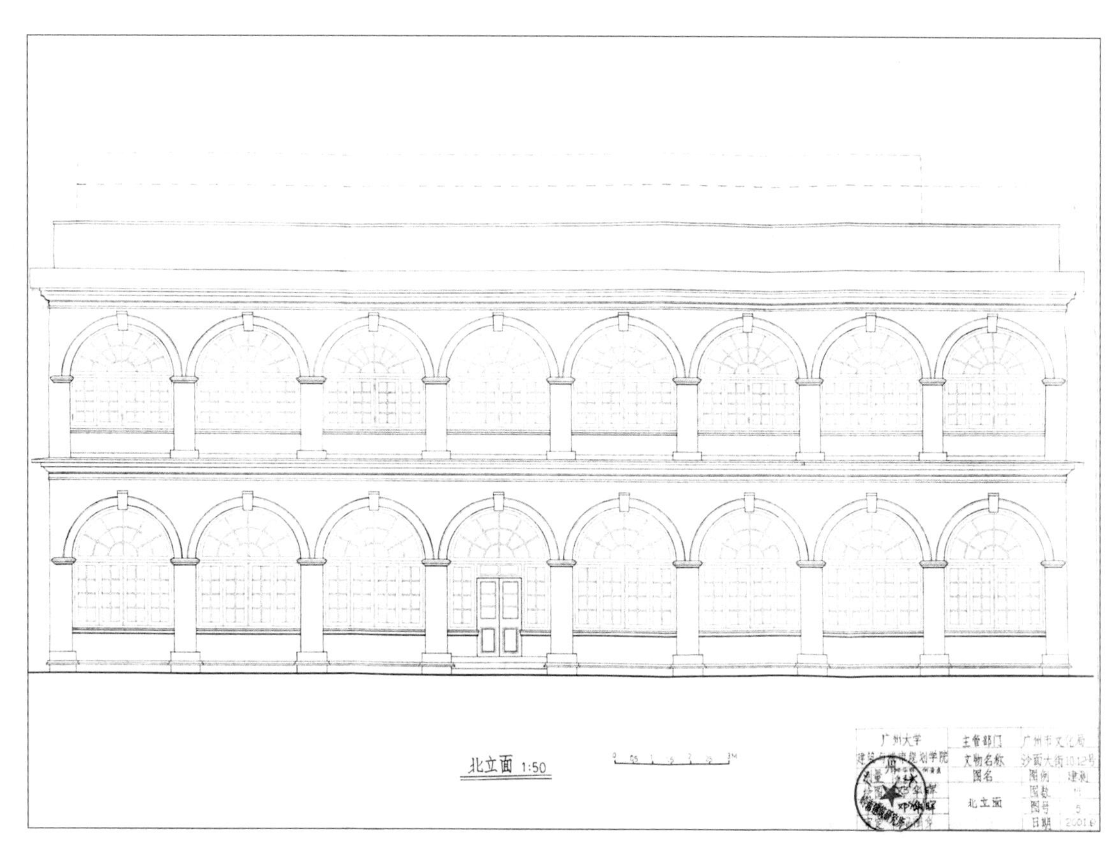

图5　北立面图

图6　西立面图

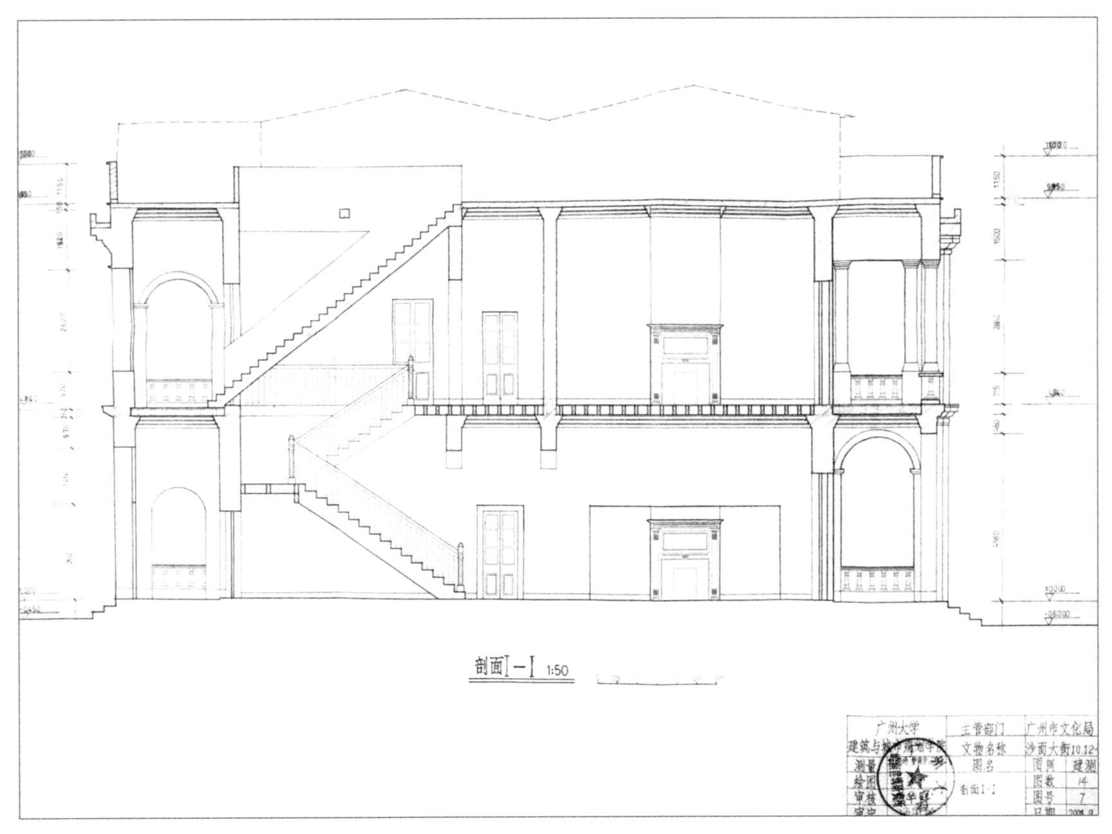

图7 1-1剖面图

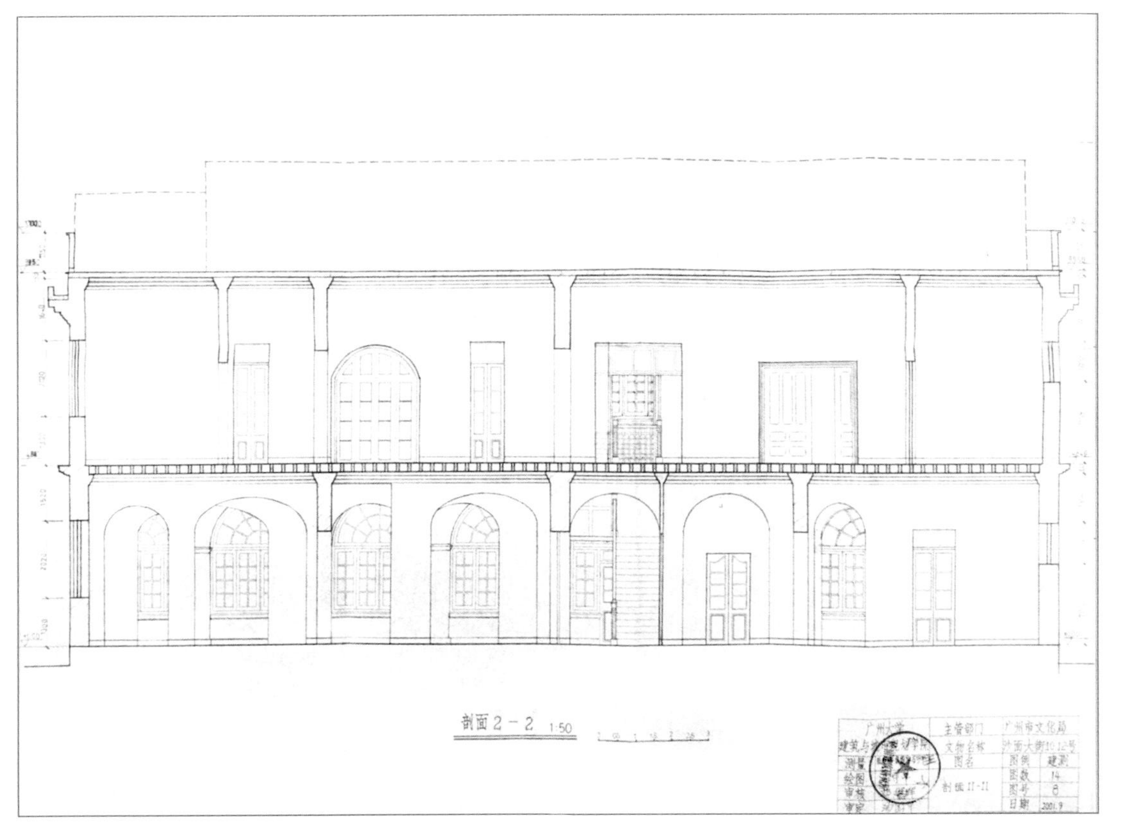

图8 2-2剖面图

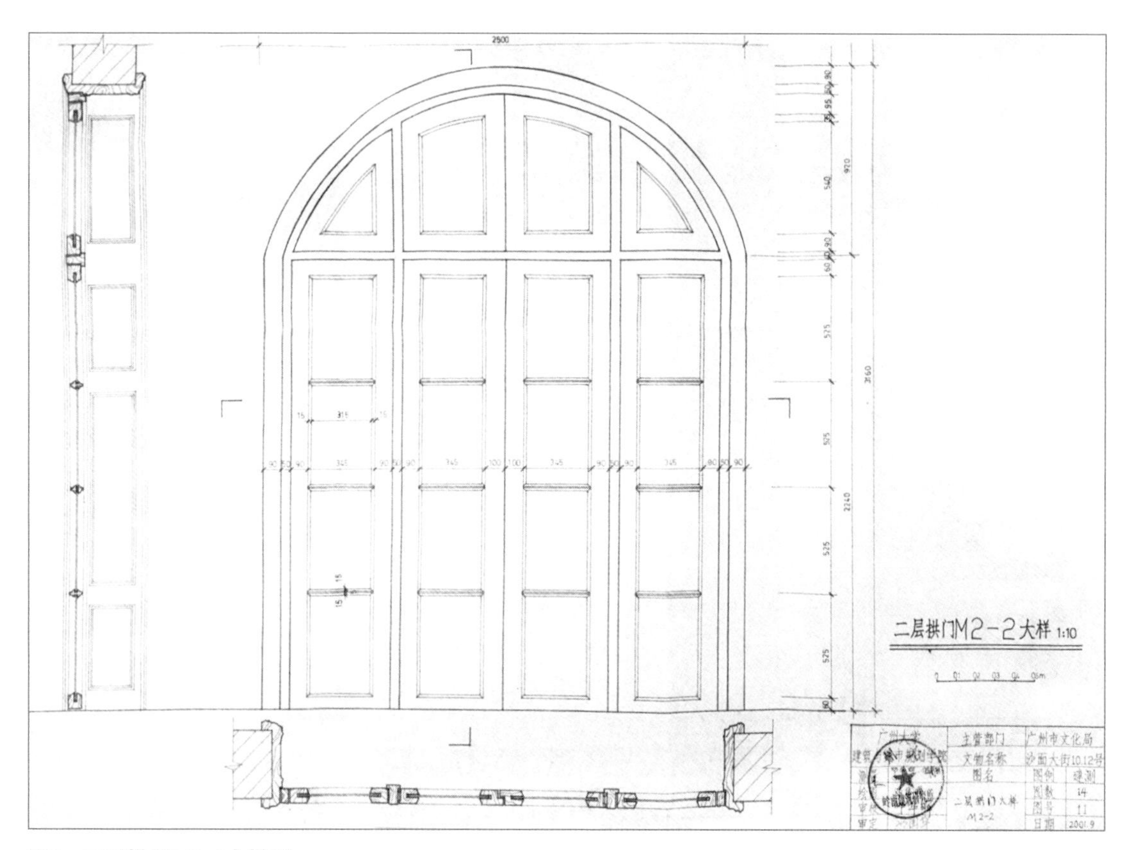

图9　二层拱门M2-2大样图

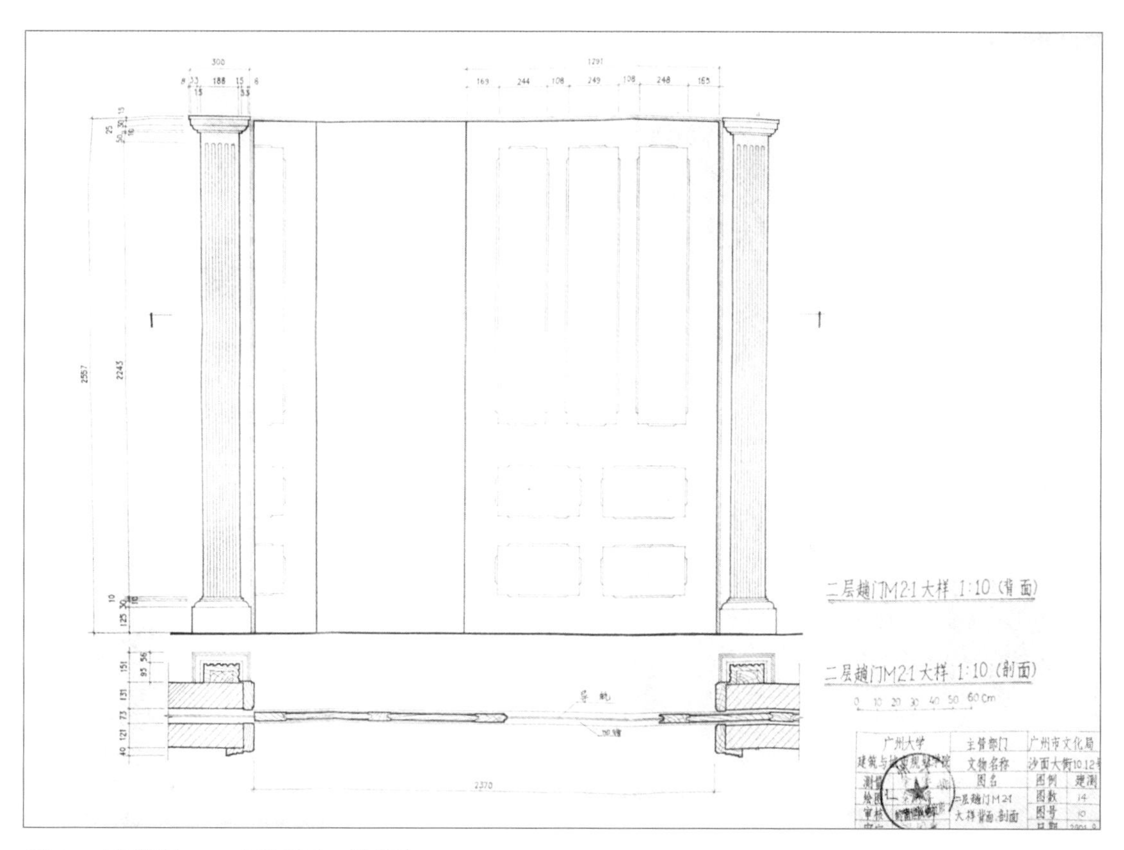

图10　二层趟门M2-1大样背面、剖面图

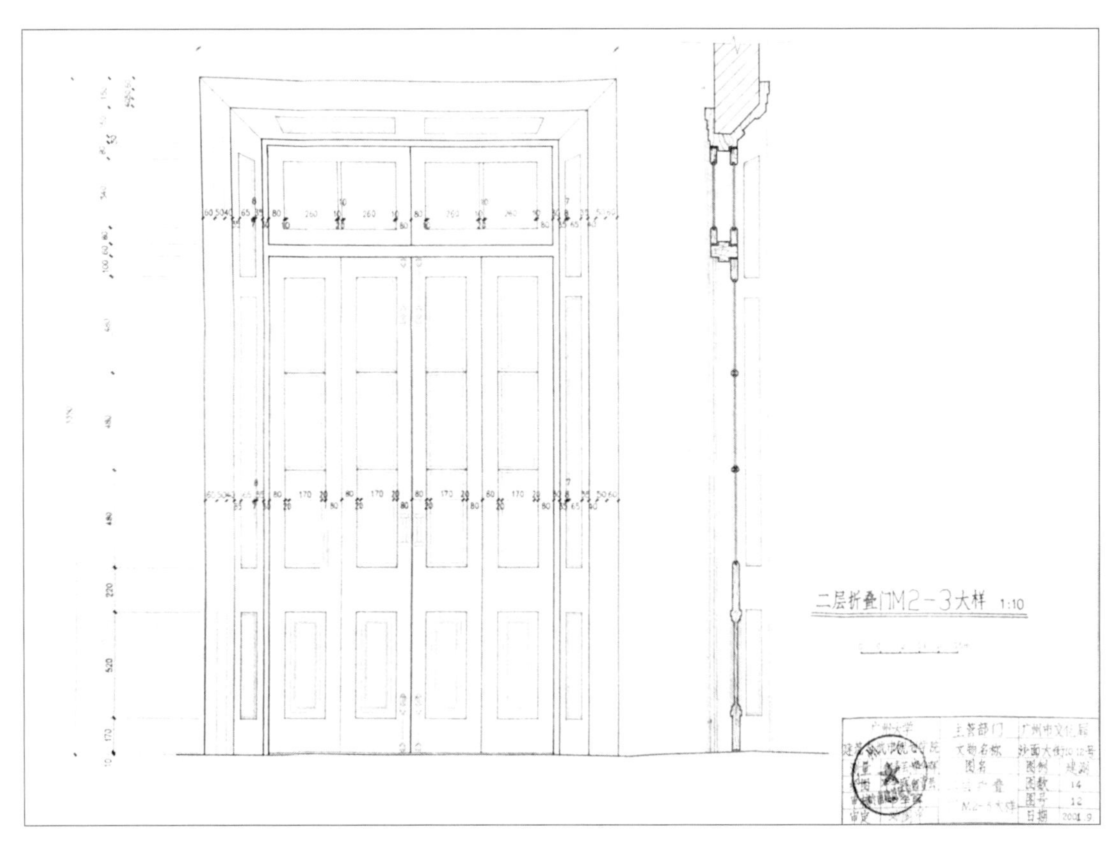

图11 二层折叠门M2-3大样图

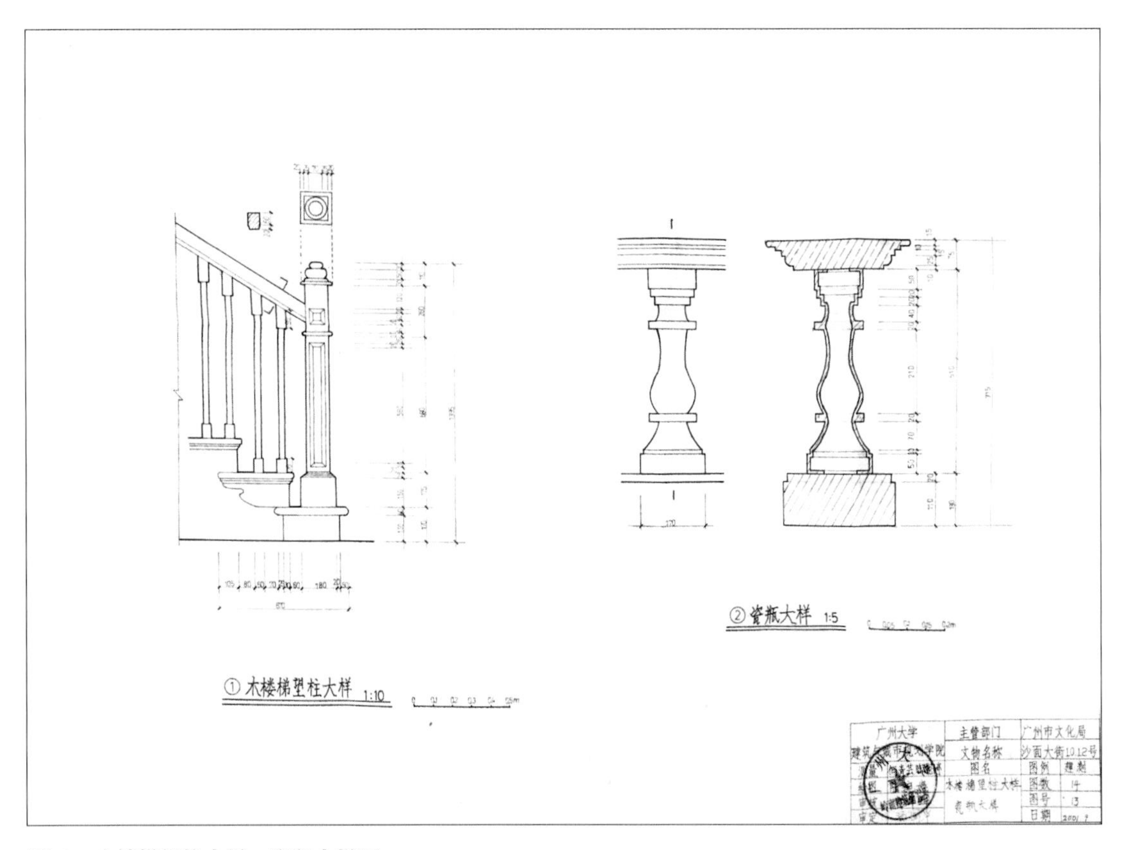

图12 木楼梯望柱大样、瓷瓶大样图

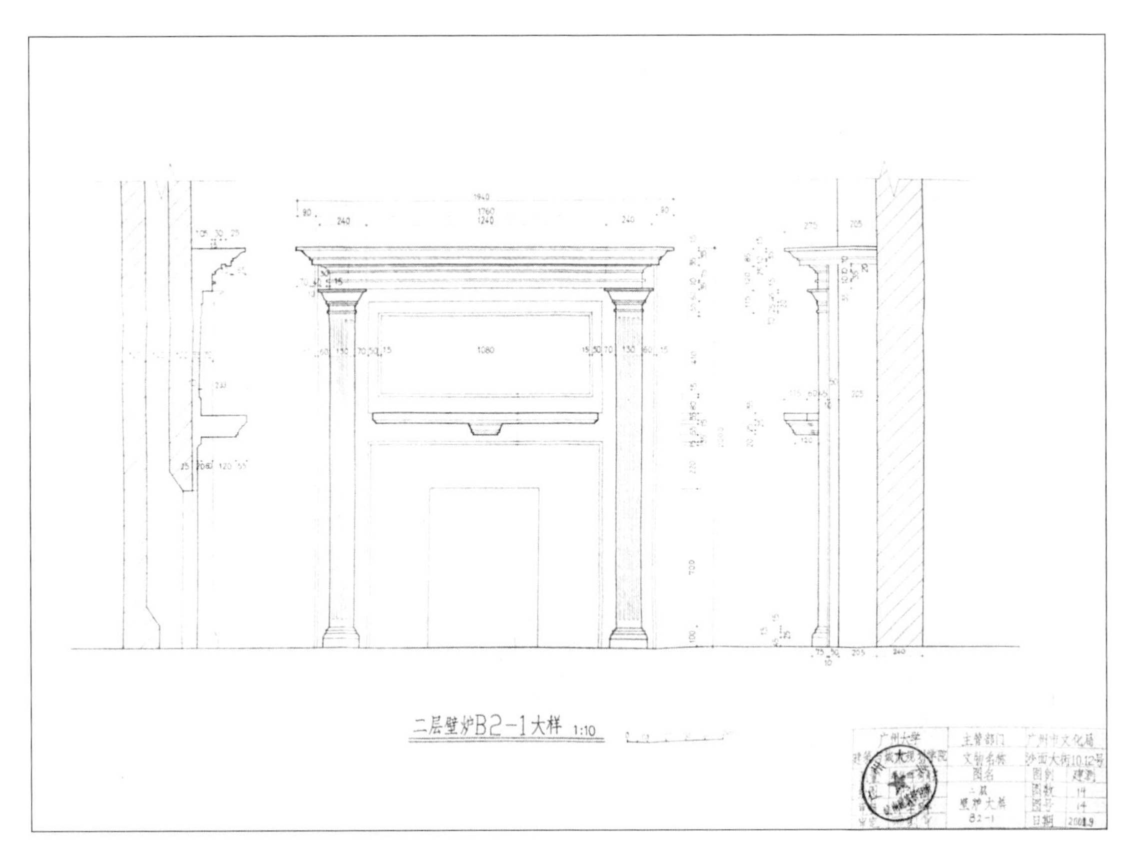

图13　二层壁炉B2-1大样图

参考文献

档案

［1］ Ministère de l'Europe et des Affaires étrangères. Concession française de Canton. 1861–1883法国外交部．广州法国租界档案．1861–1883［DB/OL］https://archivesdiplomatiques.diplomatie.gouv.fr/ark:/14366/d5fv7qmxrlb4

［2］ Ministère de l'Europe et des Affaires étrangères. Concession française de Canton. 1900–1906法国外交部．广州法国租界档案．1900–1906［DB/OL］https://archivesdiplomatiques.diplomatie.gouv.fr/ark:/14366/ltxh4znpcs8b

［3］ Ricci Institute for Chinese–Western Cultural History（波士顿大学利玛窦中西文化历史研究所）．广州档案文件夹F6.7第030条［DB/OL] https://web.bc.edu/ricci/indexAuthor.php?id=10414

［4］ Ricci Institute for Chinese–Western Cultural History（波士顿大学利玛窦中西文化历史研究所）．广州档案文件夹F2.1第027条［DB/OL] https://web.bc.edu/ricci/indexSubject.php?id=6127

［5］ Auguste Gérard. Ma Mission En Chine（1893–1897）［M］. Paris: Plon–Nourrit et cie, 1918

［6］ Ricci Institute for Chinese–Western Cultural History（波士顿大学利玛窦中西文化历史研究所）．广州档案文件夹F6.06第001条［DB/OL] https://web.bc.edu/ricci/indexSubject.php?id=6127

［7］ Ricci Institute for Chinese–Western Cultural History（波士顿大学利玛窦中西文化历史研究所）．广州档案文件夹F6.5第029条［DB/OL] https://web.bc.edu/ricci/indexSubject.php?id=6127

［8］ Ricci Institute for Chinese–Western Cultural History（波士顿大学利玛窦中西文化历史研究所）．广州档案文件夹F2.9：1第018条［DB/OL] https://web.bc.edu/ricci/indexAuthor.php?id=10414

［9］ Archives diplomatiques – Centre de Nantes. ETAT DES RECETTES POUR LES IMPOTS LOCATIF ET FONCIER ANNEE 1938．法国外交档案馆–南特中心．1938年租金和财产税收入表［A］.

［10］沙面街道办事处．沙面大街10、12号租赁档案［A］.

书籍

［1］钟俊鸣. 沙面：近一个世纪的神秘面纱［M］. 广州：广东人民出版社，1999.

［2］许光华. 法国汉学史［M］. 北京：学苑出版社，2009.

［3］费成康. 中国租界史［M］. 上海：上海社会科学出版社，1991.

［4］YASUO GONJO. Banque coloniale ou banque d'affaires［M］. Paris: Institut de la gestion publique et du développement économique, Comité pour l'histoire économique et financière de la France，2018.

［5］中国人民政治协商会议广州市委员会文史资料研究委员会. 广州的洋行与租界——广州文史资料第四十四辑［M］. 广州：广东人民出版社，1992.

［6］哈罗德·斯特普尔斯-史密斯. 沙面要事日记（1859–1938）［M］. 麦胜文，译. 广州:花城出版社，2020：33.

［7］汪坦，藤森照信. 中国近代建筑总览 广州篇［M］. 北京：中国建筑工业出版社，1992.

［8］工匠设计及保育事务所有限公司. 沙面前东方汇理银行大楼保护管理计划书［M］. 香港：誉德莱教育机构（香港）有限公司，2022.

［9］彭华亮. 香港建筑［M］. 香港：香港万里书店，1989.

［10］马冠尧. 香港工程考——十一个建筑工程故事（1841–1953）［M］. 香港：三联书店（香港）有限公司，2011：30.

［11］彭长歆. 现代性·地方性：岭南城市与建筑的近代转型［M］. 上海：同济大学出版社，2012.

［12］FARRIS JOHNATHAN, Enclave to Urbanity – Canton, Foreigners, and Architecture from the late Eighteenth to the Early Twentieth Centuries［M］. Hong Kong: Hong Kong University Press，2016.

［13］李穗梅. 帕内建筑艺术与近代岭南社会［M］. 广州：广东人民出版社，2008.

［14］汤国华. 广州沙面近代建筑群艺术·技术·保护［M］. 广州：华南理工大学出版社，2004：14.

［15］马冠尧. 香港工程考［M］. 香港：三联书店香港有限公司，2011：56.

［16］JOSEPH GWILT. The Encyclopedia of Architecture［M］. New York: Bonanza Books. 1867.

［17］刘万桢，江义华. 彩色水泥花砖［M］. 重庆：科学技术文献出版社重庆分社，1988.

［18］CHARLES F. MITCHELL. Building Construction and Drawing: A Textbook on the Principles and Details.［M］. London: Routledg，2023.

［19］CHRISTINE KELLMANN STEVENSON. Creative stained glass modern designs & simple techniques［M］. LARK BOOKS，2003.

［20］孔佩特. 广州十三行［M］. 北京：商务印书馆，2014.

［21］广东省博物馆. 异趣同辉［M］. 广州：岭南美术出版社，2013.

[22] 张鹊桥. 澳门文物建筑活化的故事［M］. 香港：三联书店有限公司，澳门基金会出版社，2020.

[23] 郭谦. 气韵相合，和而不同——中国传统文化视野下的历史环境保护更新思想与设计策略［M］. 广州：华南理工大学出版社，2022.

[24] 叶曙明. 广州往事［M］. 广州：花城出版社，2010.

[25] 上海住总集团建设发展有限公司，历史建筑保护研究室. 复“源”［M］. 上海：同济大学出版社，2015.

[26] 上海住总集团建设发展有限公司，历史建筑保护研究室. 感悟·行动［M］. 上海：同济大学出版社，2015.

[27] 上海住总集团建设发展有限公司，历史建筑保护研究室. 追忆［M］. 上海：同济大学出版社，2015.

[28] 上海住总集团建设发展有限公司，历史建筑保护研究室. 为了大过先前的荣耀：圣三一堂保护修缮工程实录［M］. 上海：同济大学出版社，2015.

[29] 上海住总集团建设发展有限公司，历史建筑保护研究室. 向大师致敬［M］. 上海：同济大学出版社，2015.

[30] 工匠设计及保育事务所有限公司. 沙面前东方汇理银行大楼保护管理计划书［M］. 香港：誉德莱教育机构有限公司，2022.

[31] 吴庆洲. 广州建筑［M］. 广州：广东省地图出版社，2000.

[32] 汤国华. 岭南湿热气候与传统建筑［M］. 北京：中国建筑工业出版社，2005.

[33] 张复合. 中国近代建筑研究与保护［M］. 北京：清华大学出版社，2006.

[34] 赖德霖. 中国近代建筑史研究［M］. 北京：清华大学出版社，2007.

[35] 上海市房地产科学研究院. 上海历史建筑保护修缮技术［M］. 北京：中国建筑工业出版社，2011.

[36] 常青. 历史建筑保护工程学［M］. 上海：同济大学出版社，2014.

[37] 魏闽. 历史建筑保护和修复的全过程——从柏林到上海［M］. 上海：东南大学出版社，2011.

[38] 罗伯特. A·杨. 历史建筑保护技术［M］. 北京：电子工业出版社，2012.

[39] 杨宏烈，陈伟昌. 广州十三行历史街区文化研究［M］. 北京：社会科学文献出版社，2017：87-88

[40] 邵松，孙明华. 岭南近现代建筑（1949年以前）［M］. 广州：华南理工大学出版社，2013.

期刊

[1] 藤森照信. 外廊样式——中国近代建筑的原点［J］. 张复合，译. 建筑学报，1993（5）.

[2] THOMAS COOMANS. A pragmatic approach to church construction in Northern China at the time of Christian inculturation: The handbook “Le missionnaire

constructeur", 1926［J］. Frontiers of Architectural Research, 2014(3), 89–107.

［3］刘亦师. 中国近代"外廊式建筑"的类型及其分布［J］. 南方建筑，2011，（2）：36–42.

［4］王中茂. 近代西方教会在华购置地产的法律依据及特点［J］. 史林，2004，（3）：69–76，126.

［5］杨秉德. 多元渗透 同步进展——论早期西方建筑对中国近代建筑产生多元化影响的渠道［J］. 建筑学报，2004（2）：70–73.

［6］李海清，于长江，钱坤，张嘉新. 易建性：环境调控与建造模式之间的必要张力——一个关于中国霍夫曼窑建筑学价值的案例研究［J］. 建筑学报，2017（7）：7–13.

［7］THOMAS COOMANS. Gothique ou chinoise, missionnaire ou inculturée? Les paradoxes de l'architecture catholique française en Chine au xxe siècle［J］. Revue de l'Art, n° 189，2015（3）：9–19.

学位论文

［1］HONGYAN XIANG. Land, Church, And Power:French Catholic Mission In Guangzhou, 1840–1930［D］. The Pennsylvania State University, The Graduate School, The College of the Liberal Arts. 2014.

［2］陈伟军. 岭南近代建筑结构特征与保护利用研究［D］. 广州：华南理工大学，2018.

［3］邢照华. 西方宗教与清末民初广州社会变迁（1835–1929）［D］. 广州：暨南大学，2008.

［4］NARAE KIM. Architecture des Missions Étrangères de Paris en Corée（Père Coste 1847–1897）［D］. Paris: Art et histoire de l'art. Université Paris sciences et lettres, 2018.

［5］薛颖. 近代岭南建筑装饰研究［D］. 广州：华南理工大学，2012.

［6］葛鹏飞. 广州近代建筑基座初步研究［D］. 广州：华南理工大学，2021.

网站

［1］Patrick Nicolas. La concession française de Shamian（沙面法国租界）（1861–1946）［OL］. https://wiki.histoire-chine.fr/index.php/La_concession_fran%C3%A7aise_de_Shamian_（1861–1946）

［2］CONSULS ET CONSULS GÉNÉRAUX DE FRANCE A CANTON DEPUIS L'OUVERTURE DU POSTE EN 1777（自1777年以来法国驻广州的领事和总领事名单）［DB/OL］. https://cn.ambafrance.org/Le-consul-general-3794

［3］Entreprises coloniales françaises .Banque de l'Indo-Chine, Hong-kong et Canton（殖民地银行——东方汇理银行，香港和广州支行）［DB/OL] www.entreprises-coloniales.fr/inde-indochine/Bq_Indoch._1875-1945.pdf

[4] Édouard Georges. Les billets de la Banque d'Indochine en Chine（东方汇理银行纸币）[OL]. https://wiki.histoire-chine.fr/index.php?title=Les_billets_de_la_Banque_d%E2%80%99Indochine_en_Chine

[5] International Art Glass Catalog（国际艺术玻璃目录）[DB/OL]. https://archive.org/details/internationalart00nati/mode/2up, 2011-08-03/2024-04-22.

报纸

[1] 广州自来水今年届百岁［N］. 广州日报，2005-05-18［2024-03-28］.

[2] 广州自来水流淌110年［N］. 广州日报. 2015-11-13［2024-03-28］.

[3] 陈德锦. 红砖建筑在香江［N］. 大公报，2021-03-31［2024-04-28］.

论文集/会议论文

[1] 李传义. 外廊建筑形态比较研究，第五次中国近代建筑史研究讨论会论文集［A］，1998. 3.

[2] 王维仁，李建铿. 大澳警署的建筑背景：风格、形态与发展［A］. 旧大澳警署之百年使命与保育：大澳文物酒店开业纪念刊物［C］. 香港：香港文物保育基金有限公司. 2012. 49.

[3] 马崇义（Matthieu Masson）. 广州圣心大教堂的设计和建造［M］. 朱志越，译. 西学东渐研究第八辑：广州与明清的中外文化交流. 北京：商务印书馆，2019. 116-161.

后 记

广州，这座千年商都，自古以来便是中华文化与世界交融的纽带。从两千年前的海上丝绸之路发祥地，到唐代东方第一大港，以及清代“一口通商”，再到现代“中国第一展”的广交会，广州一直见证着千年来中外海上贸易和文化交流。海上丝绸之路的季风轻轻拂过，带来了世界各地的交流盛景，也铸就了广州开放、包容、多元的文化底蕴。

沙面，是广州最早采用西方规划理论建设的地区，也是万国建筑文化的荟萃地。从十三行到沙面，西方的建筑理念悄然融入岭南的土壤，于今在广州的街巷中依然可觅得其踪影。从中山大学的马丁堂，再到西关的骑楼街区，甚至是传统岭南建筑中陈家祠砖雕上的小天使，都是文化交融的生动体现。

广州市城市规划勘测设计研究院，便生长于岭南这样一片兼容并蓄、开拓进取的热土。从成立之初，始终发挥改革排头兵的作用，敢担当、挑重担，积极创新城市发展的新技术、新方法、新模式，陪伴广州这座国际大都市的崛起与不断成长。同时，又肩负起守护这座历史文化名城的重任，保护好、传承好、利用好岭南传统文化，用“绣花”功夫编织千年商都的秀美画卷。

2023年，是广州市规划院成立的第70周年，为更好地展示多元交融的岭南文化特色，体现历史文化保护传承的责任担当，我们选择全国重点文物保护单位广州沙面建筑群之“法国兵营旧址”作为院创意工场与历史文化名城研究所的办公地点。

经过近一年的深入研究与精心修复，这座建筑的中西合璧之美得以重现于世。建筑立面疏朗而开阔，源自于外廊式建筑风格与岭南地区石梁技术的结合；古朴而绮丽的宝瓶栏杆，则是文艺复兴的样式与岭南传统石湾陶瓷的融合；外墙的构造则是在西方机制砖的基础上，再施以传统的纸筋灰和草筋灰。在修复过程中，我们基于本土技艺与西方建筑风格的糅合特征，重点刻画了东西方建筑技术与材料的融合与创新。

随着工程的不断深入，法国兵营旧址与其背后的故事也逐渐浮出水面，并在本书娓娓道来。书中详尽追溯了沙面原法租界百余年的历史嬗变，深入解析了该地区发展演变的影响机制，首次披露了许多一手史料。不仅为文物建筑与历史文化街区的保护利用提供了支撑，更讲述了一段中法文化交流的历史。

2024年，正值中法建交60周年之际，我们期望通过此书的出版，能进一步促进中法文化的交流与合作。

感谢广东省博物馆原馆长邓炳权、广州市文化广电新闻出版局原巡视员陈玉环、陈家祠博物馆原副馆长李继光、华南理工大学吴庆洲教授和刘业教授、广东工业大学朱雪梅教授、广东省考古院曹劲院长和曹勇所长、南粤古建欧阳仑总经理以及鲁班建筑谷伟平总经理对“法国兵营旧址”保养维护与装修工程给予的珍贵帮助。

同时，特别感谢广州大学的梁智坚老师在项目实施过程中的悉心指导。

感谢广州市文物局郑小炉处长和王健科长对法国兵营旧址的活化利用以及本书撰写的大力支持。

感谢广州博物馆曾玲玲副馆长和宋平主任、巴黎第一大学李新宇博士、沙面街道办事处万蓉蕾主任和王峥副主任为本书提供的珍贵档案资料。

时间仓促，文中或有疏漏之处，敬请读者不吝指正。